服装高等教育"十二五"部委级规划教材

女装成衣纸样设计教程

侯东昱　编著

U0241322

中国纺织出版社

内 容 提 要

本书是服装高等教育"十二五"部委级规划教材，是服装专业的系列教材之一。以女性人体的生理特征、服装的款式设计为基础，系统阐述了女西服套装、女衬衫、连衣裙、女大衣、旗袍的结构设计原理、变化规律、设计技巧，有很强的理论性、系统性和实用性。本书重视基本原理的讲解、分析透彻、简明易懂、理论联系实际、规范标准，符合现代工业生产的要求。图文并茂、通俗易懂，制图采用CorelDraw软件，绘图清晰，标注准确。

本书既可作为高等院校服装专业的教材，也可供服装企业女装制板人员及服装制作爱好者进行学习和参考。

图书在版编目（CIP）数据

女装成衣纸样设计教程 / 侯东昱编著 . —北京：中国纺织出版社，2015.4

服装高等教育"十二五"部委级规划教材

ISBN 978-7-5180-1441-5

Ⅰ.①女… Ⅱ.①侯… Ⅲ.①女装—纸样设计—高等学校—教材 Ⅳ.① TS941.717

中国版本图书馆 CIP 数据核字（2015）第 050881 号

策划编辑：宗　静　张晓芳　责任编辑：宗　静　杨美艳
责任校对：梁　颖　责任设计：何　建　责任印制：储志伟

中国纺织出版社出版发行
地址：北京市朝阳区百子湾东里A407号楼　邮政编码：100124
销售电话：010—67004422　传真：010—87155801
http://www.c-textilep.com
E-mail:faxing@c-textilep.com
中国纺织出版社天猫旗舰店
官方微博 http://weibo.com/2119887771
北京通天印刷有限责任公司印刷　各地新华书店经销
2015年4月第1版第1次印刷
开本：787×1092　1/16　印张：19.25
字数：306千字　定价：39.80元

出版者的话

《国家中长期教育改革和发展规划纲要》中提出"全面提高高等教育质量"、"提高人才培养质量",教高〔2007〕1号文件"关于实施高等学校本科教学质量与教学改革工程的意见"中,明确了"继续推进国家精品课程建设"、"积极推进网络教育资源开发和共享平台建设,建设面向全国高校的精品课程和立体化教材的数字化资源中心",对高等教育教材的质量和立体化模式都提出了更高、更具体的要求。

"着力培养信念执着、品德优良、知识丰富、本领过硬的高素质专门人才和拔尖创新人才",已成为当今本科教育的主题。教材建设作为教学的重要组成部分,如何适应新形势下我国教学改革要求,配合教育部"卓越工程师教育培养计划"的实施,满足应用型人才培养的需要,在人才培养中发挥作用,成为院校和出版人共同努力的目标。中国纺织服装教育学会协同中国纺织出版社,认真组织制订"十二五"部委级教材规划,组织专家对各院校上报的"十二五"规划教材选题进行认真评选,力求使教材出版与教学改革和课程建设发展相适应,充分体现教材的适用性、科学性、系统性和新颖性,使教材内容具有以下三个特点:

(1)围绕一个核心——育人目标。根据教育规律和课程设置特点,从提高学生分析问题、解决问题的能力入手,教材附有课程设置指导,并于章首介绍本章知识点、重点、难点及专业技能,增加相关学科的最新研究理论、研究热点或历史背景,章后附形式多样的思考题等,提高教材的可读性,增加学生学习兴趣和自学能力,提升学生科技素养和人文素养。

(2)突出一个环节——实践环节。教材出版突出应用性学科的特点,注重理论与生产实践的结合,有针对性地设置教材内容,增加实践、实验内容,并通过多媒体等形式,直观反映生产实践的最新成果。

(3)实现一个立体——开发立体化教材体系。充分利用现代教育技术手段,构建数字教育资源平台,开发教学课件、音像制品、素材库、试题库等多种立体化的配套教材,以直观的形式和丰富的表达充分展现教学内容。

教材出版是教育发展中的重要组成部分,为出版高质量的教材,出版社严格甄选作者,组织专家评审,并对出版全过程进行跟踪,及时了解教材编写进度、编写质量,力求做到作者权威、编辑专业、审读严格、精品出版。我们愿与院校一起,共同探讨、完善教材出版,不断推出精品教材,以适应我国高等教育的发展要求。

中国纺织出版社

教材出版中心

前言

　　服装结构设计以体现人体自然形态与运动机能为主旨，是对人体特征的概括与归纳。作为一门艺术和科技相互融合、理论和实践紧密结合的学科，涉及人体科学、材料学、美学、造型艺术、数学与计算机技术等各种知识，综合性很强。

　　服装款式设计、服装结构设计和服装工艺设计是服装设计的三大基本程序。服装结构设计是实现设计的重要中间环节，它根据服装的款式效果图，研究服装各部位的形态及相互关系，并考虑选用的面辅料特性等综合因素来确定服装的相关规格尺寸，然后用科学合理的分解方法，使服装结构图解化，即把立体的、艺术性的设计构想，逐步变成服装平面或立体结构图形，最终满足服装对于人体的舒适性、功能性和美观性等功能的要求。服装结构设计既要实现款式设计的构思，又要弥补人体体型存在的不足；既要忠实于原款式设计，又要在此基础上进行一定程度的再创造，它是集技术性与艺术性为一体的设计。在整个服装工程中起着承上启下的作用，是实现设计思想的根本，是服装设计人员必备的业务素质之一。

　　现代服装产业高速发展，复合服务的市场需求，现代服装产业技术密集型特点凸显，服装教育在行业中发挥着至关重要的作用。在对普通高等教育院校服装专业的教学目标、课程体系提出新要求的同时，教育资源建设也需跟上社会与经济发展的要求。目前，随着学科研究的不断深入，我国出现了多种服装结构设计的方法，包括传统的比例法、日本原型法、立体裁剪法、数字法等。服装结构设计的发展体现在以下几个方面：（1）通过对人体各部位尺寸的计算和测量、统计和分析，将结构设计提高到理论的高度，更注重服装穿着后的舒适性。工业生产中服装结构设计的依据，不是具体款式的数据和公式，而是具有普遍代表性的标准人体。（2）依据人体运动的科学性，研究人们在不同场合下的活动特点和心理特点，通过试验将更合理的结构设计原则运用到服装中，使服装更加舒适美观。（3）将理论和实践相结合，综合比较比例法、原型法和传统立裁法三种制图方法，扬长避短。（4）在结构设计过程中需考虑款式设计和工艺设计两方面的要求，准确体现款式设计师的构思，在结构上合理可行，在工艺上操作简便。

　　本书通过讲述女性人体的结构特点，详细阐述各类女装结构变化规律和设计技巧，具有较强的理论性、系统性和实用性，使读者能全面地理解和掌握女装结构设计方法。书中共九章内容，包括女西服套装、女衬衫、连衣裙、女夹克、女大衣、旗袍的结构设计原理、变化规律、设计技巧，从基础到应用阶段逐步展开，循序渐进，满足服装造型技术方面的不同需求，在内容的安排上尽量做到通俗易懂，使读者能够带着兴趣去学习。其中，详细介绍了不同种类女装款式结构的形成发展和演变，以经典款式作为结构设计范例，详细分析讲解，使其更加符合现代工业生产的要求，为我国服装产业的提升与技术进步作出积极的贡献。

　　本书的撰写从学生的学习实际需求出发、从服装各专业发展现状及未来发展趋势着手、从专业人才培养的合理模式和培养理念等方面精心研究并设计举例，所建立的理论体系和实践方法来源于长期的生产实践。重视基础理论的讲解，有助于读者科学地掌握原理，并学会运用规律。本书既可作为本科院校和高职高专院校的教材，也可作为服装企业技术人员的参考书籍。

　　在编著本书的过程中，编者参阅了较多的国内外资料，参考资料列于正文之后，在此向参考资料编著者表示由衷的谢意！

　　书中难免出现差错，恳请专家和读者指教。

编著者

2015年1月

教学内容及课时安排

章/课时	课程性质/课时	节	课程内容
第一章 （6课时）	基础理论 （20课时）		• 女装结构设计基础
		一	服装结构设计的重要性
		二	女性人体测量
		三	女装规格及参考尺寸
第二章 （4课时）			• 服装结构设计的方法
		一	服装制图工具、符号及部位名称
		二	女性人体形态对纸样设计的影响
		三	一般服装尺寸设定的人体依据
		四	服装制图的各部位名称
第三章 （10课时）			• 女装成衣结构设计的基础方法
		一	女装实际衣身纸样设计方法
		二	胸凸量的纸样解决方案
		三	胸腰差解决方案
第四章 （24课时）	综合实训 （60课时）		• 女西服结构设计
		一	女西服概述
		二	刀背线结构西服设计实例
		三	公主线结构西服设计实例
		四	插肩袖结构西服设计实例
		五	对襟式省道结构西服设计实例
		六	三开身结构西服设计实例
第五章 （4课时）			• 女衬衫结构设计
		一	女衬衫概述
		二	普通女式衬衫结构设计实例
第六章 （8课时）			• 连衣裙结构设计
		一	连衣裙概述
		二	接腰型连衣裙结构设计实例
		三	连腰型连衣裙结构设计实例

章/课时	课程性质/课时	节	课程内容
第七章 （8课时）	综合实训 （60课时）		● 夹克衫结构设计
		一	夹克衫概述
		二	夹克衫结构设计实例
第八章 （8课时）			● 女大衣结构设计
		一	女大衣概述
		二	暗门襟结构大衣设计实例
第九章 （8课时）			● 旗袍结构设计
		一	旗袍概述
		二	旗袍结构设计

注 各院校可根据自身的教学特色和教学计划对课程时数进行调整。

目录

基础理论——

女装结构设计基础

课题名称：女装结构设计基础

课题内容：1. 服装结构设计的重要性

　　　　　2. 女性人体测量

　　　　　3. 女装规格及参考尺寸

课题时间：6课时

教学目的：使学生了解服装结构的重要性，正确掌握女性人体的
测量方法，总结牢记女性人体尺寸数据，掌握女装服
装规格及参考尺寸。

教学方式：讲授和实践

教学要求：1. 掌握女性人体的测量的方法。

　　　　　2. 掌握女性人体三围放松量的变化规律。

　　　　　3. 掌握女装服装规格及参考尺寸。

课前准备：准备A4（16k）297mm×210mm或A3（8k）
420mm×297mm笔记本、皮尺、比例尺、三角板、彩
色铅笔、剪刀、拷贝纸、丝带等制图及测量工具。

第一章 女装结构设计基础

服装结构设计是指全面考虑服装艺术与服装工程诸因素后进行的综合设计，是服装设计专业中一门独立的重要学科，它是研究以人为本的服装结构平面分解和立体构成规律的学科，其知识结构涉及人体解剖学、人体测量学、服装造型设计学、服装工艺学、服装卫生学、美学及数学等，是艺术和科技相互交融，理论和实践密切结合的学科。

第一节 服装结构设计的重要性

服装结构设计是与生产实践有着密切关系的实用性学科，是严密的科学性与高度的实用性的统一。服装结构的设计方法具有很强的技术性，因此，必须通过一定的实践才能理解和掌握。掌握了服装结构设计技法，对任何难度且复杂多变的服装款式，都可以随心所欲地进行裁剪。服装结构设计属于服装设计的中间环节，是服装造型设计、服装工艺设计的中间环节，起着承上启下的作用。

一、服装结构设计的概念

1.服装结构

"服装结构"指的是服装各部件的几何形状以及其相互组合的关系，并包括服装部件内部结构线之间的组合关系。服装结构由服装的造型和功能所决定。

2.结构制图

结构制图亦称裁剪制图，是对服装结构通过分析计算在纸张或布料上绘制出服装结构线的过程。

3.平面裁剪

平面裁剪，它主要分析设计图所表现的服装造型结构各部位的形状、尺寸、形态吻合关系等，通过结构制图将整体结构分解成基本部件的设计过程，是最常用的结构设计方法。

4.立体裁剪

立体裁剪，它是指将布料覆合在人体或人体模型上，边分析款式造型边剪切，直观地将整体结构分解成基本部件的设计过程，较多用于款式复杂或悬垂性强的面料服装结构设计中。

二、服装结构设计学习的意义和目的

服装结构设计的学习是使学生能系统地掌握服装结构的整体与部件结构的解析方法；相关结构线的吻合；整体结构的平衡；平面与立体构成的各种设计方法；工业样板的制订等，通过理论学习和动手操作的基本训练，培养学生具备从款式造型到纸样结构设计的能力。

课程要求学生熟悉人体体表特征与服装点、线、面的关系；了解性别、年龄、体型差异与服装结构的关系；掌握成衣规格的制订方法和表达形式。主要内容包括：

（1）深入理解服装结构与人体曲面的关系，掌握服装适合人体曲面的各种结构处理形式、结构的整体平衡，以及相关结构线的吻合、功能性和装饰性的合理配伍等内容；

（2）掌握基础纸样的制作方法和在各类款式的结构设计中的应用；

（3）应用原型进行衣身、衣领、衣袖、裤（裙）身等部位的结构设计，采用抽褶、褶裥的变化产生各种造型的结构制图方法；

（4）培养审视服装效果图的结构组成、各部位比例关系、具体尺寸以及分辨结构可分解性的能力。

第二节　女性人体测量

人体测量是指测量人体有关部位的围度、长度和宽度。量体后所得的尺寸和数据，可作为服装制图或进行裁剪的重要依据。服装成衣规格设计是在人体测量的基础上，根据服装款式造型、面辅料性能质地和缝制工艺等诸多因素，结合人体的各种穿着要求，如人体的基本活动量、内衣厚度、季节、年龄以及造型等因素进行设计。工业纸样设计通常根据标准人体尺码规格表来获得必要尺寸，它基于人体的理想化状态，一般不必进行单独的个体人体测量。作为服装设计人员，人体测量的知识必不可少，而且还要懂得规格表中尺寸的来源及测量技术要领和方法。

一、人体测量要求

在测量前要准确观察被测量者的体型特点，并记录说明，以便在制板时加以特殊处理。目前，一般采用的是手工测量，选取净尺寸定点测量，因此，在测量时应最大限度地减少误差，提高精确度。在工业化服装结构设计和工艺要求中，需要具有代表性的尺寸，其他细部结构则均由标准化人体数据按照比例公式推算获得，使得工业化成衣生产更规范。对服装结构设计者来说，掌握各个部位尺寸的量取方法及要领非常重要。

1.对被测量者的要求

进行人体测量时，被测体一般取直立或静坐两种姿势。直立时全身自然伸直，双肩不要用力，头放正，双眼正视前方，呼气均匀，两臂自然下垂贴于身体两侧。静坐时，上身自然伸直与椅面垂直，小腿与地面垂直，上肢自然弯曲，两手平放在大腿上。要求被测量者身着对体型无修正作用的适体内衣，也可根据需求穿着对体形有修正作用的紧身内衣。

2. 对测量者的要求

测量者要熟悉人体各部位的静态与动态变化规律。在测体时应先仔细地观察被测量者的体型特征，并正确地选择与服装密切相关的测体基本点（线）作为人体测量基点。同时，要有条不紊、快速地准确测量，对特殊体型部位应增加测体内容，并注意做好记录，以便在服装规格及结构制图中进行相应的调整。

3. 对测量尺寸的要求

为了使测量尺寸准确，被测者要穿适体内衣，所得到的测量尺寸为净尺寸，胸围、腰围、臀围等围度测量尺寸不加松量；袖长、裤长等长度原则上并非指实际成衣的长度，而是这些长度的基本尺寸，设计者可以依据净尺寸进行设计（或加或减）。

4. 对定点测量的要求

定点测量是为了保证各部位测量位置准确，避免凭借经验猜测。因此，测量点多以骨骼或关节点为基础，这样测得的数据具有准确性和稳定性的特点。要正确地测出尺寸，就必须正确地定出人体的测量点。对于不好测量的部位，最好使用滑动的长尺辅助测量。

5. 标准腰线的设定

在对人体进行准确测量前，可先将一条颜色醒目的细腰带系在被测量人的腰部最细处，如图1-1所示。准备腰带要比实际的腰围尺寸长出5~10cm较为合适。这条线非常重要，不能上下滑动，通过该线我们不仅可以得到腰围的围度尺寸，而且该线将人体上身与下身划分开，可控制成衣设计中长度值的大小。

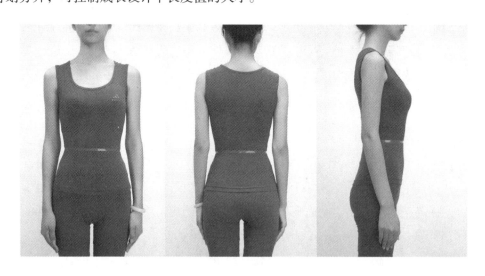

图1-1 标准腰线的制订

二、人体体型特征

在观察人体时要结合性别、年龄，按照正面、背面、侧面自上而下地进行分析判断，通过对人体作全方位的观察，区分出正常体或非正常体。正常体：一是指人体的腰节长、上体长、下肢长、上肢长、胸高点等符合正常比例；二是指人体的肩宽、胸围、腰围、臀围等符合正常比例；三是指骨骼与肌肉发育平衡。非正常体又称特殊体型，通常分为三种类型：一是遗传型，由于遗传造成鸡胸、挺胸、溜肩、粗颈、下肢短等体态特征；二是职业型，因职业或生活习惯而造成驼背、高低肩、肩胛骨过高或过低、手臂长或短等；三是残疾型，由于疾病或外伤而引起人体变形，使胸、背、肩部骨骼隆起或产生"○"型腿、"X"型腿等畸形体型。人体观察的方法要在长期的实践中掌握，平时多训练，才能逐步提高分析和判断能力。

三、测量工具及基本方法

准备好测体工具，常用的有软尺、颜色醒目的细腰带、尺寸记录单、笔等。

测量长度时，软尺要保持垂直。测量围度时，软尺不宜拉得过紧或过松，软尺呈水平状时要能插入两个手指为宜；左手持软尺的零起点一端贴紧测点，右手持软尺水平绕测位一周，记下读数。软尺在测位贴紧时，其状态既不脱落，也不使被测者有明显发紧的感觉为最佳。

量体的顺序一般是先横后竖，自上而下。测量要养成按顺序进行的习惯，这可以避免遗漏现象的产生，同时，还要及时清楚地做好记录。

四、人体测量部位和名称

1.测量部位与名称

高度测量是指测量从地面到各被测点的垂直距离。测量高度使用测高计。

围度测量一般是指经过某一测点绕体一周的长度。

长度测量是指测量两个被测点之间的距离。

宽度测量是指测量人体某些部位左右两点之间的距离。

进行人体测量的主要项目大体上有以下44个：

（1）身高——人体立姿时，头顶点至地面的距离。

（2）总长——人体立姿时，颈椎点至地面的距离。

（3）上体长——人体坐姿时，颈椎点至椅面的距离。

（4）下体长——从胯骨最高处，量至脚跟平齐。

（5）背长——从后颈点往下量至后腰中点的长度。

（6）后腰节长——从侧肩宽的 $\frac{1}{2}$ 点往下经肩胛高点量至后腰最细处的长度。

（7）前腰节长——从侧肩宽的 $\frac{1}{2}$ 点往下经胸高点量至前腰最细处的长度。

（8）胸高——从侧颈点往下量至乳头高点的距离。

（9）肘长——从肩端点往下量至肘关节的长度。

（10）手臂长（袖长）——从肩端点往下量至手腕关节的长度。

（11）连肩袖长——从侧颈点经肩端点量至手腕关节的长度。

（12）腰高——从腰最细处往下量至脚跟平齐的长度。

（13）腰长——从腰最细处往下量至臀围线的长度。

（14）膝长——从腰最细处往下量至膝盖骨下端的长度。

（15）裙长——这是指基本的裙长，是以膝盖为依据点，可根据设计意图设定。

（16）上裆长——从腰围线往下量至股根的长度（可采用坐姿法测量）。

（17）下裆长——从股根往下量至外踝关节或足跟的长度（一般依裤长而定）。

（18）前后上裆长——从前腰最细处往下经过股根量至后腰最细处的长度。

（19）裤长——从侧腰点往下垂量至外踝关节的长度，西裤可参照腰部最细处的位置至脚跟底部。

（20）衣长——衬衣、连衣裙、上衣、大衣等都是从后颈点往下量至所需的长度。

（21）胸围——在胸高点的位置用皮尺水平围成一周测量。

（22）腋下围——在腋下方用皮尺自然围成一周测量（用于制作无肩的胸衣和吊带衣等）。

（23）腰围——在腰部最细处用皮尺水平围成一周测量。

（24）腹围——在腹部（腰与臀的中间）用皮尺水平围成一周测量。

（25）臀围——在臀部最丰满处用皮尺水平围成一周测量。

（26）乳下围——在乳房下边缘用皮尺水平围成一周测量（用于制作紧身衣和乳罩等）。

（27）头围——在额头经头后突起处围成一周测量。

（28）颈根围——分别经过前、后、侧颈点用皮尺围成一周测量。

（29）颈围——由颈根围水平向上3~4cm，绕颈一周的长度（用于制作衬衫和立领上衣等）。

（30）臂根围——从肩端点分别经过前腋点、后腋点用皮尺围成一周测量。

（31）臂围——在上臂最粗处用皮尺围成一周测量。

（32）肘围——在肘关节处用皮尺围成一周测量。

（33）腕围——在腕关节处用皮尺围成一周测量。

（34）掌围——把拇指与手掌并拢，经过手掌最宽厚处用皮尺围成一周测量。

（35）大腿根围——在大腿根处用皮尺围成一周测量。

（36）膝围——在膝部用皮尺围成一周测量。

（37）踝围——将皮尺紧贴皮肤，经踝骨点测量一周所得尺寸。

（38）足根围——在后足根经前后踝关节用皮尺围成一周测量。

（39）肩宽——用皮尺从左肩端点经后颈中心量至右肩端点的宽度。

（40）水平肩宽——用皮尺自肩端点的一端到肩端点另一端的宽度。

（41）侧肩宽——颈椎点与肩端点之间的宽度。

（42）胸宽——前胸左右腋点之间的测量宽度。

（43）背宽——背部左右腋点之间的测量宽度。

（44）胸距——左右两乳头之间的测量宽度。

2.女体围度测量与纸样设计的关系

（1）胸围，如图1-2所示，以胸高点（以下简称BP点）为测点，用软尺水平测量一周，即为胸围尺寸。通过乳高点的位置使皮尺围成水平状。后背因为有突出的肩胛骨，要注意防止尺子下落。BP点是胸部的最高处，是成衣设计中的重要基准点，胸围尺寸是成衣设计（除弹性面料）胸部尺寸的最小值。需要重点说明的是，胸围的测量需要考虑外着装的状态（是合体服装还是休闲服装），根据外着装对胸罩的内着装要求，测量时要佩戴不同厚度、形状的胸衣。因为佩戴胸衣会改变BP点的位置，使其向上向前中心收拢，塑造更好的胸型。通常佩戴胸衣后，胸部往往会向上提升3～4cm，胸距减小4～6cm，胸围尺寸加大3～6cm，胸衣对胸部造型的影响很大，所测的准确尺寸对外着装的结构设计十分重要。

（2）腋下围，如图1-3所示，在腋下方用软尺自然围成一周测量。在成衣设计中，腋下围一般只用于制作无肩的胸衣、吊带衫、连衣裙和晚礼服等，在其他类型的服装中无须采用。

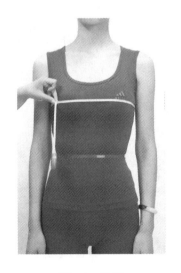

图1-2　胸围

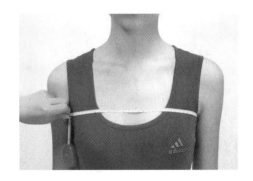

图1-3　腋下围

（3）腰围，如图1-4所示，在腰部最细处用软尺水平围成一周测量。测量时要求被测量者不要刻意收腹，自然站立，所测腰围尺寸是成衣设计（除弹性面料）腰部尺寸的最小值。腰围尺寸是成衣设计下装的重要尺寸依据，是裙子和裤子、合体晚装、紧身衣的控制量值，是制作合体上衣、连衣裙、旗袍等不可缺少的尺寸依据。

（4）腹围，也称中腰围。如图1-5所示，用软尺在腰围至臀围的$\frac{1}{2}$处水平测量一周。腹围尺寸在一般的成衣制作中使用得较少，但却是合体下装中重要的控制量值，不仅控制低腰裤、低腰裙的腰围尺寸，而且控制省或褶的造型状态。

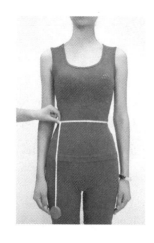

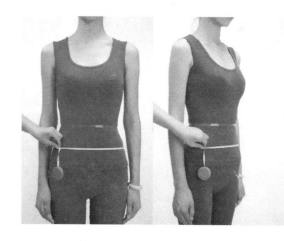

图1-4　腰围　　　　　　　　　　　　　　　图1-5　腹围

（5）臀围，如图1-6所示，在臀部最丰满处用软尺水平围成一周测量。臀围尺寸是成衣设计（除弹性面料）臀部尺寸的最小值。臀围尺寸的测量不仅是制作下装的重要依据，也是制作合体型套装上衣、连衣裙等不可缺少的参考依据。

（6）乳下围，如图1-7所示，在乳房下边缘用软尺水平围成一周测量（用于制作紧身衣和胸衣等）。乳下围尺寸对于女性紧身胸衣和胸衣的设计是非常重要的依据。

图1-6　臀围　　　　　　　　　　　　　　　图1-7　乳下围

（7）头围，如图1-8所示，以前额丘和后枕骨为测点、用软尺水平围量一周。在多数情况下人体头围尺寸与一般的服装结构设计关系不大，但这个尺寸对于套头类服装的开领大小有着重要的意义。头围尺寸是成衣设计（除弹性面料）中无开合类服装（贯头装）领口围尺寸的最小值。对于套头类的服装，控制领口尺寸，就要充分考虑在衣身不作开口设计的情况下，头部能顺利通过领口，另外也是连衣帽成衣设计的帽宽和功能性帽宽的尺寸设计依据。

（8）颈根围，如图1-9所示，经前颈点（颈窝）、侧颈点、后颈点（第七颈椎）用软尺水平测量一周。颈根围尺寸是成衣设计开合类服装领口围尺寸的最小值（如原型领窝），是无领型领子的最小领口，是立领的领下口线尺寸的参考依据。

图1-8 头围　　　　　　　　　　　　　　　　　图1-9 颈根围

（9）颈围，如图1-10所示，由颈根围水平向上3~4cm，绕颈一周的长度。颈围尺寸是用于制作翻领衬衫和立领上衣等领型领上口尺寸的参考依据。

（10）臂根围，如图1-11所示，经过肩点、前腋点、后腋点用软尺围成一周测量。臂根围尺寸是无袖成衣袖窿尺寸设计的最小值，也是贴体紧身衣（健美服）袖窿尺寸的参考依据。

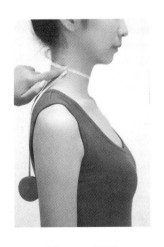 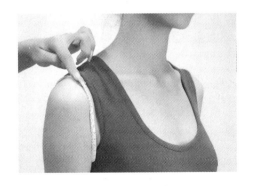

图1-10 颈围　　　　　　　　　　　　　　　　图1-11 臂根围

（11）臂围，如图1-12所示，在上臂最丰满处水平测量一周，测量目的是袖子肥瘦尺寸和短袖袖口围度的设计依据。臂围尺寸是成衣设计（除弹性面料）袖肥尺寸的最小值，该尺寸十分重要，决定袖子造型。

（12）肘围，如图1-13所示，在上肢的肘关节处用软尺围成一周测量。肘围的参考尺寸在一般的服装中很少被采用，只是在制作贴身的紧身衣（健美服）或中袖的上衣时会作为一个参考依据。

图1-12　臂围　　　　　　　　　　　　　　　　图1-13　肘围

（13）腕围，如图1-14所示，在腕部以尺骨为测点水平测量一周。腕围用于控制袖口尺寸，腕围尺寸是衬衫等开合袖口尺寸的最小值。

（14）掌围，如图1-15所示，先把拇指与手掌并拢，用软尺绕掌部最丰满处水平测量一周，该测量目的为控制袖口、袋口尺寸。掌围尺寸是无开合袖口成衣袖口尺寸设计的最小值，是成衣袋口宽设计的尺寸依据。

图1-14　腕围　　　　　　　　　　　　图1-15　掌围

（15）大腿根围，如图1-16所示，在大腿根处用软尺围成一周测量。大腿根围是用于制作裤子横裆宽的参考尺寸。

（16）膝围，如图1-17所示，在膝部用软尺围成一周测量，是用于制作裤子中裆宽的参考尺寸，也是合体裤子、喇叭裤等的中裆尺寸设计依据。

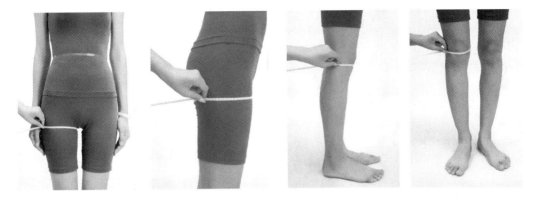

图1-16　大腿根围　　　　　　　　　　　　图1-17　膝围

（17）踝围，如图1-18所示，将软尺紧贴皮肤，经踝骨点测量一周所得尺寸。该尺寸为紧裤口的设计依据。

（18）足跟围，如图1-19所示，从足跟经踝关节用软尺围成一周测量。足跟围尺寸是裤子结构设计无开合设计裤口宽的最小值，可控制裤口尺寸，是裤口尺寸设计的参考值。

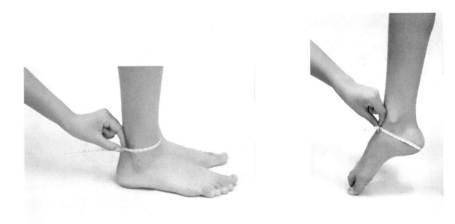

图1-18　踝围　　　　　　　　　　　　图1-19　足跟围

3.女体长度测量与纸样设计的关系

（1）身高，人立姿时，头顶点至地面的距离。它是设定服装号型规格的依据。

（2）总长，如图1-20所示，人立姿时，颈椎点至地面的距离，该长度尺寸会在制作连体服装或全长的大衣时被采用。

（3）上体长，如图1-21所示，人坐姿时，颈椎点至椅面的距离。

图1-20　总长

图1-21　上体长

（4）下体长，如图1-22所示，从胯骨最高处，量至脚跟平齐。

（5）背长，如图1-23所示，从后颈点往下至后腰中点的长度。测量时沿后中线从后颈点（第七颈椎）至腰线间要随背形测量。为了适合肩胛骨的外突，从后颈点到腰带中间的长度，有一定的松量。测量时要进行背部观察，如脖颈根部肌肉的发育状态和是否驼背等。该尺寸的测量十分重要，在成衣设计中决定腰节线的位置。实际应用中，有时将测量值再减掉0~4cm，以改善服装上下身的比例关系，使总体造型显得修长。

图1-22　下体长

图1-23　背长

（6）后腰节长（后身长），如图1-24所示，从侧肩宽 $\frac{1}{2}$ 处往下经肩胛凸点向下量至后腰节线的长度，也可以从侧颈点往下经肩胛凸点量至后腰节线的长度。在挺胸体或驼背体等特殊体型的服装中，是重要的制图依据。

（7）前腰节长（前身长），如图1-25所示，从侧肩宽的$\frac{1}{2}$处往下经胸高点量至前腰节线的长度，也可以从侧颈点往下经胸高点量至前腰节的长度。它与后身长都为参考数据，通过前后身长的差数，了解胸部的体型特征，该长度在女装服装结构设计中非常重要，通过该长度我们可以确定不同女性胸凸的量。

图1-24　后腰节长　　　　　　　　　　图1-25　前腰节长

（8）胸高，如图1-26所示，从肩颈点往下量至乳峰点的长度。胸高的测量是女装结构设计中各种省道变化和分割线结构变化的重要依据。女性随着年龄的增长，肌肉松弛，乳房弹性减弱，乳房下垂程度渐渐增大，在结构制图时要注意调整。

（9）上臂长，如图1-27所示，从肩端点往下量至肘关节的长度。

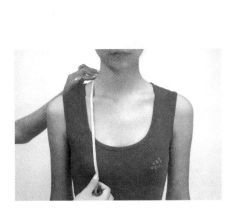
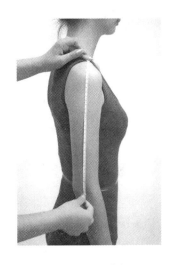

图1-26　胸高　　　　　　　　　　　图1-27　上臂长

（10）臂长（基本袖长），如图1-28所示，从肩端点往下量至腕关节的长度，这是基本袖长（原型袖长）。合体袖长，如图1-29所示，由肩端点经肘点到手腕点的长度，不同服装的袖子会在此基础上进行调整，如标准西服套装的袖长通常是在基本袖长的基础上加上2~3cm，这是加放的垫肩量；常用女西服套装袖长的位置习惯量至手背拇指、食指之间向上1.5~2cm的位置，如图1-29所示。带袖口的衬衫袖长应在基本袖长的基础上加上1~3cm，这是加放的手臂弯曲的长度。大衣的袖长通常在基本袖长的基础上加上4~6cm，也可根据流行或喜好来确定长度。

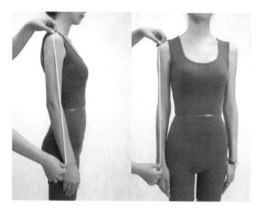
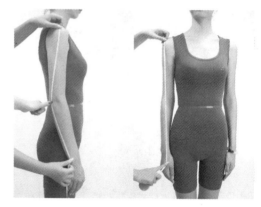

图1-28　基本袖长　　　　　　　　　　图1-29　合体袖长、成衣袖长

（11）连肩袖长，如图1-30所示，从侧颈点经肩端点量至手腕关节的长度。连肩袖长是插肩袖、连衣袖服装确定袖长的参考尺寸。

（12）腰高，如图1-31所示，从腰节线往下量至脚跟底部的长度。腰高的尺寸是制作西裤、长裙或晚礼服的参考尺寸。

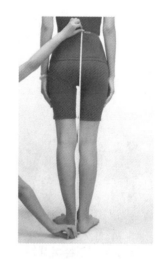

图1-30　连肩袖长　　　　　　　　　　图1-31　腰高

（13）腰长，如图1-32所示，从腰节线往下量至臀部最高点的长度，要在靠近后裆中线的位置测量，测量时可先在腰、臀系细绳以标明位置。该尺寸在成衣设计中决定臀围线

的位置。

（14）膝长，如图1-33所示，从腰节线往下量至膝盖骨下端的长度。膝长尺寸是制作裤子时从腰节线往下确定膝围线的参考尺寸，也是确定长上衣及短大衣长度的参考尺寸。

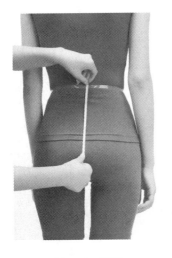

图1-32　腰长　　　　　　　　　　　图1-33　膝长

（15）上裆长，如图1-34所示，上裆长是从腰节线往下量至臀股沟的长度。此尺寸正置股直肌和股骨之上，故也称股上长。由于在测量此尺寸时很不方便，通常习惯于请被测者坐在凳子上（凳高以落座后大腿与地面持平最佳），然后自腰线至凳面随体测量，因此也被称为"坐高"。上裆长的尺寸是制作裤子时非常重要的尺寸依据，它是从腰节线往下确定横裆宽的参考尺寸。

（16）下裆长，如图1-35所示，下裆长也称股下长，是指从臀股沟往下量至足跟或外踝关节的长度。测量时可以把直尺水平置于裆底，然后再用直尺量至后脚跟，也可由裤长尺寸减去上裆长尺寸得到。

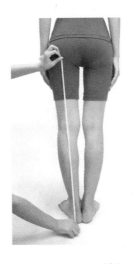

图1-34　上裆长　　　　　　　　　　图1-35　下裆长

（17）前后上裆长，如图1-36所示，前后上裆长也称元裆，是指从前腰节线往下经过股根量至后腰节线的长度。前后上裆长的尺寸是制作裤子时的参考尺寸，但是，一般的裤子制作并不需要测量这个尺寸，通常在外贸出口加工单时会参考这一尺寸。由前腰节线到裆底十字缝称为前浪尺寸，由后腰节线到裆底十字缝称为后浪尺寸，前浪尺寸加后浪尺寸的和即是前后上裆长尺寸。

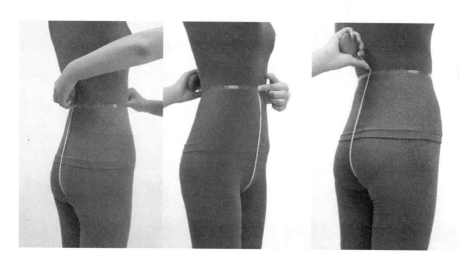

图1-36　前后上裆长

（18）裙长，如图1-37所示，这是指基本裙长，它是以膝长为依据设定的。从腰围线向下量至裙子底摆线的长度，一般以到膝盖骨中间的长度为基本裙长。裙长尺寸是一个变化的值，会因个人喜好和流行因素而变化。

（19）裤长，如图1-38所示，用皮尺从侧腰节点往下量至外踝点的长度，与裙长尺寸一样，该尺寸也是基本长度，在具体设计中可以根据需要上下浮动。如紧身裤从侧腰点往下垂量至外踝关节的长度，西裤可从腰高量至脚跟。

图1-37　裙长　　　　　　　　　　　　图1-38　裤长

（20）衣长，如图1-39所示，衣长指制作衣服或连衣裙的长度。衣长是衣服的后中长，衬衣、连衣裙、上衣、大衣等都是从后颈点往下量至成衣下摆所需的长度，可以由背长加放一定的尺寸来确定。另外衣长也会因服装种类、个人喜好和流行因素等不同而有变化。

4.女体宽度测量与纸样设计的关系

（1）全肩宽，如图1-40所示，用软尺从左肩端点经后颈中心（第七颈椎）量至右肩端点的宽度。从侧面看，大约在上臂宽的中央位置，比肩端点稍微靠前。从前面看，在肩端点稍靠外侧的位置。这个点是作为绱袖的基准点——袖山点的位置，也是决定肩宽和袖长的基点。全肩宽尺寸是制作上衣时一个非常重要的参考依据，在服装原型制图中，肩宽尺寸并没有涉及。

（2）水平肩宽，如图1-41所示，用软尺自左肩端点量至右肩端点的宽度。水平肩宽是成衣制图中肩宽的主要参考尺寸依据。

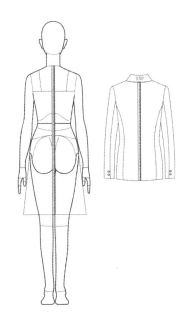

图1-39　衣长

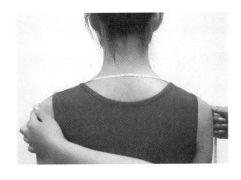

图1-40　全肩宽

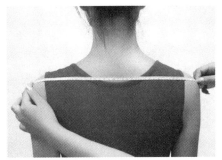

图1-41　水平肩宽

（3）侧肩宽，如图1-42所示，由侧颈点量至肩端点的宽度。

（4）背宽，如图1-43所示，用软尺从人体背部的左腋点经后肩胛骨量至右腋点之间的距离。后腋点指人体自然直立时，后背与上臂汇合所形成夹缝的止点。人体的背宽尺寸在一般成衣的结构制图中很少采用，而是根据胸围尺寸按照一定的比例推算，但在合体套装及旗袍等贴体的服装结构制图中是一个必要的参考依据。

（5）胸宽，如图1-44所示，用软尺从人体前胸左腋点量至右腋点之间的距离。前腋点指胸与上臂汇合所产生夹缝的止点。在袖窿线上，当上肢（胳膊）下垂时，出现在上肢与躯干部的交界处，是竖褶的始点。但这种定点方法存在个体差异，通常会采取胳膊向侧方稍抬的方式，能看到从胸部向臂部过渡的大胸肌下端，即是前腋点的位置。

（6）胸距，如图1-45所示，胸距也称乳间距，即人体左右乳点之间的距离。乳间距的测量具有重要意义，通过胸高、胸距这两个值，可以确定胸点的准确位置，在女装成衣设计中有着重要的意义。

图1-42　侧肩宽

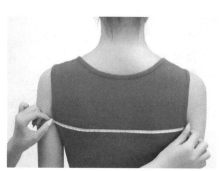

图1-43　背宽

图1-44　胸宽

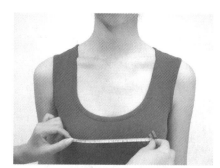

图1-45　胸距

第三节　女装规格及参考尺寸

一、女子人体服装规格

我国服装号型标准是在人体测量的基础上根据服装生产需要制订的人体尺寸系统，是服装生产的依据，服装号型标准包括成年男子号型标准、成年女子号型标准和儿童号型标准三部分。

服装号型国家标准的实施在服装企业组织生产和加强管理、提高服装成品质量、改善服装经营中的服务质量、指导消费者选购成衣等方面都起到不可替代的作用。

1.服装号型基本原理

（1）号型的定义。

号：指人体的身高，以厘米为单位表示，是设计和选购服装长短的依据。

型：指人体的上体胸围和下体腰围，以厘米为单位表示，是设计和选购服装肥瘦的依据。

（2）体型分类。通常以人体的胸围和腰围的差数为依据来划分人体体型，并将人体体型分为四类，分类代号分别为Y、A、B、C，见表1-1。

表1-1　女子体型分类代号及数值

单位：cm

体型分类代号	胸围与腰围的差数
Y	19～24
A	14～18
B	9～13
C	4～8

（3）号型标志。上下装分别标明号型。号型表示方法：号与型之间用斜线分开，字母为体型分类代号。如：上装160/84A，其中160代表号，84代表型，A代表体型分类；下装160/68A，其中160代表号，68代表型，A代表体型分类。

2.号型系列

（1）号型系列。

通过把人体的号和型进行有规则的分档排列，以各体型的中间体为中心，向两边依次递增或递减组成号型系列。成年女子标准号为145～180cm，身高以5cm、胸围以4cm分档组成上装的5·4号型系列，身高以5cm、腰围分别以4cm和2cm分档组成下装的5·4和5·2号型系列。

（2）设置中间体。

根据大量实测的人体数据，通过计算求出均值，即为中间体。它反映了我国成年女子各类体型的身高、胸围、腰围等部位的平均水平。中间体设置表见表1-2。

表1-2　中间体设置表

单位：cm

女子体型	Y	A	B	C
身高	160	160	160	160
胸围	84	84	88	88
腰围	64	68	78	82

（3）号型系列表。5·4、5·2A号型系列见表1-3。

表1-3 5·4、5·2A号型系列　　　　　　　　　　单位：cm

胸围	A 身高 145 腰围			150			155			160			165			170			175			180		
72				54	56	58	54	56	58	54	56	58												
76	58	60	62	58	60	62	58	60	62	58	60	62	58	60	62									
80	62	64	66	62	64	66	62	64	66	62	64	66	62	64	66	62	64	66						
84	66	68	70	66	68	70	66	68	70	66	68	70	66	68	70	66	68	70	66	68	70			
88	70	72	74	70	72	74	70	72	74	70	72	74	70	72	74	70	72	74	70	72	74	70	72	74
92				74	76	78	74	76	78	74	76	78	74	76	78	74	76	78	74	76	78	74	76	78
96							78	80	82	78	80	82	78	80	82	78	80	82	78	80	82	78	80	82
100										82	84	86	82	84	86	82	84	86	82	84	86	82	84	86

3.控制部位数值

控制部位数值是人体主要部位的数值（净体数值），长度方向有身高、颈椎点高、坐姿颈椎点高、腰围高、全臂长；围度方向有胸围、腰围、臀围、颈围以及全肩宽。控制部位表的功能和通用的国际标准参考尺寸相同，见表1-4，分别为服装号型各系列控制部位数值。

4.分档数值

分档数值又称为档差，指某一款式同一部位相邻规格之差。国家标准中有详细的档差数值，用于指导纸样的放缩，服装号型各系列分档见表1-5。

二、女子服装号型的应用

服装号型是成衣规格设计的基础，根据《服装号型》标准规定的控制部位数值，加上不同的放松量进行服装规格设计。一般来讲，我国内销服装的成品规格都是以号型系列的数据作为规格设计的依据，按照服装号型系列所规定的有关要求和控制部位数值进行设计。

1.服装号型标准规定的服装成品规格的档差数值

服装号型标准详细规定了不同身高、不同胸围及腰围人体各测量部位的分档数值，这实际上就是规定了服装成品规格的档差值。

以中间体为标准，当身高增减5cm，净胸围增减4cm，净腰围增减4cm或2cm时，服装主要成品规格的档差值，见表1-6。

表1-4　5·4、5·2A号型系列控制部位数值　　　　单位：cm

部位	数值 A							
身高	145	150	155	160	165	170	175	180
颈椎点高	124.0	128.0	132.0	136.0	140.0	144.0	148.0	152.0
坐姿颈椎点高	56.5	58.5	60.5	62.5	64.5	66.5	68.5	70.5
全臂长	46.0	47.5	49.0	50.5	52.0	53.5	55.0	56.5
腰围高	89.0	92.0	95.0	98.0	101.0	104.0	107.0	110.0
胸围	72	76	80	84	88	92	96	100
颈围	31.2	32.0	32.8	33.6	34.4	35.2	36.0	36.8
总肩宽	36.4	37.4	38.4	39.4	40.4	41.4	42.4	43.4
腰围	54　56　58	58　60　62	62　64　66	66　68　70	70　72　74	74　76　78	78　80　82	82　84　86
臀围	77.4　79.2　81.0	81.0　82.8　84.6	84.6　86.4　88.2	88.2　90.0　91.8	91.8　93.6　95.4	95.4　97.2　99.0	99.0　100.8　102.6	102.6　104.4　106.2

表1-5　服装号型各系列分档数值　　　　单位：cm

体型　部位	Y			A			B			C		
	中间体	5·4系列	5·2系列	中间体	5·4系列	5·2系列	中间体	5·4系列	5·2系列	中间体	5·4系列	5·2系列
身高	160	5	5	160	5	5	160	5	5	160	5	5
颈椎点高	136.2	4.00		136.0	4.00		136.5	4.00		136.5	4.00	
坐姿颈椎点高	62.6	2.00		62.5	2.00		63.0	2.00		62.5	2.00	
全臂长	50.4	1.50		50.5	1.50		50.5	1.50		50.5	1.50	
腰围高	98.2	3.00	3.00	98.0	3.00	3.00	98.0	3.00	3.00	98.0	3.00	3.00
胸围	84	4		84	4		88	4		88	4	
颈围	33.4	0.80		33.6	0.80		34.6	0.80		34.8	0.80	
总肩宽	39.9	1.00		39.4	1.00		39.8	1.00		39.2	1.00	
腰围	63.6	4	2	68	4	2	78.0	4	2	82	4	2
臀围	89.2	3.60	1.80	90.0	3.60	1.80	96.0	3.20	1.60	96.0	3.20	1.60

表1-6　女子服装主要成品规格档差值　　　　　　　　　　　　　　单位：cm

名称＼规格	身高	后衣长	袖长	裤长	胸围	领围	全肩宽	腰围		臀围	
档差值	5	2	1	3	4	0.8	1.2	5·4	4	Y、A	B、C
								5·2	2	3.6、1.8	3.2、1.6

2.服装号型标准的应用范围

（1）确定产品的适用范围，包括性别、身高、胸围、腰围的区间及体型。

（2）确立中间体。

（3）找出标准中关于各类体型中间体测量部位的数据。

（4）根据折算公式，将上述数据转换成中间体服装成品规格。

（5）以中间体的规格为基准，按档差值有规律性地增减数据，推出区间内各档号型的服装成品规格。

（6）技术部门按各档规格数据制作生产用样板，并考虑批量、流水生产因素，适当在成品规格基础上增加一些余量，如对于质地比较紧密的面料，可在衣长、裤长、裙长规格上再增加0.5cm，袖长规格上增加0.3cm，等等。

（7）销售部门根据产品销往地区的规划，按号型标准所列出的地区体型分布情况，确定各档规格的投产数，落实生产与销售。

（8）质检部门依据服装号型的上述生成原则及规定，检验产品规格设置及使用标志是否一致，是否准确。

三、女装标准人体参考尺寸

人体的胸围与领围、背宽、胸宽、袖窿深各尺寸之间并不存在确定的比例关系，这些计算公式是在长期工作实践中通过众人的穿着测试，经过反复修改后才形成的，不过用此法得到的标准原型通常只适用于批量的工业化生产，在实际的个人运用过程中，往往会将初学者引入误区。相对具体个体来讲，相同胸围尺寸的人，其领围、背宽、胸宽、袖窿深等各部位尺寸均会与标准号型有差异。如果不能根据具体的个体调整其基本原型纸样，那么通过原型法所制成的成衣就会或多或少在穿着上不适合个体，造成局部的不完美，影响整体效果，使操作者在原型纸样的运用中对其方法产生怀疑，却又无从处理类似弊病。在一些介绍结构制图的资料中，往往只对原型作简单的制图讲解，而对其形成的原理则不过多论述，造成初学者无法真正理解原型制图的方法。

以160/84A为依据列出女装标准人体参考尺寸，见表1-7。

表1-7　160/84A女装标准人体各部位参考尺寸　　　　　　　　　单位：cm

	序号	部位	标准数据	序号	部位	标准数据
长度	1	身高	160	10	腰高	98
	2	总长	136	11	腰长	18
	3	背长	38	12	膝长	58
	4	后腰节长	40.5	13	上裆长	25
	5	前腰节长	41.5	14	前后上裆长	68
	6	胸位	25	15	下裆长	73
	7	肘长	28.5	16	裤长	98（不包括腰头宽）
	8	袖长	52	17	衣长	65（套装西服长）
	9	连肩袖长	64			
围度	1	胸围	84	10	臂根围	37
	2	乳下围	72	11	臂围	27
	3	腰围	68	12	肘围	28
	4	腹围	85	13	腕围	16
	5	臀围	90	14	掌围	20
	6	腋下围	78	15	大腿根围	53
	7	头围	56	16	膝围	33
	8	颈根围	38.5	17	踝围	21
	9	颈围	34	18	足围	30
宽度	1	肩宽	38	3	背宽	35
	2	胸宽	34	4	胸距	18

思考题

1.人体体型分类标准有哪些？具体分为哪几类？

2.测量至少10位体型接近160/84A的女性，掌握女体的量体方法。

3.根据所测量的结果，总结人体各部位尺寸数据。

基础理论——

服装结构设计的方法

课题名称：服装结构设计的方法

课题内容：1. 服装制图工具、符号及部位名称

2. 女性人体形态对纸样设计的影响

3. 一般服装尺寸设定的人体依据

4. 服装制图的各部位名称

课题时间：4课时

教学目的：通过本章服装结构设计的方法，能够了解服装制图规则、符号及部位名称；能够掌握女性人体三围放松量的变化规律；掌握女性人体放松量的变化规律；了解女性人体的静态结构与服装相关部位的关系以及能正确绘制以及标示服装工业化生产的纸样符号。

教学方式：讲授

教学要求：1. 能利用女性人体的静态、动态参数进行各种服装结构设计。

2. 能根据女性体型特点和人体测量数据进行服装规格的设计。

课前准备：准备A4（16k）297mm×210mm或A3（8k）420mm×297mm笔记本、皮尺、比例尺、三角板、彩色铅笔等制图及测量工具。

第二章　服装结构设计的方法

第一节　服装制图工具、符号及部位名称

在纸样设计中，虽然对制板工具没有严格的要求，往往依个人的经验和习惯制板，但是作为初学者应懂得使用专门的工具并掌握它们。在女装制图设计中，技术人员借助于制图工具，不仅可以提高样板的质量，而且可以提高效率，起到事半功倍的效果。

一、服装制图工具与材料

1.测量工具

软尺是两面都标有单位的带状测量工具，以公制为计量单位的软尺，长度为150cm，通常皮尺一面为厘米（cm），一面为市寸或英寸，1寸≈3.3cm，1英寸≈2.54cm。大多选用不受温度变化影响的材料作原料并上涂层，主要用于人体测量，如图2-1所示。

图2-1　软尺

2.制图工具

（1）尺。常用的尺有钢板尺、丁字尺、三角尺、直尺、比例尺、曲线尺。用有机玻璃制成的尺最佳，因为制图线可以不被遮挡。另外，常用的制图用尺还有云尺等，这些尺主要帮助初学者有效地完成各种曲线的绘制。但是，在1∶1的纸样绘制中不应依赖于曲线尺，用直尺依设计者理解及想象的造型完成曲线绘制，对初学者来说是很好的练习方法，这是设计者的基本功。

①钢板尺、丁字尺。以公制为计量单位的尺子，长度为100～120cm，质地可以为木质、有机玻璃和金属材料。金属材料的不锈钢尺不易变形，在工业生产中使用广泛，在裁剪排料中使用较多。绘直线时使用丁字尺，且常与三角板配合使用，可以绘制不同角度的线，各种方向的平行线和垂线，如图2-2所示。

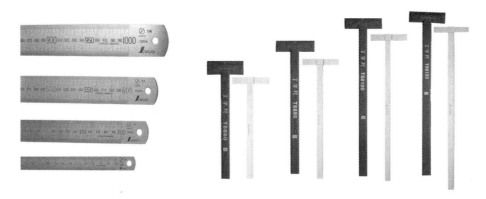

图2-2 钢板尺、丁字尺

②三角尺。三角形尺子用于绘制垂直相交的线段和校正纸样。尺的规格大小不同，较大规格的三角尺用于实际比例的绘图，较小规格的三角尺主要用于教学中缩小比例的绘图，如图2-3所示。

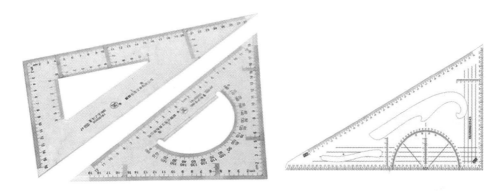

图2-3 三角尺

③直尺。绘制直线和测量较短直线距离时所使用的尺子，长度有20cm、40cm、50cm等数种，如图2-4所示。

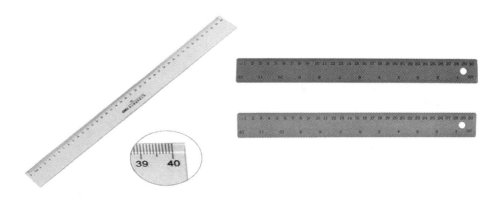

图2-4 直尺

④比例尺。绘图时用来测量长度的工具，其刻度按长度单位缩小或放大若干倍。常见的有三棱形比例尺，三个侧面上刻有六行不同比例的刻度，主要用来绘制放大或缩小比例的服装样板，如图2-5所示。

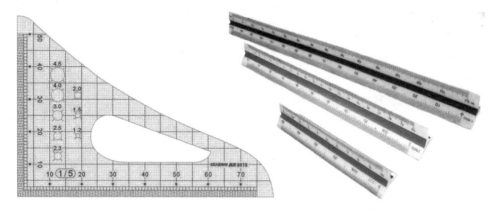

图2-5　比例尺

⑤曲线板。绘曲线用薄的有机玻璃曲线板，除了通用曲线板以外，还有绘制服装不同部位，如袖窿、袖山、侧缝、裆缝等专用的曲线板，如图2-6所示。

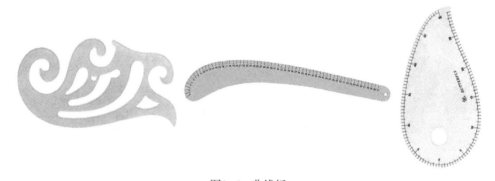

图2-6　曲线板

⑥自由曲线尺，也称任意曲线蛇形尺。可以任意弯曲的尺子，其内芯为扁形金属条，外层包软塑料，质地柔软，用于测量结构图中的弧线长度，如图2-7所示。

图2-7　自由曲线尺

（2）纸。纸样设计的最终成品原则上指的是正式裁片前的纸质样板，应符合标准化和规范化的生产所需。因此，服装工业制板用纸需要有一定的强度、防水性和防热缩性，同时由于样板保存时间较长，故还应具有不易磨损和不易变型等特点，以保证成品产品的生产质量。样板需有一定厚度、伸缩性小、坚韧、表面光洁，这些要求主要是考虑多次复描纸质样板时的准确性，如图2-8所示。常用的打板纸有：

①牛皮纸：规格为100～300g，牛皮纸的韧性较好，在折叠与捏合时不易破损，多用于绘制基础样板，不能直接用于裁剪用样板。

②白板纸：规格约为250g，易磨损、破裂，多用于小批量生产中裁剪样板的制作或纸样的过渡性用纸，不作为正式纸样用纸。

③黄板纸：规格约为600g，具有很高的强度，用于裁剪样板、工艺样板的制作。黄板纸较厚实、硬挺、不易磨损。适宜制作大批量服装生产的服装纸样。

④计算机专用打板纸：直接用于计算机出图。

⑤普通复印纸：用于纸样拓板。

⑥砂布。不易滑动的工艺纸样材料。

⑦薄白铁片或铜片，可长期使用的工艺纸样材料。

（3）橡皮。绘图时应采用绘图专用橡皮，擦完后不留痕迹，如图2-8所示。

图2-8　作图用纸、橡皮

（4）绘图用笔。

①铅笔。在绘图上，专用的绘图铅笔常用的号型有2H、H、HB、B和2B。在1:1绘图时，绘制结构线一般选用HB或H型铅笔，绘制轮廓线一般选用B或HB型铅笔，如图2-9所示。

②蜡铅笔。蜡铅笔有多种颜色，笔芯是蜡质的，它主要用在特殊标记的复制上，如将纸样中的省尖、扣位等复制到布料上使用，如图2-9所示。

③针管笔。用于绘制基础线和轮廓线的自来水笔，特点是墨迹粗细一致，墨量均匀，绘于图纸上，不易擦掉、防晒、防伪，其规格根据针管的直径可以分为0.3mm、0.4mm、0.5mm、0.6mm、0.7mm、0.8mm等，如图2-9所示。

图2-9　铅笔、蜡铅笔、针管笔

（5）圆规。用于较精确的纸样设计和绘制，特别是缩图练习，如图2-10所示。

图2-10　圆规

3.裁剪工具

（1）裁剪台。裁剪台是指服装制板与裁剪专用的桌子（不是车间用于裁剪的台子），即制样衣台面。桌面需平坦，不能有接缝，裁剪台大小以长120～140cm，宽90cm为宜，高度应在使用者臀围线以下4cm（高度一般为75～80cm）。总之，工作台要有能充分容纳一张整开卡片纸（或白板纸）的面积，以使用者能够运用自如为原则，如图2-11所示。

图2-11　裁剪台

（2）裁剪剪刀。剪刀应选择缝纫专用的剪刀，它是裁剪师必备的工具，有24cm（9in）、28cm（11in）和30cm（12in）等几种规格。剪纸和剪布的剪刀要分开使用，特别是剪布料的剪刀要专用，因为纸张对剪刀刀口有损伤，所以应准备两把，一把专用于剪纸，一把专用于剪布。另外还可准备一把小剪刀用于小部件或缩小比例的纸样使用，如图

2-12所示。

图2-12 裁剪剪刀

（3）花齿剪刀。花齿剪刀的刀口呈锯齿形，其功能是将布边剪成锯齿状，主要是留作布样，目前常用于女装的装饰花边，如图2-13所示。

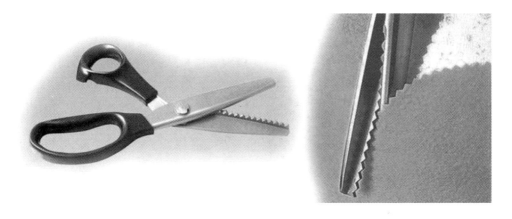

图2-13 花齿剪刀

（4）对位器。指纸样制成后需要确定做缝的对位记号，一般用剪刀剪出一个三角缺口，称剪口。在工业化生产中常用对位器来完成，如图2-14所示。

（5）擂线器。擂线器是带有手柄的锯齿轮工具，用于把上层纸的轮廓线迹复制到下层纸上，或线迹在纸样与织物之间转移。擂线器分为两种，一种是尖齿形的，用于纸样；一种是锯齿形的，用于织物，不损伤织物，如图2-14所示。

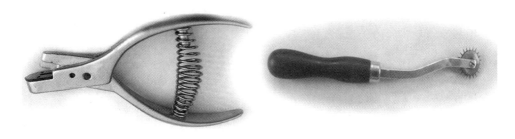

图2-14 对位器、擂线器

（6）打孔器。全套工业样板制成后，用打孔器在每片纸样上打孔，吊挂储存，如图2-15所示。

图2-15　打孔器

（7）双面胶、透明胶带。用于修正纸样，如图2-16所示。

图2-16　双面胶

（8）冲子。冲子选用直径为1.5～3mm为宜。在样板的省尖、袋位两端、纽孔及扣位等处，打出眼位，作为缝制的定位标志，如图2-17所示。

（9）锥子。用于纸样中的定位，如省位、褶位等，还用于复制纸样，如图2-17所示。

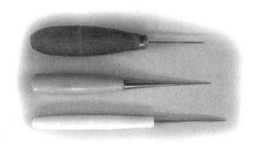

图2-17　冲子、锥子

二、服装制图标准

1.制图比例

在女装结构制图中，制图比例可以分为与实物相同比例、缩小比例和放大比例三种，根据制图实际需要，选择不同的比例。女装制图中常用制图比例，见表2-1。

在同一图纸上，应采用相同的比例，并将比例填写在标题栏内，如需采用不同的比例时，必须在每个零部件的左上角标志比例。如M1：1，M1：2。

表2-1 女装制图中常用制图比例

与实物相同	1：1
缩小的比例	1：2、1：3、1：4、1：5、1：6、1：10
放大的比例	2：1、4：1

女装生产中，标准样板的绘制和放缩通常采用1：1与实物相同的比例；服装学习中，结构图的绘制通常采用1：5的缩小比例，局部采用1：1或2：1、4：1的放大比例。

2.图线及画法

同一图纸中同类图线宽度应一致，虚线、点画线及双点画线的线段长短和间隔应各自相同，点画线和双点画线的首末两端应是线段而不是点。

3.字体

图纸中的文字、数字、字母都必须做到字体端正、笔画清楚、排列整体、间隔均匀。如需要书写更大的字，其字体高度应按比率递增，字体高度代表字体的号数，如图2-18所示。

18号 服装结构设计

14号 服装结构设计

10号 服装结构设计

图2-18 不同字号的文字

4.尺寸标注

（1）基本规则。

①服装各部位和零部件的实际大小以图样上所注的尺寸数值为准。

②图纸中（包括技术要求和其他说明）的尺寸，一律以厘米为单位。

③服装制图部位、部件的每一尺寸，一般只标注一次，并应标注在该结构最清晰的图形上。

（2）标注尺寸线的画法。

①尺寸线用细实线绘制，其两端箭头应指到尺寸界限，如图2-19所示。

②制图结构线不能代替标注尺寸线，一般也不得与其他图线重合或画在其延长线上。

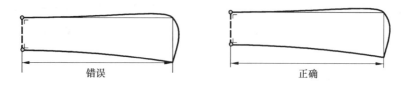

图2-19 标注尺寸线的正确位置

③标注尺寸线及尺寸数字的位置，需要标明垂直距离的尺寸时，尺寸数字一般应标在尺寸线的右面中间，如图2-20所示；如垂直距离小，应将轮廓线的一端延长，另一端将对折线引出，在上下箭头的延长线上标注尺寸数字，如图2-21所示；需要标明横距离的尺寸时，尺寸数字一般应标在尺寸线的上方或中间，如图2-22所示；如横距离尺寸位置小，需用细实线引出使之形成一个三角形，并在角的一端绘制一条横线，尺寸数字就标在该横线上，如图2-23所示。需要标明斜距离尺寸时，方法如图2-23所示。尺寸数字不可有任何图线所通过，当无法避免时，必须将该图线断开，并用弧线表示，尺寸数字就标在弧线断开的中间，如图2-24所示。

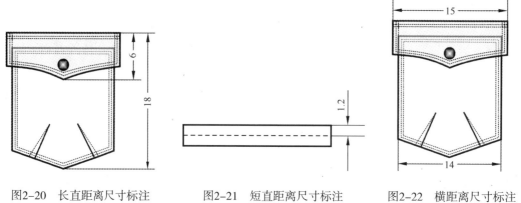

图2-20 长直距离尺寸标注　　　图2-21 短直距离尺寸标注　　　图2-22 横距离尺寸标注

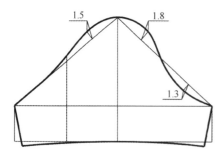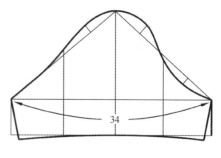

图2-23 斜距离尺寸标注　　　　　图2-24 断开标注

（3）尺寸界限的画法。

①尺寸界限用细实线绘制，可以利用轮廓线，引出作为尺寸界限，如图2-25所示。

②尺寸界限一般应与尺寸线垂直（弧线、三角形和尖形尺寸除外）。

（4）服装制图主要部位英文名称的缩略形式。女装制图主要部位英文名称的缩略形式，如表2-2所示。

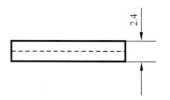

图2-25 尺寸界限的画法

表2-2 女装制图主要部位英文名称的缩略形式

	序号	部位名称	缩略	英文名称	序号	部位名称	缩略	英文名称
围	1	领围	N	Neck Girth	7	后领围	BN	Back Neck
	2	胸围	B	Bust	8	头围	HS	Head Size
	3	腰围	W	Waist	9	颈围	N	Neck Line
	4	臀围	H	Hip	10	袖口	CW	Cuff Width
	5	大腿根围	TS	Thigh Size	11	脚口	SB	Sweep Bottom
	6	前领围	FN	Front Neck				
宽	1	肩宽	SW	Shoulder Width	3	背宽	BW	Back Width
	2	胸宽	FW	Front Width				
点	1	胸高点	BP	Bust Point	4	后颈点	BNP	Back Neck Point
	2	前颈点	FNP	Front Neck Point	5	肩端点	SP	Shoulder Point
	3	侧颈点	SNP	Side Neck Point				
线	1	领围线	NL	Neck Line	7	臀围线	HL	Hip Line
	2	上胸围线	CL	Chest Line	8	肘线	EL	Elbow Line
	3	胸围线	BL	Bust Line	9	膝围线	KL	Knee Line
	4	下胸围线	UBL	Under Bust Line	10	前中心线	FCL	Front Center Line
	5	腰围线	WL	Waist Line	11	后中心线	BCL	Back Center Line
	6	中臀围线	MHL	Middle Hip Line				
长	1	衣长	L	Length	10	袖山	AT	Arm Top
	2	前衣长	FL	Front Length	11	袖肥	BC	Biceps Circumference
	3	后衣长	BL	Back Length	12	袖窿深	AHL	Arm Hole Line
	4	前腰节长	FWL	Front Waist Length	13	袖口	CW	Cuff Width
	5	后腰节长	BWL	Back Waist Length	14	袖长	SL	Sleeve Length
	6	裤长	TL	Trousers Length	15	肘长	EL	Elbow Length
	7	股下长	IL	Inside Length	16	领座	SC	Stand Collar
	8	前上裆	FR	Front Rise	17	领高	CR	Collar Rib
	9	后上裆	BR	Back Rise				

三、纸样符号

纸样符号适用于服装的工业化生产，它不同于单件制作，而是一定批量生产的要求，因此，需要确定纸样符号的通用性以便于指导生产。另外，就纸样设计本身的方便和识图的需要也必须采用专用的制图符号表示。

1.纸样绘制符号

在服装结构设计纸样绘制中，若仅用文字标注制图缺乏准确性和规范性，容易造成误解。下面介绍一些纸样绘制中所常用的符号并加以说明，这些符号多是服装行业默认的或通用的制板符号，也是本书所采用制图符号的依据，见表2-3。

表2-3　纸样绘制符号及说明

名称	符号说明	名称	符号说明
制成线符号	制成线分两种：实制成线、虚制成线。实制成线又称裁剪线，是指服装纸样制成后的实际边线，称完成线。用粗实线表示，线的宽度为0.5～1.0mm，不包括缝份，也称净样线，依此线剪出的纸样就叫净样板，这种样板在工业生产中画净线使用。加上缝份所剪出的样板叫毛样板，这种样板用在工业样板生产中。虚制成线也称对折线，用长虚线表示，此线是专指纸样两边完全对称，在图例中看到这种线意味实际纸样是以此对称的整体纸样	剪切符号	纸样设计根据事先的设想，修正基本纸样的过程，其中很多是从基本纸样的中间部位修正，因此需要剪切、扩充、补正。剪切符号箭头所指向的部位就是剪切的部位。需要注意的是，剪切只是纸样设计修正的过程，而不能当成结果，要根据制成线识别最后成型纸样
辅助线符号	表示各部位制图的辅助线，用细实线，线的宽度是粗实线宽度的一半。它是结构制图的基础线，以及尺寸线和尺寸界限等	整形符号	当纸样设计需要变动基本纸样的结构线时，必须在这些部位标出整形符号，以示去掉原结构线，而变成完整的形状。当然，同时还要以新的结构线取代原结构线，这意味着在实际纸样上此处是完整的形
贴边线符号	贴边主要用在面布的内侧，绘图时用点划线表示	距离线符号	表示某部位起始点之间的距离

续表

名称	符号说明	名称	符号说明
等分线符号 	等分线符号表示相同距离长度的线段。长距离用虚线表示，短距离用实线表示	重叠符号 	双轨线所共处的部分为纸样重叠部分，在复制样板时要将重叠部位分离出来
折转线符号 	折转线用于连裁前门襟止口线的标注	省略符号 	长度省略的标记
缝份线符号 	用两条平行线表示，一条是粗实线，另一条是虚线，是轮廓线和净缝线的组合	直角符号 	直角符号表示制图中的直角部位
相同符号 ○●□■◎	表示部位尺寸的大小相同		

在制图中，使用其他制图符号或非标准符号，必须在图纸中用图和文字加以说明。

2.纸样生产符号

本书介绍的纸样生产符号是国际服装业通用的，具有标准化生产的权威性。掌握这些纸样生产符号的规定，有助于提高产品档次、品质和指导生产。这就要求设计者对这种符号的使用和功能熟练掌握，见表2-4。

表2-4 纸样生产符号

名称	符号	名称	符号
直丝符号	也称经向号，表示服装材料布纹经向对位标志，符号设置应与布纹方向平行	对位符号 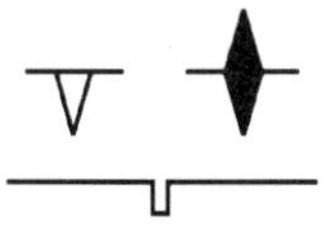	也称剪口符号，在工业纸样设计中，对位符号起两个作用，一是确保设计在生产中不走样；二是在大批量流水线生产中可节省生产时间
顺毛向符号	也称顺向号，是材料表面毛绒顺向的标志。当纸样中标出单箭头符号，生产者要把纸样中的箭头方向与带有毛材料的毛向相一致，如皮毛、灯芯绒、有花头方向的面料等	明线符号 	明线符号形式是由它的装饰性决定的。虚线表示明线的线迹，也可标出明线的单位针数（针/cm）、明线与边缝的间距，常见有单明线、双明线或三明线的间距等。实线表示边缝或倒缝线

名称	符号	名称	符号
省符号	省的作用是使服装更合体，省量和省的状态是根据服装造型的要求选择。常见省的形式有：埃菲尔省、宝塔省、钉子省、开花省、弧形省	对格符号	表示相关裁片格纹应一致的标记，符号的纵横线应对应于布纹
褶裥符号	褶的符号表示正面褶的形状。褶的倒向是依据设计要求，按照褶的倒向画出褶的折叠形式，划斜线的范围表示褶的宽度。常见褶裥的形式分为明褶裥和暗褶裥	对条符号	表示相关裁片条纹应一致的标记，符号的纵横线应对应于布纹
缩褶符号	缩褶是通过缩缝完成的，用波浪线表示	钻眼符号	表示剪裁时需要钻眼的位置
眼位符号	表示服装扣眼位置的标记	拉链符号	表示服装在该部位缝装拉链
扣位符号	表示服装钉纽扣位置的标记，交叉线的交点是钉扣位。交叉线带圆圈表示装饰纽扣的大小	橡筋符号	也是罗纹符号、松紧带符号，是服装下摆或袖口等部位缝制橡筋或罗纹的标记

第二节 女性人体形态对纸样设计的影响

本节主要介绍人体静态尺度、动态尺度对纸样设计的影响，通过学习掌握服装结构设计中对宽松度和运动量的设计要求，以便设计出适合穿着者体型的服装。

一、人体静态尺度对纸样设计的影响

人体静态是指人自然站立的状态，这种状态所构成的固定的体型数据就是人体静态尺度。对纸样设计有影响的是肩斜度、颈斜度、手臂下垂自然弯曲平均值等。

1.肩斜度

肩斜度是指肩端至颈根与水平线所形成的夹角，女性为20°，它决定了纸样设计中肩线的形态。肩斜度取决于斜方肌的发达程度。

2.颈斜度

颈斜度是指人体的颈向与垂直线形成的夹角，女性为19°。颈部的倾斜度是由人体平衡关系决定的。女体起伏度较大，呈"S"形，颈向长，自然前伸，因此女装后身通常加肩省。

3.手臂下垂自然弯曲平均值

当人体自然直立时，手臂呈稍向前弯曲的状态，女性前弯约为6.18°。对于贴身服装的设计，该尺寸会决定袖子与肩的造型，如图2-26所示。

综上所述，女装标准基本结构线的确立，在一定程度上是根据人体的静态特征和参数推算来设定的。

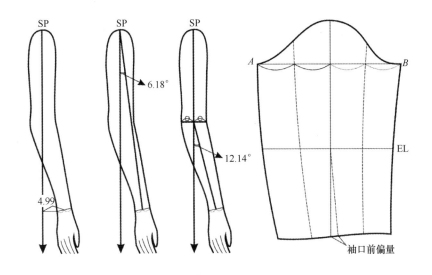

图2-26　手臂下垂自然弯曲平均值

4.人体的体态平衡

理解人体躯干形态对服装结构设计十分重要，躯干由腰部将胸廓和臀部相连接，显现为"平衡的运动体"，称之为人体躯干平衡，如图2-27所示。从静态观察体型特征，胸廓前身最高处为胸凸点（BP），此点相对靠近腰部；背部最高点为肩胛凸点，相对离腰部较远。为了保证与胸廓的平衡，腹凸点靠上，较靠近腰部，臀凸点靠下，相对离腰部较远，它们在躯干部形成了两个平衡状态。

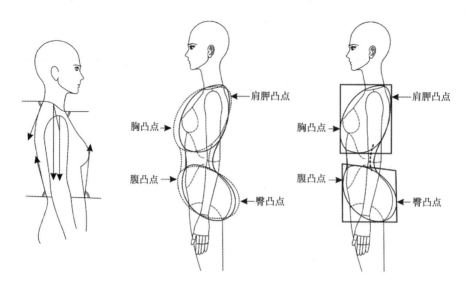

图2-27　人体体态平衡

二、人体动态尺度对纸样设计的影响

人的运动是复杂多样的，如身躯的前屈后屈、侧向的弯曲、旋转、呼吸运动等。体型特征与运动形态的存在，要求服装的各部位要有必要的松度来适应，即服装空间形态应具有合理的形状和构成，以适应和容纳活动的人体，这是服装人体工程学和服装构成学的重要研究内容。结构中宽松度和运动量的设计，主要依据人体正常运动状态的尺度。当服装对人体正常运动造成抑制时，说明服装结构违背了结构设计的原则。成功的服装设计应是功能性和审美性的完美结合，服装的实用性是第一位的，装饰性是第二位。人体的正常运动是有规律的，可以作为结构功能设计的参考，见表2-5。

表2-5　人体关键部位动态尺度

活动部位	活动种类	活动尺度	人体运动使服装部位结构发生变化
腰脊关节	前屈	80°	后身结构加量
髋关节	前屈	120°	臀部结构加量
膝关节	后屈	135°	膝部和足后跟增强度
肩关节	由前上举	180°	后袖窿加量
肘关节	前屈	150°	肘部加强、确定胸袋位置
颈部关节	左右侧屈	45°	连衣帽及领型设计参考数据

1.腰脊关节的活动尺度

影响上下身连接的结构设计，主要是腰脊关节的活动作用。腰脊活动尺度的测定是以人体的自然直立状态为准，人体的腰脊前屈时的幅度比较显著、前屈活动的机会较多，所以在运动机能的结构设计上要多考虑后身增加运动量，如裤子后裆线的加长（俗称后翘）、衬衣后身下摆长于前身等都是基于这个原因设计的。

2.髋关节和膝关节的活动尺度

髋关节的活动范围以大转子的活动尺度为准，由表2-5中可看出髋关节屈身向前的程度大，髋关节主要是向前运动，它影响臀部尺寸的变化，也影响了前下摆的变化。小腿的运动主要影响到服装后下摆和膝盖部的变化，如裤口后贴边加垫布的处理，加膝盖布的处理。髋关节的活动也是影响裙摆的因素，前后都很重要，而两侧被减弱，因此，在裙摆的结构设计中，对前后片的设计处理进行如裙身设计开衩，作褶等。

3.肩关节和肘关节的活动尺度

人体的上肢主要是向前运动，因此，必须考虑手臂运动作用于服装的对应部位需要增加活动量。例如：后背部位的袖窿与对应袖子的结构要适当增加手臂向前活动所需要的用量；对肘部材料强度的加大的处理也是为肘部前屈所设计的。另外，肩关节屈臂上举虽然可达180°，但一般经常活动的范围在90°左右，以前臂和肘关节的活动角度看，上身衣袋的位置设在胸线以下最为适宜。同样，根据手臂自然下垂时的位置，下身衣袋的高度应设在腰线以下10cm左右，其纵坐标应通过前腋点的垂线两边，如上衣口袋和裤子口袋的定位都是以此坐标为依据。

4.颈部关节活动尺度

颈部关节的屈伸及左右侧倾角都是45°，其转动的幅度为60°，这是设计连衣帽子的必要参考数据。在静态的情况下，头部的各测量尺寸是固定的；动态时，就要考虑在动态下对头部尺寸的影响，如风衣帽子的设计就必须考虑头部动态的最大尺寸。

5.正常行走尺度

正常行走包括平地步行和抬腿登高。通常标准人体迈一步的前后足距约为65cm（前脚尖至后脚跟的距离），如图2-28 ~ 图2-30所示，而对应该足距的两膝围是82 ~ 109cm，两膝的围度制约裙子造型。

 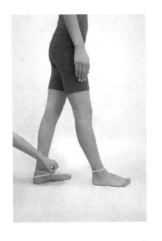 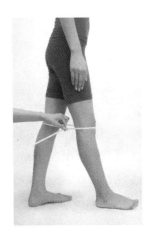

图2-28 正常行走步距　　图2-29 正常行走下摆围度　　图2-30 正常行走两膝围度尺寸

从表2-6可以看出人体大转子的反向运动造成的下摆在裙子设计要考虑的两个方面的问题：一是足距尺寸控制着裙子下摆尺寸的设计；二是两膝围度控制着裙子开衩高度的设计。

表2-6　正常行走尺度　　　　　　　　　　　　　　　单位：cm

动作	距离	两膝围度	作用点
一般步行	65（足距）	82 ~ 109	裙摆松度
大步行走	73（足距）	90 ~ 112	裙摆松度
一般登高	20（足至地面）	98 ~ 114	裙摆松度
二台阶登高	40（足至地面）	l26 ~ 128	裙摆松度

以紧身裙设计为例：设计裙子的时候，足距尺寸十分重要，正常足距范围值为130 ~ 150cm，裙摆幅度不能小于一般行走和登高的活动尺度。也就是说下摆的摆围要在这个范围里才能满足基本行走的要求，如图2-31所示。

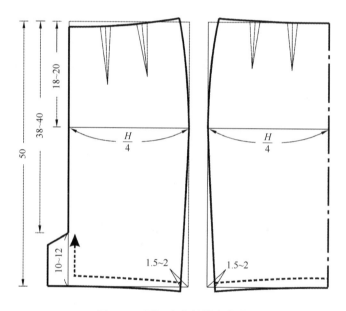

图2-31　开衩高度的设定方法

两膝围度尺寸同样十分重要，窄摆裙设计开衩或活褶就是基于这种功能设计的。开衩或活褶的长度和下肢的运动幅度成正比。两膝围度尺寸不仅决定裙摆的松度，还决定了开衩位置的高低。以紧身裙设计为例：标准体腰围值为68cm，臀围值为94cm，裙片长50cm。

裙片长50cm，位于膝围线以上5cm左右，人正常行走尺度时的两膝围度为82 ~ 112cm，采用中间值110cm计算。裙子下摆的尺寸要满足人正常行走的尺寸为110cm（前后下摆值7.5cm），而臀围尺寸为94cm（前后臀围值23.5cm），为满足人体状态，下摆要缩进6 ~ 8cm（侧缝下摆收1.5 ~ 2cm），因此要设后开衩10 ~ 12cm，也就是说要从腰线往下38 ~ 40cm处来确定开衩位置。

第三节　一般服装尺寸设定的人体依据

制约服装机能的因素，不仅是人体的静态和动态尺度，还要考虑服装尺寸与人体运动的关系。服装放松量的设定方法是人们在长时间的工作中总结的经验，初学者需要了解和掌握服装放松量的作用，从而达到正确掌握和应用放松量的目的。

一、成衣规格的确定

成衣规格是指服装关键部位的规格，包括长度、宽度和围度。根据国家服装号型标准或地区、企业的号型标准中所示人体各部位尺寸均为净体尺寸，加入款式所需要的放松量就成为服装成品规格。

二、有关服装长度的人体依据

服装长度主要指衣长，包括袖长、裤长和裙长等。

1.服装长度设计至少要考虑三个因素

（1）服装的种类，即有一定目的要求的服装。

（2）流行因素。

（3）人体活动作用点的适应范围。

第三个因素可以作为前两个因素的基本条件，因为它强调的是实用价值。

2.服装长度设计的公式

服装长度尺寸的确定有两种公式：

（1）按与号相应的控制部位数值加不同的定数，或者以总体高的百分数加减不同定数来确定，并按总体高分档数求得系列尺寸。

衣长的确定：号×40%=160cm×40%=60cm；

袖长的确定：号×30%+5cm=160cm×30%+5cm=53cm。

"号"乘以一个百分数的目的，是为了与规格的分档数值相吻合，因为号的分档数是5cm，而衣长的分档数就是5×40%=2cm。同理，袖长的分档数为5×30%=1.5cm，如果衣长的分档数需要3cm，则可用号×60%来计算，短袖的分档数为1cm，可用衣号×20%来计算，见表2-7。

表2-7　女装长与身高的比例

品种	女装与身高	品种	女装与身高
西服外套	40%身高左右	长大衣	65%身高左右
短大衣	48%身高左右	衬衫	40%身高左右
中长大衣	60%身高左右	背心	30%身高左右

（2）按号型标准中与长度有关的控制部位来确定服装规格尺寸

如：颈椎点高是决定衣长的数值；全臂长是决定袖长的依据；腰围高是决定裤长的依据。所以我们根据这些人体尺寸来决定下列服装规格：

衣长（后衣长）：由 $\dfrac{颈椎点高}{2}$ −0.5cm来确定。例：颈椎点高为145cm，衣长=$\dfrac{145}{2}$−

0.5=72cm。袖长：根据西服袖的特点，要考虑垫肩、袖山头吃势等，共约3cm厚，所以，西装的袖长由全臂长+3cm来确定。

3.服装长度设计的方法

服装的长度设计，凡是临近运动点的地方由于磨损较大，都要设法避开或采用加固设计。所以无论是衣长的各种形式，还是袖长、裤长、裙长等的设计，其摆位都不适宜设在与运动点重合的部位，任何款式的服装都是如此，这一点设计者要有充分的把握。

服装长短的设计可以总结出一条基本规律，即服装的长短是以人体的运动点为界设定的，下面加以具体说明。

（1）衣长。

工业生产中衣长指的是衣服的后中长，关于衣长的确定。可以按照上文中的公式，也可参考国家标准GB/T1335.1—2008《服装号型》中的一些数据对服装款式的要求，采用以身高减去100cm作为后衣长的基础参数。如身高160cm，则160−100=60cm，即此人后衣长的基础尺寸为60cm。

服装完成后前后衣长的平衡点是很关键的。成品衣长的确定通常根据流行的需求，西服上衣普遍以臀围线为衣长的基准线，臀围线以下为长西服，臀围线以上为短西服。上衣的基本衣长设计与变化，如图2-32所示。

上衣的衣长是与款式设计有关，可根据造型设计、流行、季节及穿用的目的等进行款式变化。

①超短上衣。衣长在腰节线附近或平腰节线，可搭配长裙、连衣裙或高腰裙等穿用。

②短上衣。衣长在腹围线附近的上衣，类似于背心式上衣。

③中长上衣。衣长在臀围线附近的上衣，是上衣、西服套装中常见的长度。

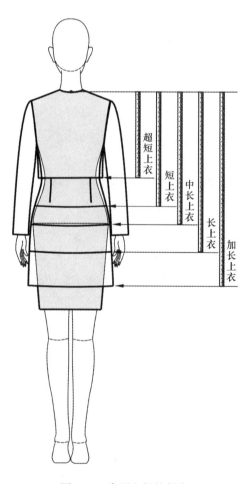

图2-32　常用衣长的判定

④长上衣。衣长在横裆线附近的上衣，是上衣、西服套装中常见的长度。

⑤加长上衣。衣长至大腿的中部，在腰节线下35~40cm。这类加长上衣一般与短裙搭配。

（2）袖长。

通过款式图判断的衣长可以依据袖长与衣长的比例关系，女装西服成衣袖长尺寸的设定通常有两种：一是由肩点以自然下垂时能够与手腕根部齐平为标准；二是由肩点以自然下垂时能够到虎口上1.5~2cm为基准。结构制图中的袖长尺寸与实际测量的袖长尺寸在无特殊情况下，二者基本是一致的；但在有些情况下，前者必须大于后者，否则产品成型后袖的长度将小于实际的测量长度。这种情况是由下列五个因素所造成的：

①垫肩的因素：垫肩的厚度越大，袖长所增加的尺寸也越大。因此制图中的袖长约为：测量长度+垫肩厚度。

②着装者穿着厚度的因素：穿着层次的厚度指上装里面穿的所有内、外衣累计的厚度。显然此厚度越大，袖长所增加的尺寸也越大。因此，制图中的袖长尺寸约为：测量长度加上穿着层次的厚度。

③袖山头收缩的因素：袖山头隆起的高度越高，袖长所增加的长度也越大。

④袖口收碎裥的因素：碎裥的收缩量越大，则袖口鼓起的程度也越大，进而袖长所增加的长度也越大。

⑤面料缩水率的因素：在结构制图中应加上缩水率对面料损耗的那一部分，如袖长是55cm，缩水率是3%，制板尺寸则为56.65cm。

三、服装的围度尺寸设计

服装的围度放松量是指人体与服装间的空量。它是由人体生理、心理及环境等综合因素组成的，因此，根据众多因素的变化规律来寻找确定围度放松量的方法，有利于对服装围度尺寸设计原则灵活应用。

1.确定围度的基本放松量

围度基本放松量，不是最小的放松量，而是制作内衣所需的普通放松量，又称为内衣放松量。确定围度基本放松量，是根据各部位的生理特点和活动规律来制订的。在服装围度上的放松量，从上至下有领围、胸围、腰围、臀围、袖口、脚口等不同围度的放松量。例如，服装袖窿周围的放松量，它主要表现在袖窿对应部位、腋围四周活动所需空隙松量，使服装穿着舒服宜活动，并具有通过理想造型减少背与腋围间的厚度差，使衣身保持平衡合体和增大袖窿兼容性等作用。

围度放松量是服装结构设计中应用面及变化范围最广的。由于我国长期推行成品尺寸计算法，围度放松量的内容往往融于成品尺寸之中。在传统量体过程中，围度放松量与成品尺寸规格被一起反映出来，所以人们对放松量的概念不甚了解，以致造成服装不舒适仅仅是量体中加放量不当的观念性错误。

服装的围度是由人体的净体围度加上放松量来确定的，人体各部位的净尺寸可以通过测体直接获得，而放松量的确定却要考虑性别、年龄、习惯、爱好、地区、工作性质、流行趋势等因素。因此，围度的确定主要是放松量的确定。服装的围度放松量在过去多从经验来确定，而服装的工业化发展到今天，是不能够仅仅依靠经验进行设计的，而是要将经验上升为理论，并确定理论依据，可采用"平均间隙量"的方法来确定围度尺寸。

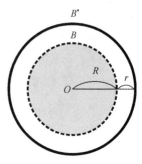

服装总放松量的计算：由于人体是一个不可展开的曲面体，我们可以把人体近似地看成是一个圆柱体，其横截面应该是一个圆形，如图2-33所示。以胸围的横截面为例，则圆周长为人体的净胸围B，以圆心为O画圆，设圆半径为R，则$B=2\pi R$；当人体着装后，又假定其横截面和前面的圆是一个同心圆，则大圆周长为服装的围度B^*，这样，在服装与人体之间就有一个间隙量r，这个间隙量在每个位置是不一样

图2-33 平均间隙量

的，但为了研究方便，可以假定这个量是均匀的，因此将其称为平均间隙量。那么，在服装上所需要的放松量S就应该是着装后的胸围B^*减去人体的净胸围B，即：$S=B^*-B=2\pi r$，也就是说，放松量是按照平均间隙量的2π倍递增的。

总放松量：由$B^*-B=2\pi r$，即：总放松量$=2\pi r$。

核验空隙量：由$B^*-B=2\pi r$推导出：$r=(B^*-B)/2\pi$，得：空隙量$=$放松量$/2\pi$。

结论：在文化式女装衣身原型中，若其放松量为10cm，这个放松量是满足人体活动最小的放松尺寸，仅仅包括人体呼吸量和基本活动量，是保证衣服与人体之间最起码的间隙量。那么，可以计算一下按照原型的放松量所制作的服装和人体的间隙量的值（以文化式为例），即：$10=2\pi r$，则$r=1.59$。也就是说，要满足人体最基本的活动量，其服装所需放松量S应该在10cm左右，平均间隙量应该在1.59cm左右。下面再给定几个平均间隙量r的尺寸来计算几组的值，见表2-8。

表2-8 常用空隙量与放松量的换算关系 单位：cm

尺寸 \ 厚度	0.1	0.2	0.3	0.4	0.5	1	2	3	4	5
折算松量	0.63	1.26	1.89	2.52	3.14	6.28	11.9	18.84	25.12	31.4

2.各部位尺寸的加放方法

通过实验可以得到：

当$r\leq 3$时，服装外形呈紧身或合体型，服装的放松量约为6～12cm或13～18cm；

当$r\geq 3$时，服装外形呈半宽松或宽松型，服装的放松量约为19～26cm或26cm以上。

由此可以判定：当所要转化的服装效果明显为宽松款式时（通过目测和感觉确定），

就选择胸围放松量大于26cm；而当服装外形为紧身款式时，则选胸围放松量≤12cm，其他类型的服装可在12~26cm之间进行选择。

任何形式的服装，最小围度除它的实用和造型效果要求之外，不能小于人体各部的实际围度（净围度）与基本松度、运动度之和。

$$围度尺寸=实际围度+基本松度+内装厚度+运动度$$

实际围度一般指净尺寸（以穿合体内衣测量为准）。这里要特别说明合体衣要采用对人体无任何修正状态的内着装，净尺寸的另一种解释叫内限尺寸，即各尺寸的最小极限或基本尺寸，如胸围、腰围、臀围等围度测量都不加松量。

基本松度是考虑构成人体组织弹性及呼吸所需的量而设计的。基本松量属于功能性松量，用以保证人体呼吸自由、活动方便、透气保温等基本的生理要求。根据人体工程学的研究结果可知基本松量的数值一般为：上体胸围需要1.5cm左右，下体臀围需要1cm左右。它们是塑造合体服装的基本空隙量。若想塑造半松体、松体服装，还要另加装饰性松量。此外，在确定空隙量时还要考虑到内着衣服的厚度（简称内着装厚度）。

运动度是为有利于人体的正常活动而设计的。

女装围度放松量是由机织、针织、毛皮面料等的面料性能和服装款式造型决定。以机织面料女装为例，上装放松量部位有胸、腰、臀、肩、臂等五部位要加放松量。

（1）胸围。合体的胸围加松度通常不涉及更多的运动量，因为胸廓是体块部分，而不是连接点，有袖的服装胸围需加运动量，其运动量来自手臂的前驱量值。以胸部活动需要放松量为例，经过静态和动态测量后可知：胸围的呼吸活动能使胸围增大2~4cm；当前屈、后伸运动时胸围增大6cm左右；如果进行激烈运动时还需要有回旋余地的放松量，这些都是不可忽视的因素。设计成品胸围：由$B+2\pi r$，得：净体胸围+总放松量。结论："围度成品规格"设计的成败取决于总放松量，而总放松量是根据空隙量计算所得，所以只要将设计好的空隙值代入公式即可。

$$成品胸围（B^*）=净胸围（B）+基本放松量（6）+2\pi I+K$$

①基本放松量4~6cm。人体的胸部的呼吸活动能使胸围增加2~4cm，人体进行前屈、后伸活动中其胸围约增加2cm，2~4+2=4~6cm。

②$2\pi I$。I是指内穿衣物的厚度所需间隙松量，$\pi=3.14$。I为内层衣物厚度，内着装厚度见表2-9。

表2-9　内着装厚度表

单位：cm

品种 尺寸	薄胸衣	中厚胸衣	厚胸衣	秋衣	厚秋衣	衬衫	薄毛衣	厚毛衣	毛衣
厚度	0.1	0.5	0.9	0.2	0.5	0.2	0.3	0.4	0.54
折算松量	0.63	3.14	5.67	1.26	3.14	1.26	1.9	2.5	3.14

③K_o是指成衣周围与体围之间能形成的平均间隔量，它是内穿衣物厚度和人体活动及舒适所必需的两部分度量相加而成。

如：女春秋装胸围放松量B（放）=6+｛（2πI衬衣）+（2πI毛衣）｝+1.5+2=6+｛（2π×0.1）+（2π×0.54）｝+3.5=6+｛0.63+3.4｝+3.5=13.5cm

总放松量的计算：如毛衣的厚度为0.4cm时，设计合体、半松体、松体外衣时，可分别增加量0.5、1、2.5cm的装饰性空隙量，分别求出服装总放松量。

$$总放松量=2π（基本空隙量+内装厚度+装饰性空隙量+面料厚度增量）$$
$$合体总放松量=2π（1.5+0.4+0.5+0）=15cm$$
$$半松体总放松量=2π（1.5+0.4+1+0）=18cm$$
$$松体总放松量=2π（1.5+0.4+2.5+0）=28cm$$

也可以采用经验估算法，在确定外衣围度放松量时千万不要简单地按服装名称而定，而应结合该品种的实际穿着状况、穿着条件来确定。服装围度放松量见表2-10。

表2-10　服装围度放松量参考表　　　　　　　　　　单位：cm

名称 ＼ 部位	胸围	臀围	腰围
紧身型（贴体）	4~10	4~8	4~8
合体型（适体）	10~16	8~12	8~12
宽松型（松体）	16以上	12以上	12以上

采用圆周公式及经验估算法计算内衣厚度所需间隙松量时，前者较科学，但在测量厚度时存在着接触厚度与无接触厚度的差异，这样，一般是采用双层或四层折叠后的测量法，来解决不易测量的单层厚度的。后者具有简单快速计算的优点，但也存在着凭经验估算的因素。

（2）腰围。腰围加松度的设定通常用于连接上下部分，使腰部符合整体服装结构的设计，如连衣裙、套装、外套等，而裤子、半截裙的腰部设计只需考虑腰围净尺寸和适量松度，没有必要过多考虑运动度。

腰围是在直立、自然状态下进行测量的，当人坐在椅子上时，腰围围度增加1.5cm左右；当坐在地上时，腰围围度增加2cm左右；呼吸、进餐前后会有1.5cm差异。腰围的放松量不要按净腰围规格加放，而应该以宽松胸围收去一定的量来计算，因为人体胸围和臀围是躯体的凸面，而腰部是躯体的凹面，而且人体的胸腰差又不是固定值。收腰量的确定还应该根据结构线来设计。一般上衣四片分割式胸腰差是4~6cm，三片分割式胸腰差是8~12cm，八片分割式胸腰差是14~18cm；如果胸腰差超过20cm就应该增加纵向或者段腰分割线，否则在工艺上很难使腰部服帖。

（3）臀围。臀围是人体主要的三围之一，臀围加松度和运动量成为臀部尺寸设计的依据。

臀部是人体下部最丰满的部位，设计适合臀部的运动量以表现臀部的美感是下装结构设计的重要内容。人体在站立状态下所测量的臀围尺寸是净尺寸；当人坐在椅子上时，臀围围度增加2.5cm左右；坐在地上时，臀围围度增加4cm左右。根据人体不同姿态时的臀部围度变化可以看出，臀部最小加放量应为4cm，裤子有裆部加放4cm，人穿着不舒服。要做到穿着舒适合体，加放松量至少应控制在5.6cm左右。上装的臀围尺寸为净臀围加放松量6~12cm，胸围松量在10cm时需控制臀围大小，一般以净臀围另加8~10cm松量；胸围松量在14cm时则可根据造型要求设计臀围尺寸。

（4）臂围。臂围（指袖肥），在号型标准中臂围尺寸为26~28cm，在合体套装中其放松量为4~6cm，成衣的臂围尺寸决定了袖子肥瘦，确定了袖型的状态。袖子的肥瘦控制量值是袖山高，袖山高越高，袖子越瘦。初学者往往忽略考虑袖肥的尺寸，这是不对的，我们必须正确掌握袖山高与臂围的关系，才能真正学会袖子结构制图。

公式计算方法为：以标准人体为例，若$B=84cm$，臂围$=0.32B+$内衣厚度+活动量4~6cm

臂围$=0.32×84+（2×3.14×0.2）+5=27+1.2+5=33.2cm$，即该成衣的臂围为33~34cm。

（5）掌围。掌围净尺寸加松度4~6cm是袖口设计的参数。掌围加松度2~3cm是袋口尺寸设计的参数。

四、服装的宽度尺寸设计

1.总肩宽

肩部放松量的设计有以下两种形式：

（1）肩部没有加垫肩放松量肩，其公式为：肩宽=净肩宽+内衣厚度。

（2）肩部有加垫肩放松量，其公式为：肩宽=净肩宽+内衣厚度+垫肩移出量0.5~1cm。如净肩宽尺寸为40cm，则加上秋装厚度和垫肩厚度：肩宽$=40+（0.1+0.54）+1=41.64~42cm$。成衣的肩宽放松量的取值，可根据不同的款式及穿着要求而设置大小不同的数值。例如，大衣胸围放松量可在26~32cm之间，肩宽的放松量可设计为3cm。

2.胸宽

胸宽的活动量主要表现在前胸、后背与袖子部位的结合处。由于手臂的活动主要是前躯，在合体套装结构设计中，前胸宽并不加放松量。如果加放松量那么在手臂下垂后则会产生自然的竖向隆起状衣褶，会产生前胸处不平的现象。在宽松套装结构设计中，要根据款式需求设计松量，无须考虑前胸部衣褶的状态。

3.背宽

为了满足人体手臂前驱活动需要，背宽值必须有加放尺寸。

常见的女装测量部位及加放量，见表2-11。

表2-11　女装测量部位及加放量表　　　　　　　　　单位：cm

品种\部位	长度测量加放量		围度测量加放量					间隙	测量基础	可穿内着装
	衣裤长	袖长	胸围	腰围	臀围	肩宽	领围			
西服	臀围下5~10	虎口上2	8~12	5~6	6~8	1~2		1.3~2	衬衫外	毛衣
单外衣	臀围下5	虎口上2	10~14	7~8	10~14	1~2		1.7~2.3	衬衫外	
短袖衬衫	臀围上3	肘上5~10	6~12		8~12		1~2	1.3~2	胸衣外	
长袖衬衫	臀围下2~3	腕下2~3	8~12		8~12		2	1.3~2	胸衣外	
短大衣	臀围下10~15	虎口下2	15~20	12	15~20	3~4		2.5~3.3	毛衣外	西服
中大衣	膝围线上5	虎口下2	16~22	10~22	16~22	3~4		3.7~4	毛衣外	西服
长大衣	膝围线下15~20	虎口下3	16~24	10~24	16~24	3~5		3~4	毛衣外	西服
风雨衣	膝围线下10~15	虎口下3	20~24		20~24	3~5		3.3~4	毛衣外	西服
连衣裙	膝围线下10~15	肘上5~10	8~12	4~8	6~12			1~2		
旗袍	齐踝骨	齐腕	5~8	3~4	4~8			1~1.3		
裙子	膝围线上5			2~3	6~10			1~1.7		
裤子	后跟距地上2			2~4	6~12			1~2		

第四节　服装制图的各部位名称

在服装结构的纸样制图中，每一个部位的结构线和辅助线都与相对应的人体部位会有一个相对应的名称。"部位"这一概念可以理解为是服装的细部造型。例如，上衣结构制图中的前后中心线、领口弧线、胸围线等；袖子结构制图中的袖山线、袖口线等。

一、部件名称

（1）衣身，是指覆合于人体躯干部位的服装部件，是服装的主要部件。

（2）衣领，是指围于人体颈部，起保护和装饰作用的部件。

（3）衣袖，是指覆合于人体手臂的服装部件。

（4）口袋，是指插手和盛装物品的部件。

（5）襻，是指起扣紧、牵吊等功能和装饰作用的部件。

（6）腰头，是指与裤身、裙身缝合的部件，起束腰和护腰作用。

二、部位术语

女装制图中常用的部位术语见表2-12。

表2-12　女装制图中常用的部位术语

序号	名称	名词解释	图例说明
1	领口	是指前、后衣身与领身缝合的部位	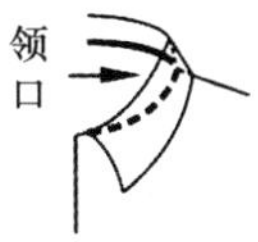
2	门襟里襟	门襟是指开扣眼一侧的衣身；里襟是指钉扣一侧的衣身，与门襟相对应	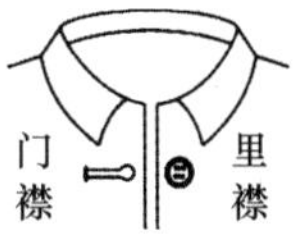
3	止口	指衣襟的边沿，其形式有连止口与加贴边两种形式	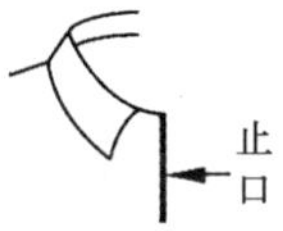
4	搭门	是指门襟、里襟重叠的部位。不同款式的服装其搭门量宽不同，范围自1.5～8cm不等。一般服装衣料越厚重，使用的纽扣越大，搭门尺寸越大	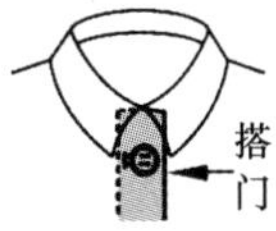
5	扣眼	指纽扣的眼孔。扣眼排列形状一般有纵向排列与横向排列两种形式，纵向排列时扣眼正处于前中心线上，横向排列时扣眼要超过前中心线0.3cm左右	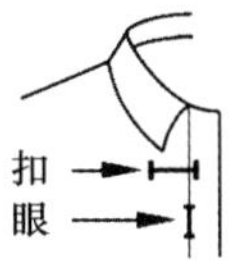
6	眼档	是指扣眼间的距离。眼档的制订一般是先确定好首尾两端扣眼位置，然后平均分配中间扣眼的距离，根据造型需要扣眼也可间距不等	
7	驳头	是指衣襟上部随衣领一起向外翻折的部位	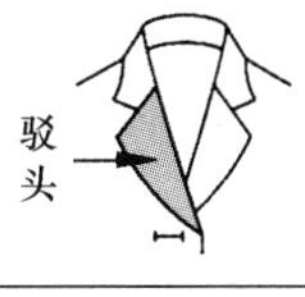

序号	名称	名词解释	图例说明
8	驳口	是指驳头里侧与衣领的翻折部位的总称，是衡量驳领制作质量的重要部位。驳口线也叫翻折线	
9	串口	是指领面与驳头面的缝合处。一般串口与领里和驳头的缝合线不在同一位置，串口线较斜	
10	下翻折点	是指驳领下面在止口上的翻折位置，通常与第一粒纽扣位置对齐	
11	侧缝	也称摆缝，是指缝合前、后衣身的缝子	
12	单排扣	是指搭门较窄，在里襟上下方向钉一排纽扣	
13	双排扣	是指搭门较宽，门襟与里襟上下方向各钉一排纽扣	
14	止口圆角	是指门里襟下部的圆角造型	
15	前过肩	是指连接前身与肩合缝的部件，也叫前育克	
16	明门襟	也称翻门襟贴边，指贴边在外的衣襟	
17	省	是指为适合人体和造型需要，将一部分衣料缝去，以制作出衣片的曲面状态或消除衣片浮余量的不平整部分。省由省道和省尖两部分组成，并按功能和形态进行分类	

续表

序号	名称	名词解释	图例说明
18	褶	是指为符合体型和造型需要，将部分衣料缝缩而形成的自然纹路	
19	裥	为适合体型及造型的需要将部分衣料折叠熨烫而成，由裥面和裥底组成。按折叠的方式不同分为：左右相对折叠，两边呈活口状态的称为阴裥；左右相对折叠，中间呈活口状态的称为明裥；向同方向折叠的称为顺裥	
20	分割缝	是指为符合体型和造型需要，将衣身、袖身、裙身、裤身等部位进行分割形成的缝子。一般按方向和形状命名，如刀背缝；也有历史形成的专用名称，如公主缝	
21	衩	是指为服装的穿脱行走方便及造型需要而设置的开口形式。位于不同的部位，有不同名称，如位于背缝下部称背衩，位于袖口部位称袖衩等	
22	塔克	是指将衣料折成连口后绗细缝，起装饰作用，取名于英语tuck的译音	

三、部位术语示意图

部位术语示意图，如图2-34所示为结构制图各部位名称。

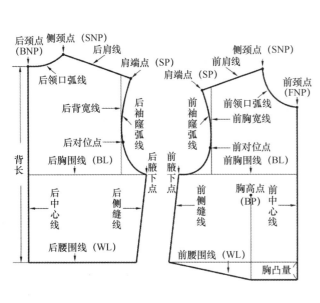
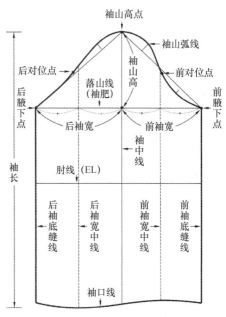

图2-34

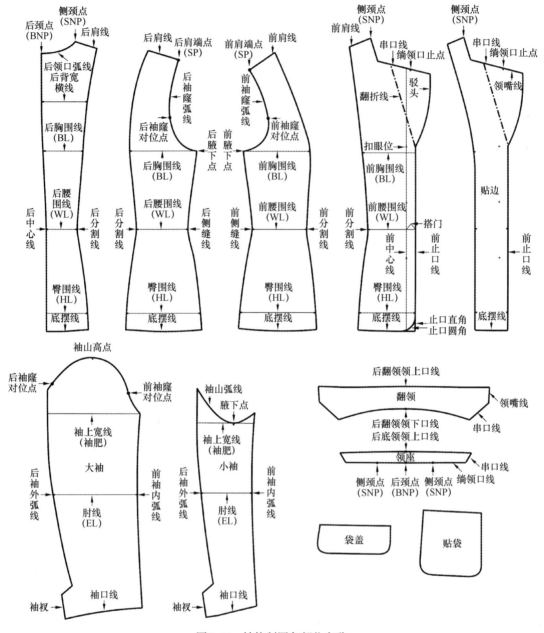

图2-34 结构制图各部位名称

思考题

1.什么是人体静态尺度?

2.试述人体静态尺度对结构制图的影响。

3.什么是人体动态尺度?

4.试述人体动态尺度对结构制图的影响。

5.服装围度尺寸设定的方法是什么?

6.服装长度尺寸设定的方法是什么?

基础理论——

女装成衣结构设计的基础方法

课题名称： 女装成衣结构设计的基础方法

课题内容： 1. 女装实际衣身纸样设计方法

2. 胸凸量的纸样解决方案

3. 胸腰差解决方案

课题时间： 10课时

教学目的： 通过本章的学习，能够了解标准工业原型与实际衣身纸样的区别，且能够绘制女装实际衣身纸样，掌握胸凸量的解决方案及胸腰差的合理分配方案。

教学方式： 讲授和实践

教学要求： 1. 掌握女装实际衣身纸样设计方法。

2. 掌握女装标准工业原型的制图方法。

3. 能对女装标准工业原型和女装实际衣身原型进行正确绘制。

4. 能对女性人体的胸腰差量进行合理的分配。

课前准备： 课前准备A4（16k）297mm×210mm或A3（8k）420mm×297mm笔记本、皮尺、比例尺、三角板、彩色铅笔、剪刀、拷贝纸等；课后准备白坯布、标识笔、标识带等制图及测量工具。

第三章 女装成衣结构设计的基础方法

第一节 女装实际衣身纸样设计方法

一、标准工业原型与实际衣身纸样的区别

在服装生产中，一般都是先以标准人体为依据制作出一个基础纸样，再根据不同的号型规格进行缩放，这样就能准确和高效率地制作出适合各种体型的服装纸样。

前面我们所了解的人体知识基本上都是以标准或理想的体型为依据的。但是，人的体型存在着很大的差异。这种差异不是我们仅用尺能够测量出来的差异，如人体的高、矮、胖、瘦各类体型；还有不便用尺去测量的体型，只能用眼去观察并感觉其人体局部的差异，如挺胸、平胸、驼背、平背、溜肩、平肩等体型。这类体型需要根据经验调整结构设计，正常体型只要在标准体型的纸样基础上对长度和宽度两个方向按不同的号型规格数据进行缩放即可。

使用原型法进行结构制图时，女装自身的衣身原型中只有两个基本尺寸，它们是从穿着者身上采测到的胸围及背长尺寸。在标准原型结构制图中，为了扩大适应人群范围，减少测量带来的误差，从而进行简捷、方便的制图方式，多采用以胸围尺寸为基准进行数理统计推算，计算出其他部位尺寸的方法进行制图，如图3-1所示，该标准原型采用胸围84cm、腰围68cm、背长38cm、袖长52cm制图。

二、标准化人体的体型标准

所谓标准化人体指该人体不是具体的指某个人，而是适用于相同号型的相对人群。确定标准体型在服装生产中是很重要的，这是确定各类体型尺寸的参考依据。

1.身高标准

在我国，标准的身高一般是参考国人身高的平均值来确定的。例如，我国女性的标准身高被定为160cm。

2.三围标准

三围是指人体胸围、腰围、臀围的围度尺寸。人体三围的标准是以人体三围之间的标准差来衡量的，也就是它们之间的围度差，在人体的上半身中为胸腰差，在下半身中为臀

腰差，在服装生产中一般是以胸腰差来区分不同体型的。一个具有标准体型的女性的胸腰差为16cm。标准体型的胸腰差范围可以放宽至14～18cm，如果胸腰差大于或小于这个标准，那就分别是属于胖体或瘦体体型了。衡量女性体型的标准是女性乳房的丰满度和后臀的起翘度，这也是对女装结构影响最大的两个部位。标准体的乳房应该大小适中，后臀部起翘适度。

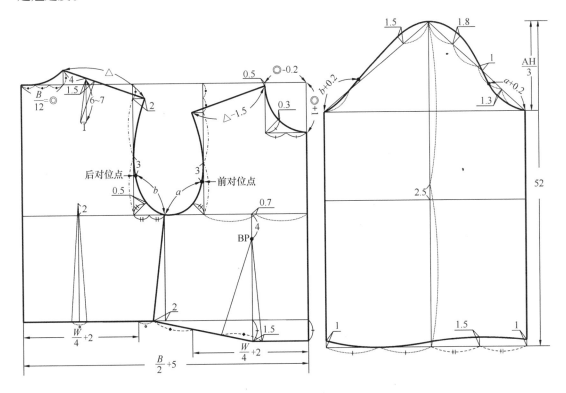

图3-1　标准原型制图

三、实际衣身原型的设计

1.建立原型框架

（1）作长方形。作长为 $\frac{B}{2}$ +5cm（放松量），宽为背长尺寸的长方形。长方形的右边线是前中心线，左边线是后中心线（按国际惯例，女装的系扣方式为右搭左），上边线是辅助线，下边线是腰辅助线，在袖窿深线的中点向下作垂线交于腰辅助线，此线为前后片的分界线，上边线与左边线的交点即后颈点，如图3-2所示。

服装围度的放松量受人的年龄、流行趋势等外部因素影响。在原型中服装围度尺寸的设定是由人体的实际尺寸（净尺寸）加上基本松度和运动量来确定的，实际尺寸一般是指人体的内限尺寸，基本松度是指构成人体弹性及呼吸所需的量，运动量是为了有助于人体的正常活动而设计的。原型中的放松量10cm实际上是可变值，因人而异，大体上介于6～14cm之间，平均介于10～14cm，运动量大则加大，放松量值一般取10～12cm状态为中间值，也就是说此时所形成的围度使人体处于较舒适合体的状态，不紧身也不宽松。

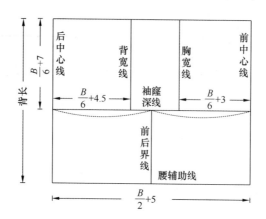

图3-2　标准工业化原型框架

（2）袖窿深线的调整。由后颈点向下取公式值$\frac{B}{6}+7=21$（cm），垂直后中心线作袖窿深线，垂线交于前中心线。原型中袖窿深线的位置处于人体腋窝下方，胸点上方。袖窿深线比腋窝浅会卡住手臂，不符合人体实际状态，原型中的袖窿线与人体腋窝之间并不是完全吻合，为了使穿着者手臂上举时运动方便，一般空隙为2cm。但在夏装中为保证胸不外露，在做无袖连衣裙时要适当上抬，如图3-3所示。

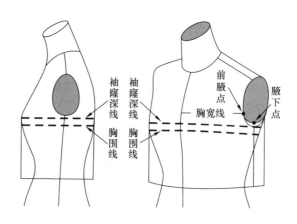

图3-3　袖窿深线的位置

袖窿深线的确定是根据公式$\frac{B}{6}+7$cm计算得出，公式中的胸围值与加量值均不是固定值，如何处理这两个可变值？从公式中可以看到，随着胸围的增大，袖窿深线开深程度也就越大，但胸围围度的加大量与手臂围度加大量之间并不是相同的比例关系。也就是说，若按照胸围尺寸增加计算袖窿深线值，会产生袖窿深过量的问题。袖窿挖深过大，在袖肥不变的情况下，袖子袖内缝与衣服侧缝长度就越短，越不易抬起手臂，因此要考虑把袖窿深值稍向上移。若胸围在100cm以上，要上移1～1.5cm，即$\frac{B}{6}+$（5.5～6）cm，来确定袖窿深线；若胸围值较小，则要适当考虑加大0.5～1.5cm，即$\dfrac{B}{6}+（7.5～8）$cm。

（3）背宽线、胸宽线的调整。在袖窿深线上自后中心线交点取$\dfrac{B}{6}+4.5$cm作垂线与上边线的辅助线相交，作背宽线。在袖窿深线上自前中心线交点取$\dfrac{B}{6}+3$cm作垂线与上边线的辅助线相交，作胸宽线。在正常情况下（挺胸体除外），从人体肩部截面上可以观察到，背宽较大，胸宽次之。背宽值比胸宽值平均大1.7cm左右，同时考虑到人体手臂向前运动的舒适性的功能需要，通常背宽取值比实际背宽值要略大，胸宽取值则无须加大，否则易造成胸宽处多量不平服，制图时应根据人体实际尺寸调整原型，如图3-4所示。

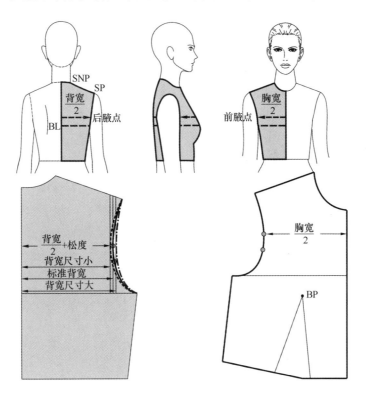

图3-4 背宽线、胸宽线的画法

胸宽、背宽尺寸的确定，决定了人体的体型状态。相同胸围的人，胸宽、背宽较大的，人体的厚度较小，体型接近扁体；胸宽、背宽较小的，人体的厚度较大，体型接近圆体。因此在实际衣身的原型制作中，应根据胸宽、背宽实际测量尺寸来确定胸宽值、背宽值。

2.细部结构设计

（1）后肩线的调整。原型中的后肩线是由背宽线和上边线的辅助线的交点向下取后横领宽的$\dfrac{1}{3}$作水平线段，长2cm（定寸）。确定后肩点，即肩端点。连接侧颈点至后肩点，完成后肩线，该线中含有1.5cm或2cm的肩胛省量，如图3-5所示。

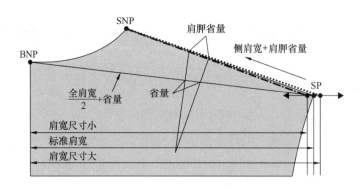

图3-5 肩宽制图

此制图法中并无人体实际测量值的肩宽尺寸。初学者往往会认为自己的肩宽尺寸就是原型纸样中形成的，对自身的肩宽值不加考虑。实际上原型中肩线的确定是用数理统计方法求出的肩斜线位置。以胸围是84cm的原型所形成的肩斜线为例，前肩斜度为20°、后肩斜度为19°。实际人体测量时，前肩斜度为28.69°，后肩斜度为19.22°，如图3-6所示。与实际肩斜角度相比较，原型中的落肩点稍高，这是为了在实际应用中，能广泛适应人群不同肩斜度的需要，同时还要使着装者在手臂上举时活动方便，所以在原型中一般采用比平均值小一些的角度，此设计是合理的。相对于具体的个体，必须对自身的原型纸样进行调整。人体的肩部尺寸是不同的，相同胸围的人肩部有宽有窄，肩斜度也不同，有人平肩，有人溜肩，在完成肩斜线的制图后，要根据具体情况进行一定的调整。一般情况下，平肩体型其样板在制作过程中肩斜度比较小，溜肩的人其样板在制作过程中肩斜度比较大。

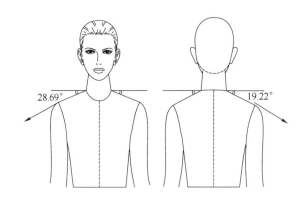

图3-6 肩斜度

控制人体肩斜度的因素有：人体肩倾度、人肩部的厚度以及与此处于同一高度胸腔正中心线的形态。要制作比较准确的肩斜线有一定的难度，可以通过较准确的立体裁剪法或实际测量尺寸值进行作图，在做好标准的后领口后，可以利用全肩宽值、侧肩宽度值找到相应的肩端点，再通过袖窿弧曲线长进行相应调整，找到相应的肩斜线位置。如果被测者的肩宽较窄，在制图时按照标准原型制图所得到的肩宽比实际肩宽加上肩胛省量的要小，与背宽线较接近，实际上是不合理的。根据肩端点在背宽线以外这一特点，则要调整背宽线的相应位置，在原型制图的过程中可以通过全肩宽、水平肩宽、侧肩宽的尺寸来修正肩端点的位置，如图3-6所示。

（2）后肩胛省的调整。将后肩线三等分，由靠近侧颈点的 $\frac{1}{3}$ 处（省点一）向下作垂线，取后肩线长的 $\frac{1}{2}$ 作为省长，向后中平移1cm确定省尖，连接省尖与省点一确定为省的一侧，由省点一向肩点方向取1.5cm为省点二，连接省尖与省点二确定为省的另一侧，完成肩胛省。肩胛省量的大小并不是固定值，要根据人体肩胛凸点的状态调整，其标准体的省量为1.5～1.8cm，如图3-7所示。

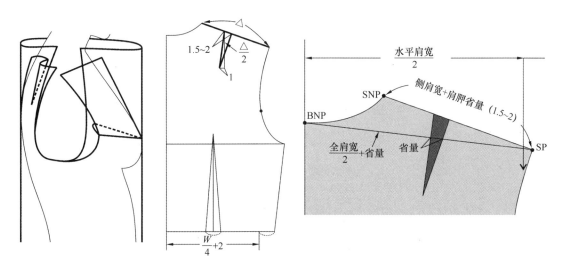

图3-7　肩胛省的画法

（3）后领口曲线的调整。在上边线辅助线上，由后颈点取 $\frac{B}{20}$ +2.9cm或 $\frac{B}{12}$ 作后横领宽，如图3-1所示。在后横领宽上取后横领宽的 $\frac{1}{3}$ 作后领深，领深顶点的对应点为人体的侧颈点。此公式中胸围值的大小变化仍在决定原型中领宽、领深的大小，在一般情况下是较准确的，也可根据自身人体的状态进行调整。相同胸围的人颈部粗细会有不同，决定后横领宽尺寸会有差异，可以通过测量颈部数值进行调整，如图3-8所示，也可以通过测肩宽尺寸进行调整。

通过后颈点、侧颈点用平滑曲线连接两点，完成后领口曲线，在画后领口曲线时，一定要注意领弧的重合点要在靠近后颈点的第一个 $\frac{1}{3}$ 点上，不能在后颈点上。这样做的目的是为了保证后领弧线在以后中线为中轴左右对称后保持为平滑曲线，如图3-9所示。

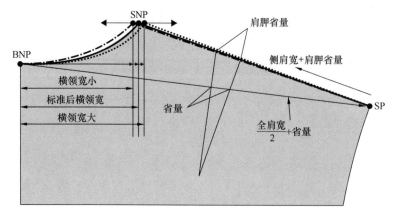

图3-8　横领宽的调整

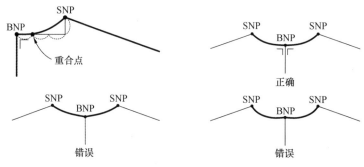

图3-9　后领口弧线的修正

（4）作前领口曲线。由前中心线顶点在上边线的辅助线上取：后领宽-0.2cm（$\frac{B}{12}$-0.2cm）为前领宽，在前中线上向下取：后领宽+1cm（$\frac{B}{12}$+1cm）为前领深点即前颈点，通过两点作矩形。由前领宽线与辅助线的交点下移0.5cm为前侧颈点；在矩形左下角平分线上取线段为：$\frac{前领宽}{2}$-0.3cm处作点，为前领口曲线轨迹。最后用圆顺的曲线连接前颈点、辅助点和侧颈点，完成前领口曲线，如图3-1所示。

（5）作前肩线。由胸宽线和上边线辅助线的交点向下取后横领宽的$\frac{2}{3}$，向前后界限方向作水平线，在水平线与前侧颈点之间取后肩线长-1.5cm（或1.8cm）为前肩线，减掉的1.5cm为肩胛省量，如图3-1所示。

（6）作袖窿曲线。

①在背宽线上由上边线的辅助线下落后横领宽的$\frac{1}{3}$值至袖窿深线之间的$\frac{1}{2}$值为中点，确定后袖窿弧曲线轨迹点之一。在胸宽线上由上边线的辅助线下落后横领宽的$\frac{2}{3}$值至袖窿深线之间的$\frac{1}{2}$值为中点，确定前袖窿弧曲线轨迹点之一，如图3-1所示。

②分别在背宽线、胸宽线与袖窿深线的外夹角作角平分线，在角平分线上取背宽线到

前后界线间距离的$\frac{1}{2}$为前袖窿弧曲线轨迹点之二，后袖窿弧轨迹则由此线段增加0.5cm作后袖窿弧曲线轨迹点之二。

③连接后肩点，后袖窿弧曲线轨迹点一、点二、前后界线、前肩点前袖窿弧曲线轨迹点一、点二，画出圆顺的袖窿弧曲线，如图3-1所示。

后袖窿弧曲线向外放0.5cm，一是为了符合人体的袖窿形态，二是为了适应人体手臂向前运动的自然规律而加大后背容量，如图3-1所示。

女性的袖窿弧曲线其形状类似"橄榄形"，在绘制时首先要注意前后袖窿弧曲线与肩线连接时呈直角，这是为了保证袖窿弧曲线在前后肩线对接后是圆顺曲线，其次在前后片袖窿弧曲线的连接处绘制时同样要注意腋窝底处的曲线圆顺，如图3-1所示。

（7）胸高点的调整。在前片袖窿深线上取胸宽的中点，由中点向后片移动0.7cm向腰辅助线作垂线，在垂线上由袖窿深线向下4cm，确定为胸高点，如图3-1所示。

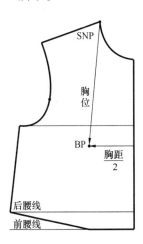

相同胸围尺寸的个体，胸高点的位置不一定相同，相对个体而言，胸高点的位置必须由胸距、胸距来确定，如图3-10所示。

除不同个体外，同一女性在不同年龄阶段的胸位、胸距是有变化的，年龄大的女性胸部下垂，胸高点位置自然下移，要相应调整。胸高点位置的确定在女装结构设计中十分重要，要学会根据不同体型实际胸高点的位置来调整，初学者往往注意不到这一点，盲目地认为胸高点位置的确定是固定的，造成制图时胸高点位置不准确。如果这样在制衣中完成胸省，会出现省位的偏差，使服装整体效果不佳。

图3-10 胸高点的确定

（8）确定胸凸量作前腰线。由前腰辅助线向下取前领宽的$\frac{1}{2}$值为胸凸量，延长前中心线，作前腰线水平线与胸点垂线的延长线相交，记为点一；在腰线辅助线上由前后界线向后片移动2cm，记为点二。连接点一、点二作出新的前腰线，如图3-1所示。

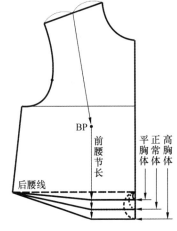

由于前身胸凸量的存在，致使前后腰线在原型纸样中不在一条直线上。在标准原型中，胸凸量的大小是由前领宽的$\frac{1}{2}$值来确定的。实际上，由于在相同胸围尺寸的体型之间，其胸高尺寸并不相同，这就决定了胸凸量不是固定的。对于具体的人来讲，可以根据前腰节长的值来确定胸凸量的大小。方法是测量由前肩线的$\frac{1}{2}$至胸高点到前腰线之间的值，通过测量值来确定胸凸量值，如图3-11所示。

图3-11 确定胸凸量作腰线

（9）作侧缝线。在后腰线上由前后肩线交点向后中方向取2cm，由腋下点连接腰线的2cm处画出侧缝线，如图3-1所示。

（10）确定前、后袖窿对位点。在后袖窿弧曲线上由袖窿弧曲线与背宽线切点向下曲量3cm作对位记号，为后袖窿对位点，该点到腋下点的距离定为b；同样在胸宽线上，确定前袖窿对位点，该点到腋下点的距离定为a。换句话说，前、后袖窿与衣身的符合点是根据衣身与腋下转折点的位置来确定的。对位点是衣与袖对接操作中的关键位置，要明确标注对位符号，如图3-12所示。

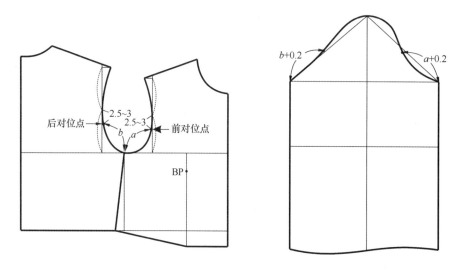

图3-12　对位点的绘制

（11）后腰省的调整。后腰省形成的根本原理是调节胸腰差量，由于人体的体型状态，后腰省要收到袖窿深线以上，也可以将其理解为背腰差之和。由于后背无明显凸点，其省位的设计可以改变，也可以分解使用。

①在后腰线上将腰线与侧缝线的交点确定为点一；由后中心在腰线上取：$\frac{W}{4}$+2cm（松量），确定为点二，点一至点二之间的距离即为后腰省量，从图中可以看出，腰省量的大小取决于腰围值的大小。胸腰差量大的人，腰省量较大；胸腰差量小的人，腰省量较小，要根据实际人体的测量值来确定后腰省量的大小，如图3-13所示。

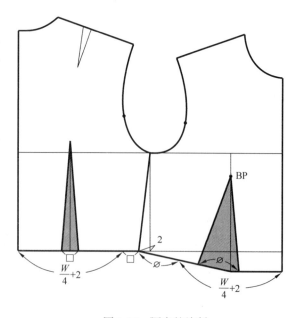

图3-13　腰省的绘制

②在袖窿深线上取背宽的中点，由中点垂直上量2cm确定省尖，垂直向下交于腰线确定省的中心位置，将后腰省量移至省位。

（12）胸部全省量的调整。胸部全省量包括胸凸量、前胸腰差量和设计量之和。

在前腰线上将腰线与侧缝线的交点确定为点一，由前中心在腰线上顺量：$\frac{W}{4}+2cm$（松量），确定为点二，点一至点二之间的距离即为胸部全省量。由胸点垂线与腰线的交点在腰线上向前中方向移动1.5cm，确定省的一个边点，由此点将全省量在腰线上向侧缝方向顺量出来，确定省的又一个边点，连接胸点完成胸部全省。我们由此可以看出，全省量的大小是因人而异的，它受胸腰差量的影响，胸腰差量越大，省量越大；胸腰差量越小，省量越小，这是符合人体特点的，要根据实际人体的测量值来确定后腰省量的大小，如图3-14所示。

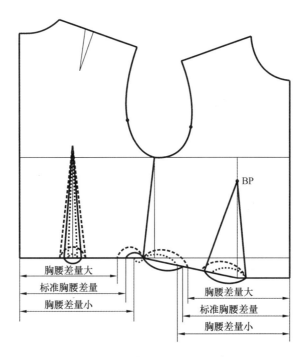

图3-14　胸腰差的不同区别

综上所述，绘制实际的女装衣身原型是各不相同的，要根据人体的实际尺寸进行调整，不能盲目依据原型中的基础尺寸和公式计算，只有充分认识人体与原型之间的对应关系，才能准确绘制出女装衣身原型纸样。

四、新标准衣身原型的设计

目前所使用的新一代原型与上一代原型相比，其最大区别是将胸凸量作为袖窿省量，避免了前后腰线不对位的现象，新原型的各部位调整参考数据如图3-15、图3-16所示。

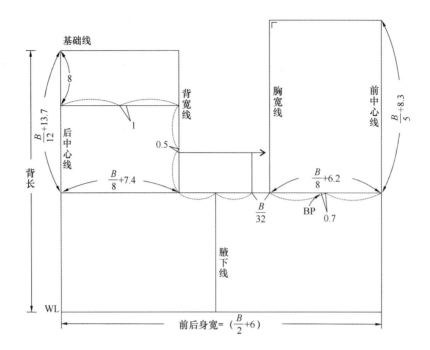

图3-15 新标准原型的框架

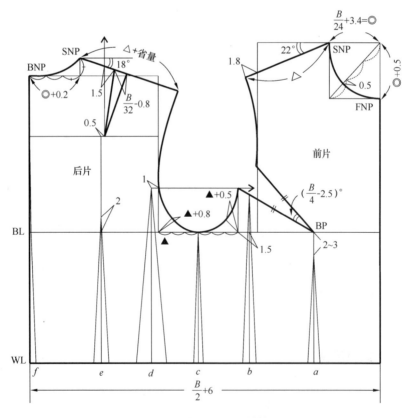

图3-16 新标准原型的结构图

新标准原型的制图，胸围、腰围线呈现平行状态符合人体的自然形态，使用的时候避免了将胸省和腰省混在一起的现象。通过腰省的合理设计，可以准确地看出胸腰差量的比例分配。仅就腰省而言，可以看出后衣片的总省量应该远大于前衣片，理解这一点对于服装结构的设计十分重要，见表3-1、表3-2。

表3-1　原型的各部位调整参考数　　　　　单位：cm

部位\号	胸围	背长	袖长	分割方法				定寸量					
				基础线与放松量				后肩点	前领幅宽		前SNP下移	前胸凸量下移量	袖深线到BP
				袖窿深线	背宽线	胸宽线	袖窿宽线		领宽 ◎−	领深 ◎+			
S	78	37	48	$\frac{B}{6}+7.4$	$\frac{B}{6}+4.8$	$\frac{B}{6}+3.3$	$\frac{B}{6}-3.1$	2.1	0.1	0.9	0.4	−0.3	3.5
M	82	38	52	$\frac{B}{6}+7$	$\frac{B}{6}+4.5$	$\frac{B}{6}+3$	$\frac{B}{6}-2.5$	2	0.2	1	0.5	+0	4
ML	88	39	53	$\frac{B}{6}+6.6$	$\frac{B}{6}+4.3$	$\frac{B}{6}+2.8$	$\frac{B}{6}-2.1$	1.9	0.3	1.2	0.5	+0.5	4.5
L	94	40	54	$\frac{B}{6}+6.2$	$\frac{B}{6}+4.1$	$\frac{B}{6}+2.6$	$\frac{B}{6}-1.7$	1.8	0.4	1.3	0.6	+0.7	5
2L	100	41	55	$\frac{B}{6}+5.8$	$\frac{B}{6}+3.9$	$\frac{B}{6}+2.4$	$\frac{B}{6}-1.3$	1.7	0.5	1.4	0.7	+1	5.5
3L	106	42	56	$\frac{B}{6}+5$	$\frac{B}{6}+3.7$	$\frac{B}{6}+2.2$	$\frac{B}{6}-0.9$	1.6	0.6	1.5	0.7	+1.2	6
4L	112	42	56	$\frac{B}{6}+4.6$	$\frac{B}{6}+3.5$	$\frac{B}{6}+2$	$\frac{B}{6}-0.5$	1.6	0.7	1.6	0.8	+1.4	6.5
5L	118	43	56	$\frac{B}{6}+4.2$	$\frac{B}{6}+3.3$	$\frac{B}{6}+1.8$	$\frac{B}{6}-0.1$	1.6	0.8	1.7	0.8	+1.6	7
6L	124	43	56	$\frac{B}{6}+4.2$	$\frac{B}{6}+3.1$	$\frac{B}{6}+1.6$	$\frac{B}{6}+0.3$	1.6	0.9	1.8	0.9	+1.8	7.5
7L	130	44	56	$\frac{B}{6}+3.8$	$\frac{B}{6}+2.9$	$\frac{B}{6}+1.4$	$\frac{B}{6}+0.7$	1.6	1	1.9	1	+2	8

表3-2 新原型的各部位调整参考数据

单位：cm

项目	前后身宽 $\frac{B}{2}+6$	⑧-BL $\frac{B}{12}+13.7$	背宽 $\frac{B}{8}+7.4$	BL-⑧ $\frac{B}{5}+8.3$	胸宽 $\frac{B}{8}+6.2$	$\frac{B}{32}$	前领口宽 $\frac{B}{24}+3.4$	前领口深 $+0.5$	胸省 (°) $\frac{B}{4}-2.5$	胸省 (cm) $\frac{B}{12}-3.3$	后领口宽 $+0.2$	后肩省 $\frac{B}{32}-0.8$	△
77	44.5	20.1	17.0	23.7	15.8	2.4	6.6	7.1	16.8	3.1	6.8	1.6	0.0
78	45.0	20.2	17.2	23.9	16.0	2.4	6.7	7.2	17.0	3.2	6.9	1.6	0.0
79	45.5	20.3	17.3	24.1	16.1	2.5	6.7	7.2	17.3	3.3	6.9	1.7	0.0
80	46.0	20.4	17.4	24.3	16.2	2.5	6.7	7.2	17.5	3.4	6.9	1.7	0.0
81	46.5	20.5	17.5	24.5	16.3	2.5	6.8	7.3	17.8	3.5	7.0	1.7	0.0
82	47.0	20.5	17.7	24.7	16.5	2.6	6.8	7.3	18.0	3.5	7.0	1.8	0.0
83	47.5	20.6	17.8	24.9	16.6	2.6	6.9	7.4	18.3	3.6	7.1	1.8	0.0
84	48.0	20.7	17.9	25.1	16.7	2.6	6.9	7.4	18.5	3.7	7.1	1.8	0.0
85	48.5	20.8	18.0	25.3	16.8	2.7	6.9	7.4	18.8	3.8	7.1	1.9	0.1
86	49.0	20.9	18.2	25.5	17.0	2.7	7.0	7.5	19.0	3.9	7.2	1.9	0.1
87	49.5	21.0	18.3	25.7	17.1	2.7	7.0	7.5	19.3	4.0	7.2	1.9	0.1
88	50.0	21.0	18.4	25.9	17.2	2.8	7.1	7.6	19.5	4.0	7.3	2.0	0.1
89	50.5	21.1	18.5	26.1	17.3	2.8	7.1	7.6	19.8	4.1	7.3	2.0	0.1
90	51.0	21.2	18.6	26.3	17.5	2.8	7.2	7.7	20.0	4.2	7.4	2.0	0.2
91	51.5	21.3	18.8	26.5	17.6	2.8	7.2	7.7	20.3	4.3	7.4	2.0	0.2
92	52.0	21.4	18.9	26.7	17.7	2.9	7.2	7.7	20.5	4.4	7.4	2.1	0.2
93	52.5	21.5	19.0	26.9	17.8	2.9	7.3	7.8	20.8	4.5	7.5	2.1	0.2
94	53.0	21.5	19.2	27.1	18.0	2.9	7.3	7.8	21.0	4.5	7.5	2.1	0.2
95	53.5	21.6	19.3	27.3	18.1	3.0	7.4	7.9	21.3	4.6	7.6	2.2	0.3
96	54.0	21.7	19.4	27.5	18.2	3.0	7.4	7.9	21.5	4.7	7.6	2.2	0.3
97	54.5	21.8	19.5	27.7	18.3	3.0	7.4	7.9	21.8	4.8	7.6	2.2	0.3
98	55.0	21.9	19.7	27.9	18.5	3.1	7.5	8.0	22.0	4.9	7.7	2.3	0.3
99	55.5	22.0	19.8	28.1	18.6	3.1	7.5	8.0	22.3	5.0	7.7	2.3	0.3
100	56.0	22.0	19.9	28.3	18.7	3.1	7.6	8.1	22.5	5.0	7.8	2.3	0.4
101	56.5	22.1	20.0	28.5	18.8	3.2	7.6	8.1	22.8	5.1	7.8	2.4	0.4
102	57.0	22.2	20.2	28.7	19.0	3.2	7.7	8.2	23.0	5.2	7.9	2.4	0.4
103	57.5	22.3	20.3	28.9	19.1	3.2	7.7	8.2	23.3	5.3	7.9	2.4	0.4
104	58.0	22.4	20.4	28.1	19.2	3.3	7.7	8.2	23.5	5.4	7.9	2.5	0.4

第二节　胸凸量的纸样解决方案

服装原型结构制图中，胸围线、腰围线、臀围线应为三条平行线，由于女性胸凸量的客观存在，在上衣基本纸样中前后片腰线并不在同一条直线上，前片腰线处多出一部分胸凸量。初学者常常误以为前腰线与后腰围线是一条线，在制图时，有时会把胸凸量直接减掉，这样人体着装后，会造成前短后长的问题，如图3-17所示。正确解决胸凸量的方法如图3-18所示。

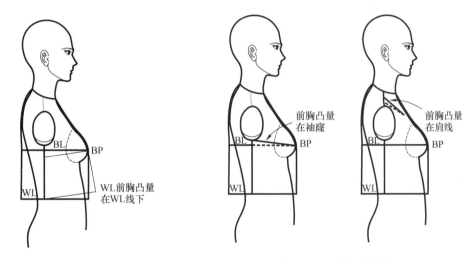

图3-17　胸凸量对成衣的影响　　　　　　图3-18　胸凸量的调整方法

如果将前衣片的腰线与后腰线放在同一条水平线上，就会造成前后片侧缝的长度不一致，如图3-19所示。由此可以看出胸凸量的存在与衣身原型的关系，要保证胸围线和腰围线的平行状态，解决腰线在不同款式中的对位是成衣结构设计的第一步，如图3-20所示。

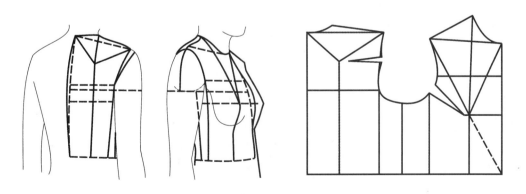

图3-19　胸凸量的存在与衣身原型

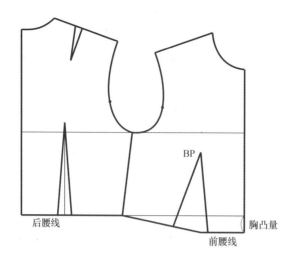

图3-20　原型的前后腰线状态

　　综上所述，腰线的对位状态直接影响成衣的外观效果，针对成衣设计中对外观紧身—适体—宽松变化过程的解决方案，除进行围度尺寸加放外，还要考虑胸凸量在纸样设计中的重要性。

　　下面通过五种情况来分析纸样成衣设计中腰线对位所得到的成衣造型效果。

一、紧身型服装胸凸量的纸样解决方案

　　本款式为肩省结构的服装，如图3-21所示。首先绘制后衣片原型，将前片腰线与后腰线放在同一条水平线上，作肩省，将把全省量完全转移到肩省。作完后，前腰线转移到后腰水平线以下，变成向下弯折的曲线结构，与腰线以下的结构部分重叠。在该结构的设计上，为保证腰线以下的裁片侧缝长相等，要由后腰线向下进行结构设计。此时，在该结构的款式上会出现一条腰部的分割线。

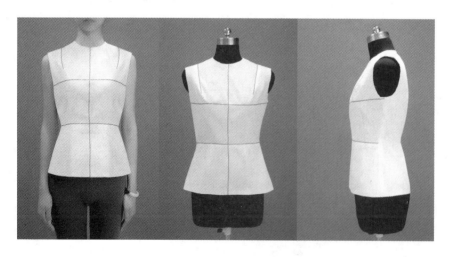

图3-21　紧身型服装款式图

在图3-22中，肩省解决后在腰部的全省量全部转移到肩部，在腰部除基本需求量以外并无放松量；本款式就通过肩省解决了胸部的所有余缺量成为紧身结构服装。

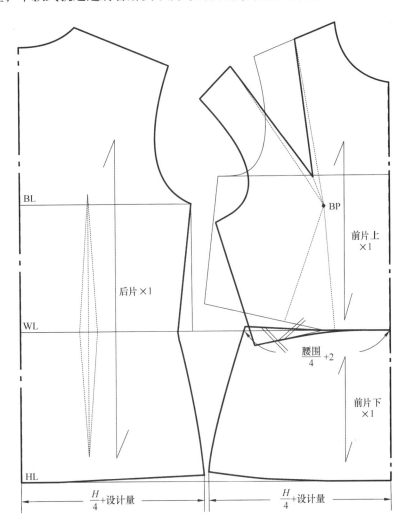

图3-22　紧身型服装胸凸量纸样解决方法

二、适体型服装胸凸量的纸样解决方案

首先绘制后衣片原型，将前片腰线与后腰线放在同一条水平线上，作肩省，将胸凸省完全转移到肩省，作完后，前后腰线呈现出水平状态，前后侧缝线对位相等，如图3-23所示。胸凸省不代表全省，只是全省的一部分。

在图3-24中，肩省解决后，在腰部的全省量就剩下胸腰差量和设计量，如果不解决胸腰差量和设计量，该量就放在腰部尺寸作为放松量；如果解决胸腰差量和设计量，本款就解决了胸部的所有余缺量成为紧身结构服装，但不同全省量转移的腰线对位的是该款式腰部并无分割线设计。

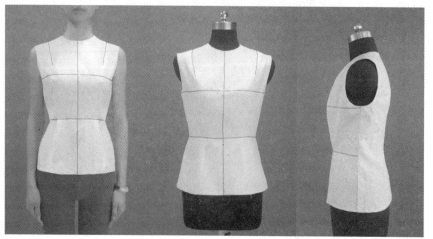

图3-23　适体型服装款式图

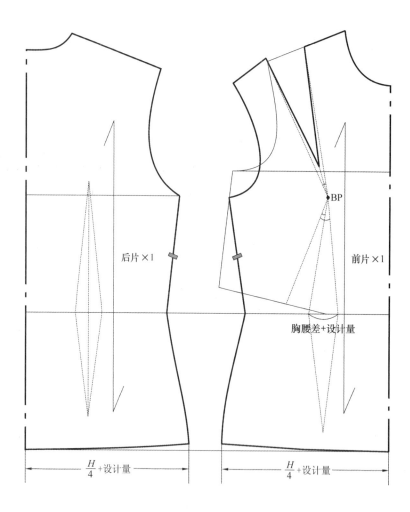

图3-24　适体型服装胸凸量纸样解决方案

三、较宽松型服装胸凸量的纸样解决方案

本款式为肩省结构的服装。首先绘制后衣片原型，将前片腰线与后腰线放在同一条水平线上，作肩省，将把胸凸省部分转移到肩省。作完后，前后腰线不在一条水平线上，前后侧缝线也不能对位相等，因此需要延长前侧缝线至腰线，保证前后腰线在一条水平线上，但这样会出现前侧缝线比后侧缝线长的问题，因此需要修正挖深袖窿，使前后侧缝线长度相等，如图3-25所示。

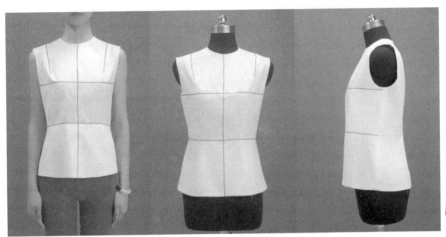

图3-25 较宽松型服装款式图

在图3-26中可以看出，肩省解决后在腰部的全省量还剩下胸凸量和胸腰差量和设计量，该量就放在腰部尺寸作为放松量，使腰部的放松量加大。也就是说，当施用省大于胸凸省的任何一种省量，都不会出现前后腰线和侧缝线的错位问题；只有当前片施省小于胸凸省量时，才会出现前后腰线和侧缝的错位。这种情况下，原则上后腰线要同前片最低的腰线取平，使胸凸量仍归于胸部。也就是说，纸样中虽然没有把胸凸量用完，但胸凸量是客观存在的，应把没有做完的那一部分胸凸量保留。但同时也会出现前后侧缝错位的情况，这时应以后肋线为准，开深修顺前袖窿曲线。

四、宽松型服装胸凸量的纸样解决方案

本款式为直身型宽松款结构的服装，不用考虑省量的设计。首先绘制后衣片原型，将前片腰线与后腰线放在同一条水平线上。需要说明的是，宽松款服装的胸凸量是必须考虑的因素，前后腰线在一条水平状态，但前后侧缝线不能对位相等，宽松服装要开深袖窿深度，直接挖深前袖窿，使前后侧缝线长度相等，如图3-27所示。

在图3-28中可以看出，由于胸凸量的客观存在，前袖窿开深在宽松服装中较大。由此可以得出这样的规律：用理论上的省量时，前后腰线和肋线对位保持平衡，成为贴身或半贴身设计；当施用小于胸凸省量时，应以前身最低腰线为准，前袖窿错位的

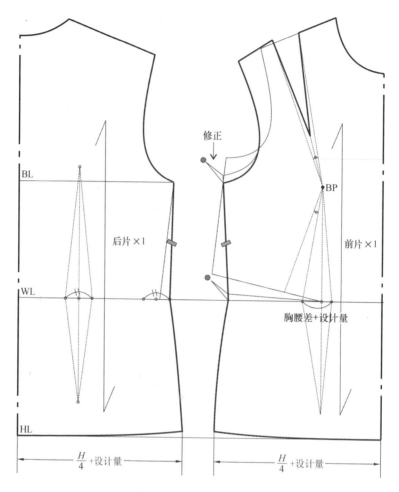

图3-26　较宽松型服装胸凸量纸样解决方案

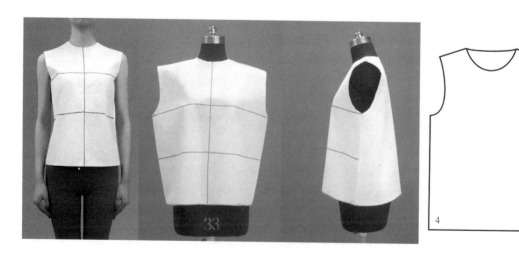

图3-27　宽松型服装款式图

部分去掉，使其增大。换言之，胸凸省收得越小意味着服装越宽松。从合理性来看，当袖窿开得较大，直至无胸省设计时，该省将全部变成前袖窿深度，这是该结构变化的必然规律。

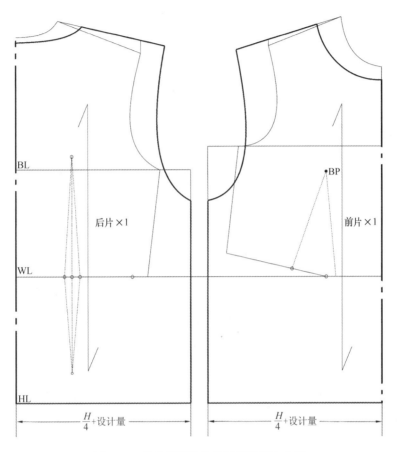

图3-28　宽松型服装胸凸量纸样解决方案

由图3-29可以看出四种基本造型由紧身到宽松的变化过程的成衣外观效果。

五、普通西服套装胸凸量的解决方案

在实际应用时，由于造型的需要，使用胸凸量往往是保守的，否则胸部造型显得不丰满。因此在作胸省后，无论前腰线剩余胸凸量有多少，后腰线都要以余量的一半作前后片实际腰线的对位标准。这种规律在不通过胸点的结构设计中也是适用的，款式的区别在于剩余的胸凸量要在前片的下摆处补正，不能去掉，在前衣片的衣长下摆呈现为前长后短的成衣状态，在结构制图中就

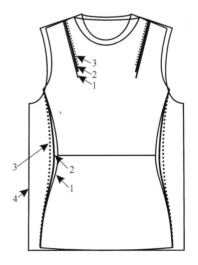

图3-29　四种基本造型的对比

要考虑与后片下摆的圆顺处理，如图3-30所示。

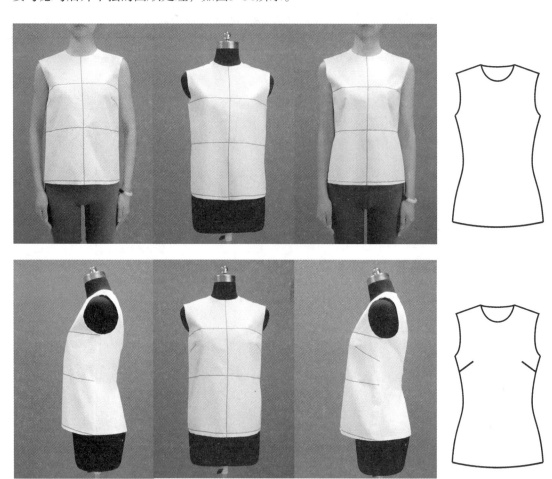

图3-30　通常西服套装服装款式图

普通西服套装的腰线对位采用胸腰差作省，其直线的分割位置就不一定通过乳点，对位应以前腰线胸凸量的$\frac{1}{2}$为准。根据成衣的外观效果有两种结构设计方案。

（1）腋下无省结构处理。成衣的结构处理是将前袖窿剩余的胸凸量部分修正削减掉。这种思路在成衣设计中直接加腰省解决胸腰差，强调腰部曲线造型，而不考虑女性的胸部造型，有意削弱胸部的曲度。成衣的外观比较像男式西服的廓型，如图3-31所示。

（2）腋下有省结构处理。如果想要达到既强调腰部曲线又突出胸部的造型，就可以利用侧缝结构线加胸凸省的组合设计，如图3-31所示。

两种造型结构不同之处在于，前者未作胸凸省，前后腰线对位，以前腰线乳凸量$\frac{1}{2}$为准，使前袖窿加深，胸部显得宽松；后者是通过胸凸省的转移来取得前后腰线的平衡，前袖窿深度不变。

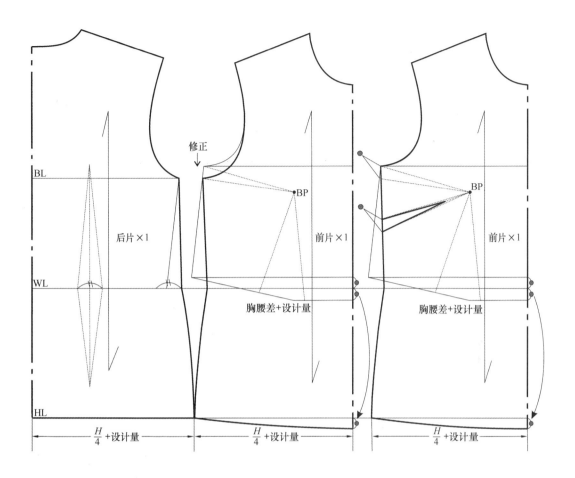

图3-31　普通西服套装胸凸量的解决方案

第三节　胸腰差解决方案

一、胸腰差的形成原理

　　女性体型特征构成了服装基本结构规律（原理）：女性体型腰部呈圆柱形，腰围线以上由前胸部，后背部，侧肩部不等球形面组合成上部体型；腰围线以下由前腹部，侧胯部，后臀部不等球形面组合成下部体型。体型不相同，各部位球形面的凸凹量也不相同，省量同时出现差异。纸样设计需要精确处理省量和服装整体结构之间的平衡，确保经过细部造型的处理，达到与着装体型相吻合及修饰体型的最佳效果，并且需要保证服装功能性的活动舒适。如果服装整体结构之间的平衡和细部造型处理不到位，就会出现很多问题。

　　将布包在人体上，在胸腰的部位要仔细观察人体的形态所形成胸腰差，我们会发现，人体的胸腰差实际和我们想象的有所不同，通常初学者往往会认为女性的胸凸量较大，胸腰差较大的会是前胸部，而实际上由于人体的体态平衡原理，胸腰差较大出现在背部，如图3-32所示。

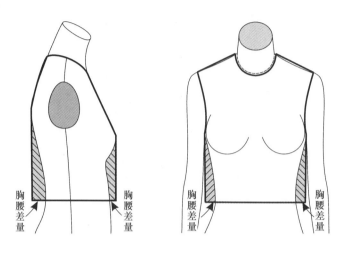

图3-32　上衣胸腰差的形成

　　腰省的设定基础是当视线面向站立人体，人体基本呈现平衡状态时，人体外包围在腰部形成的差量。我们通过胸腰差的横截面图，可以看见外包围所形成的间隙量在人体的位置，如图3-33所示。人体上半身的突出点包括胸点、前腋点、后腋点和肩胛点，靠近腋窝，看不到十分明显的突出点。省道是将平面化面料转化为复杂曲面过渡型的重要构成手段之一，腰部的省量构成在前、后、侧各个位置上并不相同，外包围所形成的省道在人体的位置，如图3-34、图3-35所示。

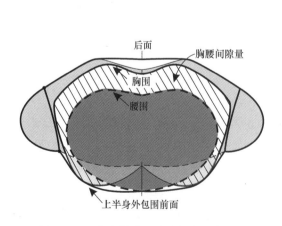

图3-33　上半身横截面（胸腰之间隙量）

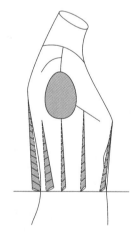

图3-34　腰省位置示意图

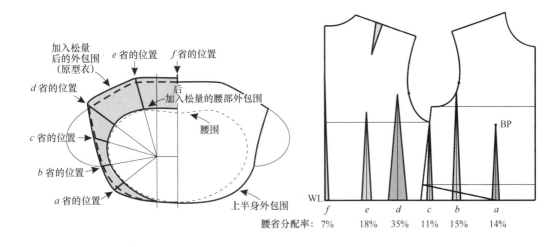

图3-35　原型胸腰差比例分配

二、胸腰差在不同款式中的解决方案

服装款式由省、结构分割线和塑造体型的轮廓线共同组成，省和结构分割线是造型轮廓线的基础，不同类别服装款式需要同时完成省、结构分割线与造型轮廓线的设计，才能构成服装款式的变化。根据人体的体态平衡原理，人体的胸腰差在不同的位置所形成的差量是不同的，对腰省量合理设计就要依据人体的体态。从标准原型胸腰差的形态，我们可以准确地看出胸腰差量的比例分配。仅就腰省而言，可以看出后衣片的总省量应该远大于前衣片，理解这一点对于服装结构的设计十分重要。

按照人体体态，通常解决胸腰差量的方法有两种：第一种是省道式结构的成衣胸腰差解决部位是后腰省、后腋下省、后侧缝线、前侧缝线、前腋下省、前腰省；第二种是分割线式结构的成衣胸腰差解决部位是刀背线、后分割线、前分割线、公主线，如图3-36所示。

在实际成衣结构设计中胸腰差的解决不会这么复杂，会根据款式需求，设定好胸腰差的位置后按照腰省分配率，合理分配胸腰差值。根据款式要求解决好胸凸量后，胸腰差比例分配是成衣设计的第二步。在结构设计中，解决胸腰差的方式可以是省道结构，也可以是分割线结构，这是成衣结构设计中常用的两种形式。

第一种省道结构解决的形式，成衣其胸腰差的解决部位是后腰省、后侧缝线、前侧缝线、前腰省。

第二种分割线结构解决的形式，成衣其胸腰差的解决部位是后中心线、刀背线、后侧缝线、前侧缝线、公主线，如图3-37所示。

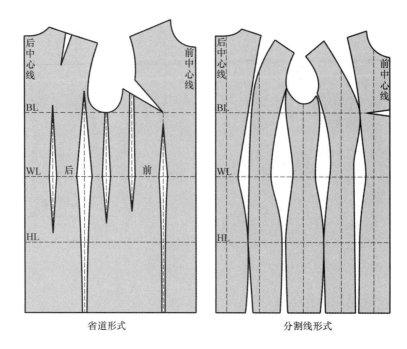

图3-36 胸腰差在结构设计上的两种形式

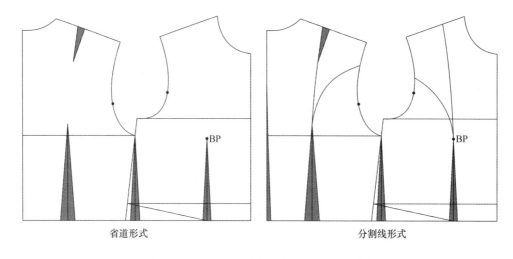

图3-37 胸腰差在成衣结构设计上的两种形式

以160/84A号型的结构服装为例，胸腰差为16cm，在服装结构制图中是采用$\frac{1}{2}$状态制图，因此需要解决8cm胸腰差。胸腰差比例分配方法在工业成衣生产中并无定律，可根据款式需求设计，在实际成衣制作中要考虑人体状态，如人体是圆体或扁体等。如果采用第二种分割线结构解决的形式分析，胸腰差可由五处来进行分解：后中心线、后分割线、后侧缝线、前侧缝线、前分割线，分配方法见表3-3。

表3-3 胸腰差比例分配　　　　　　　　　　　　　　单位：cm

尺寸＼部位	后中心线	后刀背线	后侧缝线	前侧缝线	前刀背线
$\frac{1}{2}$胸腰差量（8）	1	3	1.25	1.25	1.5
	1	3	1	1	2
	1	2.5	1.25	1.25	2
	1	2.5	1	1	2.5
	0.5	3	1	1	2.5
	0.5	2.5	1.5	1.5	2
	0.5	3	1.25	1.25	2
	0.5	3	1.5	1.5	1.5

以表3-3中的一组数据为例，阐述成衣胸腰差的比例分配方法。

1.后中心线

按胸腰差的比例分配方法，在腰线收进1cm，再从后颈点至胸围线的中点处连线并用弧线画顺，要保证后领口弧线与后中心线在领口处保持垂直，如图3-38所示。

2.后分割线

按胸腰差的比例分配方法，由后腰节点开始在腰线上取设计量7~8cm，取省大3cm，从后分割线省的中点作垂线画出后腰省，如图3-38所示。

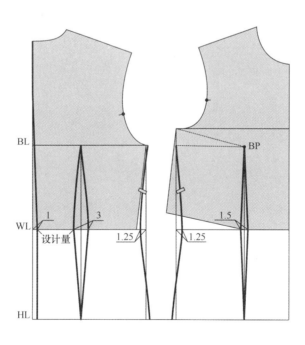

图3-38 成衣胸腰差的比例分配方法

3.后侧缝线

按胸腰差的比例分配方法，由腰线和胸围线的交点收腰省1.25cm，后侧缝线的状态要根据人体曲线设置，并测量其长度，人体的侧缝差较大，但在成衣设计中还要考虑臀腰差的关系，不能将侧缝的胸腰差的量设计的过大，如图3-38所示。

4.前侧缝线

按胸腰差的比例分配方法，由腰线和胸围线的交点收腰省1.25cm，前侧缝线的状态同样要根据人体曲线设置，并根据后侧缝长由腰线向上取后侧缝长，解决胸凸量，使前后侧缝长相等，如图3-38所示。

5.前分割线

由BP点作垂线至底边线，该线为省的中线，在腰线上通过省的中心线取省大1.5cm，如图3-38所示。

思考题

1.根据女装标准原型的计算方法推算制作符合自己体型的原型样板。

2.设计五种不同款式的胸凸量解决方案。

3.设计不同款式的胸腰差解决方案。

综合实训——

女西服结构设计

课题名称： 女西服结构设计

课题内容： 1. 女西服概述

2. 刀背线结构西服设计实例

3. 公主线结构西服设计实例

4. 插扁袖结构西服设计实例

5. 对襟式省道结构西服设计实例

6. 三开身结构西服设计实例

课题时间： 24课时

教学目的： 本章选用最具代表性的五款西服进行结构设计并进行较深入的分析研究，通过学习能够掌握女西服的基本结构设计方法，也可以对不同款式的女西服进行合理的结构设计。

教学方式： 讲授和实践

教学要求： 1. 掌握女西服的分类和对材质的要求。

2. 熟练掌握紧身、适体、宽松女西服各部位尺寸的加放方法。

3. 掌握女西服的结构制图方法。

4. 熟练掌握女西服中胸凸量的转移方法和胸腰差量的分配方法。

5. 能根据具体款式进行女西服的制板。

6. 能针对不同种类样式西服进行工业制板。

课前准备： 准备A4（16k）297mm×210mm或A3（8k）420mm×297mm笔记本、皮尺、比例尺、三角板、彩色铅笔、剪刀、拷贝纸、规格为100～300g牛皮纸等制图工具。

第四章 女西服结构设计

女西服是女装中的重要种类之一，其在款式上沿袭了男式西服的特征，但在结构设计上由于女性体型的特征与男性有很大差异，其结构设计方法在满足女性人体结构基本要求方面有很大灵活性和设计空间，女西服板型的优劣能够体现制板人员对人体结构的理解深度。本章选用最具代表性的五种款式进行结构设计，并对其进行较深入的分析研究，通过学习能够掌握女西服的基本结构设计方法，也可以对不同款式女西服进行合理的结构设计。

第一节 女西服概述

西装广义指西式服装，是相对于"中式服装"而言的欧系服装。狭义则指西式上装或西式套装，是以男士穿同一面料成套搭配的三件式套装，由上衣、背心和裤子组成。西装在造型上延续了男士礼服的基本形式，属于日常服中的正统装束，应用场合甚为广泛，并从欧洲影响到国际社会，成为世界性指导服装，即国际服。

一、女西服的产生与发展

自20世纪开始，一些专职家庭主妇纷纷走向社会，妇权运动蓬勃开展，特别是第二次世界大战以后，妇女参加工作的机会越来越多，随着妇女地位的提高，她们纷纷仿效男性穿着更显职业性的西装，于是女式西服套装应运而生。女式西服套装一般为上衣下裤或上衣下裙。尽管其受流行因素影响较大，但根本性的要求是要合体，能够突出女性体形的曲线美，应根据穿着者的年龄、体型、皮肤、气质、职业等特点来选择款式。

20世纪40年代，女西服外套采用平肩的收腰，下摆较大；20世纪50年代的前中期，女西服外套变化较大，由原来的紧身造型改为宽松造型，衣长加长、下摆加宽，领子除翻领外，还有关门领，袖口大多采用镶袖设计，并自20世纪50年代中期开始流行连身袖；20世纪60年代中后期，女西服外套多为直身造型，长度到臀围线上，袖子流行连身袖；在20世纪70年代末期至20世纪80年代初期，西装又有了一些变化，女西装流行小领和小驳头，腰身较宽，前门襟下摆一般为圆角。

二、女西服的部位名称

女西服的部位名称如图4-1所示。

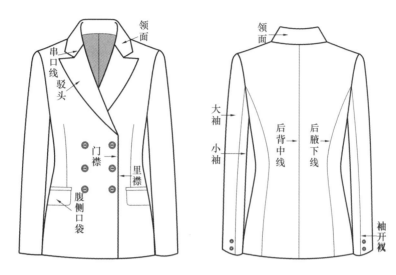

图4-1　女西服套装的部位名称

三、女西服的分类

女式西服源于男西服，其分类多依据西服的形态而来：

按西服套装的件数分类，分单件西装、两件套西装、三件套西装。

按西服套装的式样分类，它又可分为美式、欧式与英式三种基本式样。美式西装的主要特点是单排扣，腰部略收，后中设有开衩，翻领宽度中等，两粒扣或三粒扣；欧式西装的主要特点是剪裁合体，装有垫肩，腰身适体，袖窿开得较高，翻领窄长，大多采用双排扣；英式西装的特点是垫肩较薄，紧身，采用金属扣，后衣身设有两个开衩。

按西装的穿着场合分类，可分为礼服和便服两种。礼服又可以分为常礼服、小礼服、燕尾服；便服又分为便装和正装。人们多穿正装，通常正装一般是深颜色、毛料，上下身是同色、同料、做工良好。

按西装的衣襟搭门分类，有单排扣西服、双排扣西服、不对称式西服。单排扣西服前衣襟搭门较窄，是有一排纽扣的西服总称。最常见的单排扣西服有一粒纽扣、两粒纽扣、三粒纽扣三种，较常见的造型样式是平驳领、高驳头、衣襟下摆圆角；双排扣西服左右前衣襟叠合较多，是有两排纽扣的西服总称。最常见的样式有双排两粒纽扣、双排四粒纽扣、双排六粒纽扣三种，较常见的造型样式是四或六粒扣、枪驳领、衣襟下摆直角；不对称式西服是前衣襟搭门左右不对称式套装的总称。

四、衣身的轮廓线与构成

西服紧身或宽松的整体感觉是由衣身横向加放的松量决定的。肩宽、胸围、臀围、下摆形态、领子、袖子等各自不同的款式会构成不同的轮廓造型，如图4-2所示由左至右依次为直线轮廓、半合身轮廓、合身轮廓。

图4-2　衣身轮廓

五、女西服的面料与辅料

1.面料分类

女西服套装所使用的面料分为如下几种：

（1）纯化纤织品，主要有纯涤纶花呢、涤黏花呢、针织纯涤纶、麦尔登、海军呢、制服呢、法兰绒等。

（2）混纺织品，主要有涤毛花呢、凉爽呢、涤毛黏花呢等。

（3）全毛织品，主要有华达呢、哔叽、花呢、啥味呢、凡立丁、派立司、女衣呢、直贡呢等。

2.辅料分类

女西服套装所用辅料包括里料、衬料、纽扣、垫肩、袖棉条等。

（1）里料。里料可按其纤维成分、组织、幅宽的不同进行分类。按材料成分分类，有纺绸、涤纶、锦纶、黏胶丝、醋酯纤维、绸缎、化纤织物以及棉混纺织物等。按织物组织分类，有平纹、斜纹、缎纹、针织等。按幅宽分类，有92cm、112cm和122cm三种幅宽。

里料的选定与面料有着直接的关系，根据女西服套装的款式以及面料的材质、厚度、花型以及季节等因素，会选用不同的里料来与套装相匹配。套装一般使用与面料同色系的里料。

（2）衬料。衬料的使用可以更好地烘托出服装的形，根据不同的款式可以通过增加衬料的硬挺度，防止服装衣片出现拉长、下垂等变形现象。女西服款式及面料的不同，决定了粘接部位和不同衬里的使用。前身用的黏合衬应选用保型性好、厚度适当、挺括而又不破坏手感的黏合衬。

按黏合衬的种类分类，有无纺黏合衬、布质黏合衬、双面黏合衬。

黏合牵条是指把黏合衬做成条状（宽度1~1.5cm），按西服制作目的分别使用。比如前门止口处常采用直丝牵条，可以抑制布料伸长；领子和袖窿部位采用6°斜丝牵条和半斜丝牵条，使衣片的形态更加稳定。

（3）纽扣。西装的纽扣分为衣襟纽扣和袖口纽扣。常见的西服纽扣有尿素扣、果实扣、金属扣、贝壳扣、牛角扣。尿素扣是树脂扣的一种，是目前最常见的中高档西服纽扣，学名叫作脲醛树脂扣。一般西装的衣襟纽扣大小为2cm，也有1.8cm和2.2cm，袖口纽扣大小为1.5cm和1.8cm。

（4）垫肩。在服装行业里，垫肩又称肩垫，是衬在服装肩部呈半圆形或椭圆形的衬垫物，是塑造肩部造型的重要辅料。垫肩的作用使人的肩部保持水平状态。通常正式的衣服都有垫肩，如果是休闲的款式，可以不用垫肩；如果是平肩体型，也可以不用垫肩；如果是溜肩或高低肩，则需通过垫肩进行修正。垫肩的肩端厚度分为0.5cm、0.8cm、1.0cm、1.5cm、2.0cm、2.5cm等几种。

垫肩按材料组成分类，有泡沫塑料垫、化纤针刺垫、定型垫肩三种。泡沫塑料垫是用聚氨酯泡沫压制而成的垫肩，主要用于西装、大衣、女衬衫；化纤针刺垫是用黏胶短纤维、涤纶短纤维、腈纶短纤维等为原料，用针刺的方法复合成型而制成垫肩，多用于西装、制服及大衣；定型垫肩是使用EVA粉末，把涤纶针刺棉、海绵、涤纶喷胶棉等材料通过加热复合定型模具复合在一起而制成的垫肩，此类垫肩多用于时装中。

垫肩按形态分类，有平头垫肩、圆头垫肩、龟背形垫肩三种形态。平头垫肩是绱袖子用的一般性垫肩，可形成棱角分明的肩；圆头垫肩是使肩端角度浑圆的垫肩，可形成自然的圆形肩；龟背形垫肩用于插肩袖，是使肩端显得挺括的圆弧覆盖物，如图4-3所示。

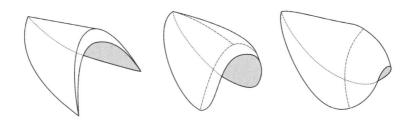

图4-3 垫肩的形态

在西服的缝制工艺中，选用不同形态的垫肩会直接影响到西服成型的状态，因此在结构制图中，对袖型的结构设计有严格的要求，这点十分重要。平头垫肩的缝份导向袖子。圆头垫肩的缝份从肩点向下沿前后袖窿各取10cm左右，经过肩点的两点间缝份距离作劈缝处理，这两点之下的缝份作倒缝处理，导向袖子方向。根据款式造型的不同会出现两种不同的工艺处理，立体肩造型采用的是平头垫肩，袖窿吃量较大，为4~6cm；圆顺肩造型采用的是圆头垫肩，圆头垫肩的成衣在袖窿部分有一段做了劈缝处理，其袖窿吃量较小，为2.5~4cm，如图4-4所示。

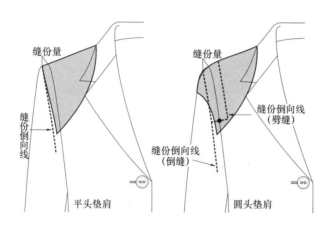

图4-4 不同形态垫肩制作后的着装形态

（5）袖棉条。为了很好地保持绱袖的袖山头形状，在里面支撑袖子吃缝量的零部件叫袖棉条。用于制作袖棉条的面料要有适度的弹性，如果西服用料是中等厚度的面料，可把同一面料的斜条布作为袖山条使用。市场上出售的袖棉条由麻衬和聚酯棉以及毛衬组合而成，丰实而具有弹性。

六、女西服里子的样式

西服的里子有四种样式，分别是全衬里、全身半衬里、后身半衬里、前身整里后身半衬里，如图4-5所示，也有不使用里子单层制作的西服。

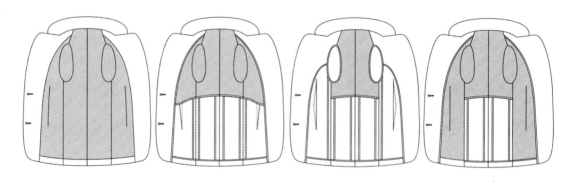

图4-5 西服里子的样式

七、西服领的种类

按其款式不同，西服领可分为平驳头领、豁口戗驳头领、戗驳头领、青果领等，如图4-6所示。

图4-6 西服领的种类

八、西服领的部位名称

西服领的部位名称，如图4-7所示。

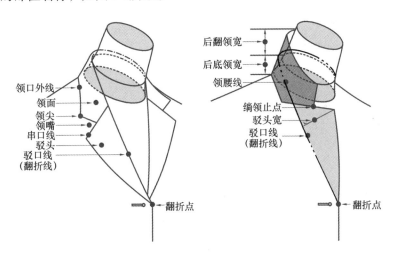

图4-7 西服领各部位的名称

第二节 刀背线结构西服设计实例

刀背式西服是常见女西服中的经典结构之一。本节主要介绍省道刀背西服的结构设计原理，通过本款主要学习西服成衣规格的制订方法；西服胸凸量的解决方案和胸腰差的比例分配方法；刀背线西服的结构制图；普通西服领子的制图方法及西服袖子的制图方法；成衣纸样的制作及工业样板的绘制要求。

一、款式说明

本款服装为有分割线造型的春夏女西服，这种结构的服装衣身造型优美，能很好地体现女性的体态。前片刀背线结构带有省道是本款西服结构设计的重点，如图4-8所示。

本款服装面料采用较薄的驼丝锦、贡丝锦等精纺毛织物及毛涤等混纺织物，也可使用化纤仿毛织物。里料采用100%醋酸绸，并用黏合衬做全衬里。

（1）衣身构成：在四片基础上分割线通达袖窿，刀背结构的衣身结构，衣长在腰围线以下22～27cm。

（2）衣襟搭门：单排扣。

（3）领：V形平驳头翻领。

（4）袖：两片袖、有袖开衩。

（5）垫肩：1.5cm厚的包肩垫肩，在内侧用线襻固定。

二、面料、里料、辅料的准备

1.面料

幅宽：144cm、150cm、165cm。

估算方法为：（衣长+缝份10cm）×2或衣长+袖长+10cm（需要对花对格时适量追加）。

2.里料

幅宽：90cm、112cm、144cm、150cm。

幅宽：90cm估算方法为：衣长×3。

幅宽：112cm的估算方法为：衣长×2。

幅宽144cm或150cm的估算方法为：衣长+袖长。

3.辅料

（1）厚黏合衬。幅宽：90cm或112cm，用于前衣片、领底。

（2）薄黏合衬。幅宽：90cm或120cm（零部件用），用于侧片、贴边、领面、下摆、袖口以及领底和驳头的加强（衬）部位。

（3）黏合牵条。

直丝牵条：1.2cm宽。

斜丝牵条：1.2cm宽。

图4-8 省道刀背结构西服效果图

半斜丝牵条：0.6cm宽。

（4）垫肩。厚度：1~1.5cm，绱袖用1副。

（5）袖棉条，1副。

（6）纽扣，直径2cm的3个，前搭门用；直径1.2cm的4个，袖口开衩处用。

三、结构制图

准备制图的工具，包括测量用尺，画线用的直角尺、曲线尺、方眼定规、量角器等。

作图纸选择的是四六开的牛皮纸（1091mm×788mm），易于操作并且大小合适，制图时要选择纸张光滑的一面，以方便擦拭，避免纸面起毛破损。

制图线和符号要按照第一章的制图要求正确使用，款式图如图4-9所示。

图4-9　省道刀背结构西服款式图

1.确定成衣尺寸

要制作合体的服装，必须正确地测量人体，测量尺寸的方法参看第一章。

成衣规格表的设计一般是在样衣完成后制订，服装号型只标明人体尺寸，作为成衣规格设计的基础依据和消费者选购服装的参照依据。成衣规格表的设计需要按照样衣的规格（通常是中间体号型），结合造型款式的设计效果选用适当的号型系列（通常合体型选用5·4系列），加入与造型设计效果相对应的三围宽松量，并计算出各控制部位的，各档长度、宽度尺寸的档差，编制成表。凡是三围宽松量和长度尺寸变化较明显的成衣都需要专门设计规格表，但是变化不大的成衣可以套用造型（所加放的宽松量）相近的规格表。很多加工型企业直接使用订货方提供的规格表，标准化概念与成衣规格表设计的概念并不矛盾，成衣（尤其是流行女装）规格必须适应服装造型的变化，往往有多种放松量的增减，这已经是国际惯例；国家标准服装号型则是为成衣规格的设计提供基础人体数值的依据。服装号型应标准化，在一定的时间段里（如5～10年）是不变的，而成衣规格根据流行随时可以变化，这两者的关系有些类似原型与服装板型的关系。

设计成衣规格表时，先在中间号型这一栏里填写从中间体号型样衣板型上量取的规格数值，然后再逐档计算、设置并填入其他各档的数值，设计成衣规格。

所设计的规格表是供总检及订货方验货用的。制板师往往还要在这张表的基础上加入面料的缩水率或热缩率（缩水率或热缩率可以通过试验获得，亦可以参考专业的服装材料资料），再设计一张推板专用的规格表以确保验货时规格的准确。还有一些需要多次使用的板型，由于每批裁剪布料的缩率往往各不相同，在打板时每次要根据测试的结构加出缩率。

成衣规格：160/84A，根据我国使用的女装号型标准GB/T1335.2—2008《服装号型》，基准测量部位以及参考尺寸见表4-1。

表4-1　成衣系列规格表

单位：cm

名称 规格	衣长	袖长	胸围	底边围	袖口	肩宽
档差	±2	±1	±4	±4	±1	±1
155/80（S）	58	53.5	92	98	23	37
160/84（M）	60	55	96	102	24	38
165/88（L）	62	56.5	100	106	25	39
170/92（XL）	64	58	104	110	26	40

（1）衣长。衣长是指成衣中后中心线的长度，是由后领口弧线的中点与后中心线的交点至成衣下摆的距离（不包括异形下摆）。

在实际的工业生产中，衣长的确定方法种类很多，如通过来样直接测量法，这是比较简便的测量方法。如果没有来样，通过款式图确定成衣尺寸，常用的方法是依据袖长与衣长的比例关系来确定衣长的长短，依据手腕的尺骨点与臀围线在一条水平线上，可以作为参照，这是初学者必须要掌握的基本方法。

本款西服为中长上衣。衣长在臀围线附近是上衣常采用的长度，也是西服套装中常见的长度；也可以站着测量，即从后颈点算起到地面距离的 $\frac{1}{2}$ 为最佳。对于较矮的人，上装的底边可以从臀围处上移1.5cm左右，会使腿显长、身材匀称。不同长度的衣服，其后衣长档差的差异必须按下列公式计算获得：

（样衣后衣长÷中间体号型身高）×身高档差=后衣长档差（计算结果只要保留小数点后一位数，有时还要适当调整至便于品检测量的数值）

也可以按照此公式计算：西装的衣长=身高×（0.43～0.45）–（5～8）cm。

（2）袖长。袖长尺寸的确定是由肩端点到虎口上2cm左右。如果款式为春秋套装，采用厚度为1~1.5cm的垫肩；袖长增加度要注意，制图中的袖长约为：测量长度+垫肩厚度。

（3）胸围。成品胸围：将样衣的成品胸围按号型系列里的胸围档差适当增减编制成表。通常合体服装胸围档差为4cm。公式：

成品胸围（B）=净胸围（B^*）+基本放松量（6）+2πI（内着装厚度）+K

该款式为紧身春夏装，胸围的加放首先考虑的是，人体胸部的呼吸量能使胸围增加4cm，人体进行前屈的活动使胸围约增加2cm，即基本放松量6cm；内着装厚度：胸衣1.5~3cm，衬衫厚度1~1.5cm。

成品胸围B=84（净胸围）+6+（2πI衬衫厚度）+3（胸衣厚）+（1~1.5衬衫厚）+2=96~100（cm）

（4）腰围。在工业生产制图中，腰围的放松量不要按净腰围规格加放，在制图规格表中可以不体现；根据号型规格的胸腰差（Y/A/B/C）制订即可。以160/84A为例，当胸围尺寸固定值为96cm时，利用A体的胸腰差为18~14cm可得到A体的腰围范围值为73~78cm。

成品腰围W=96−（18~14）=78~74（cm）

合体服装需要对"成品腰围"严格要求，半宽松及宽松服装通常对"成品腰围"要求并不严格。可将样衣的成品腰围按号型系列里的腰围档差适当增减编制成表。

（5）臀围。由于臀围不是活动关节，而且大多数上装成衣下摆是开合设计，只要满足臀围尺寸都能达到基本穿着的需求，但是会和胸围、腰围等其他部位不成比例，因此在工业生产制图中，臀围的放松量不按净臀围规格加放，在制图规格表中可以不体现。由于初学者必须根据臀围尺寸设计下摆的尺寸，因此在成衣规格制图中还需要设定上臀围尺寸，臀围值往往是由胸围值根据款式按照比例要求加放尺寸。

（6）底边围。在工业生产制图中，底边围尺寸即成衣的底边围大小，成衣底边围是设计量值，往往根据款式需求而定，但需制图人员有一定经验，如果经验欠缺就要根据设计的臀围尺寸自然顺延至底边，得到需要的底边围尺寸。

（7）袖口。袖口尺寸为掌围尺寸加松度，西服袖口尺寸通常为22~26cm。

（8）肩宽。成衣的肩宽为水平肩宽，在纸样设计时需要加放尺寸。也可以按照此公式计算：肩宽=衣长×0.618（黄金分割比）。

2.制图步骤

省道刀背结构西服属于在典型的八片基本纸样上变化的十片结构西服，这里将根据图例分步骤进行制图说明。

第一步 建立成衣的框架结构：确定胸凸量（横向）

结构制图的第一步十分重要，要根据款式分析结构需求，第一步是解决胸凸量的问题。

（1）作出衣长。该款式为较合体西服，在后中心线上向下取背长值37cm～38cm，画水平线，即腰围辅助线。在腰围辅助线上放置后身原型，由原型的后颈点，在后中心线上向下取衣长，画水平线，即底边辅助线，如图4-10所示。

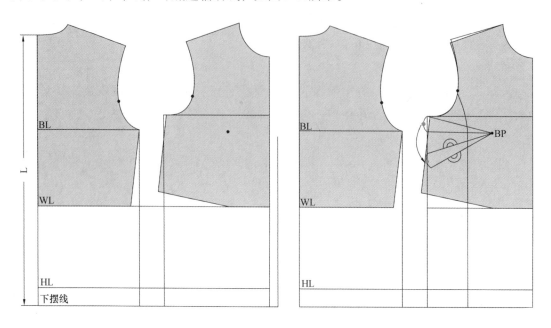

图4-10　省道刀背结构西服框架图和胸腰对位分析

（2）作出胸围线。由原型后胸围线画水平线。

（3）作出腰围线。由原型后腰线画水平线，将前腰线与后腰线复位在同一条线上。

（4）作出臀围线。从腰围辅助线向下取腰长，画水平线，成为臀围线，三围线呈平行状态。

（5）腰围线对位。腰围线放置前身原型采用的是适体型胸凸量解决方案，建立合理刀背西服结构框架，如图4-10所示。

（6）胸凸量解决方案。在侧缝处确定胸凸省量，并按照款式图的要求将胸凸省量转移到腋下胸凸省量，将其腋下胸凸省量合并去掉，解决完胸凸省量，前胸围线与后胸围线复位，与腰围线、臀围线平行。

（7）绘制前中心线。由原型前中心线延长至底边线，成为前中心线。

（8）绘制前止口线。与前中心线平行2～2.5cm绘制前止口线，搭门的宽度一般取决于扣子的宽度，也可取决于设计宽度，并垂直画到底边线，成为前止口线。秋冬装要追加0.5～0.7cm作为面料的厚度消减量。

第二步　建立成衣的框架结构：解决胸腰差比例分配（纵向）

第一步完成后，就要根据款式要求解决胸腰差比例分配，这一步十分重要。

本款式胸腰差为18cm，因此在服装结构制图中胸腰差比例分配需要解决9cm胸腰差，胸腰差的比例分配方法在工业成衣生产中并无定律，可根据款式需求设计，在实际成衣制作中要考虑人体状态，如人体是圆体或扁体等。

（1）后胸围线。在胸围线上由后中心线交点向侧缝方向确定成衣胸围尺寸，该款式胸围加放12cm，在原型的基础上放2cm，放量较小，不用过多考虑前后片的围度比例分配，在后胸围放0.5cm即可。作胸围线的垂线至底边线，如图4-11所示。

（2）前胸围线。在胸围线上由前中心线交点向侧缝方向确定成衣胸围尺寸，由前胸围放0.5cm即可。作胸围线的垂线至底边线，如图4-11所示。

省道刀背结构属于八片身紧身造型，根据该款式需求，胸腰差由五处来进行分解：后中心线、后刀背线、后侧缝线、前侧缝线、前刀背线，分配方法见表4-2。

表4-2　胸腰差比例分配

单位：cm

尺寸　　部位	后中心线	后刀背线	后侧缝线	前侧缝线	前刀背线
胸腰差值	1	3	1.25	1.25	2.5
	1.5	3	1	1	2.5
	1	2.5	1.5	1.5	2.5
	1	3	1	1	3

（3）后中心线。按胸腰差的比例分配方法，在腰线收进1cm，再与后颈点至胸围线的中点处连线并用弧线画顺，如图4-11所示。

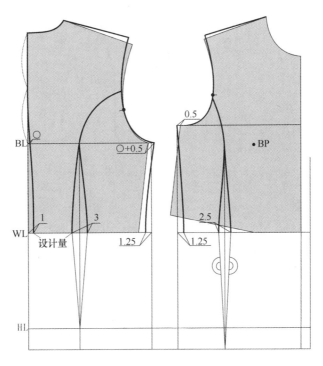

图4-11　省道刀背结构西服胸腰差的比例分配

（4）后刀背线。按胸腰差的比例分配方法，由后腰节点开始在腰线上取设计量值7~8cm，取省大3cm，从后刀背线省的中点作垂线画出后腰省，再在后腰省的基础上画顺袖窿刀背线，如图4-11所示。

（5）前刀背线。根据款式的设计要求，前片刀背线靠近前侧缝，在前胸围线取一定的设计量做垂线至底边线，该线为省的中线，在腰线上通过省的中心线取省大2.5cm，省的位置可以根据款式需求设计。

（6）后侧缝线。按胸腰差的比例分配方法，由腰线和胸围线的交点收腰省1.25cm，后侧缝线的状态要根据人体曲线设置，并测量其长度，如图4-11所示。

（7）前侧缝线。按胸腰差的比例分配方法，由腰线和胸围线的交点收腰省1.25cm，画出新的前侧缝辅助线。前侧缝辅助线的状态同样要根据人体曲线设置，并根据后侧缝长由腰线向前侧缝辅助线上取后侧缝长，剩余量为胸凸量。解决胸凸量由三步构成，第一步：连接胸点，绘制出胸凸省○；第二步：绘制出腋下省的位置（腋下省的位置根据款式图而定），将前片胸凸量○转移到前片腋下省的位置，绘制出新的腋下胸凸省量；第三步：将腋下片的省合并，绘制出新的前腋下片，绘制出新的前侧缝线，将前中片剩余部分胸凸量以省的形式存在，以符合前片的款式设计，完成胸凸量的分配，如图4-12所示。

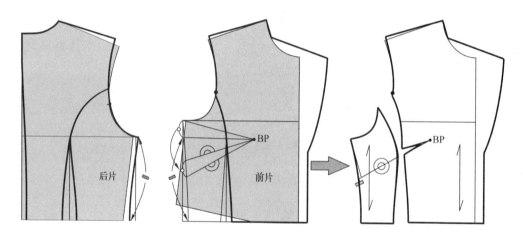

图4-12　省道刀背结构西服胸凸量的解决方法

第三步　衣身制图

（1）衣长。由后中心线经后颈点往下取衣长60~65cm，或由原型自腰节线往下22~27cm。确定底边线位置，如图4-13所示。

（2）胸围。成品胸围为96cm，在净胸围的基础上需要加放12cm。由于女式原型中含有10cm的放松量，只需在原型的基础上再加放2cm，在 $\frac{1}{2}$ 胸围的制图状态下，前后胸围各加放0.5cm。

（3）领口。春夏款服装内着装较少，可以不考虑横领宽的开宽，保持原型领口尺寸不变。

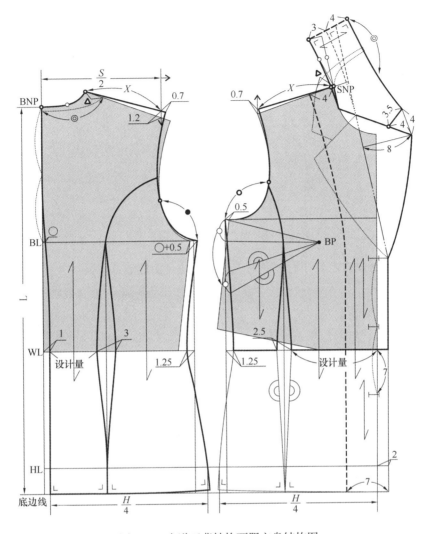

图4-13 省道刀背结构西服衣身结构图

（4）后肩宽。在成衣制图中，后肩宽值为水平肩宽值，由后颈点向肩端方向取水平肩宽的一半19cm（38÷2）作垂线交于原型的后肩斜线。

（5）后肩斜线。在成衣生产中，垫肩厚度一般为1cm～1.5cm，本款选用的垫肩厚度为1.2cm，因此，在水平肩宽的垂线上由原型后肩斜线的交点提高1.2cm垫肩量，然后由后侧颈点连线画出新后肩斜线X，将新的后肩斜线延长0.7cm，该量在成衣制作中做归拢处理，作为后肩胛凸点吃量。确定出新的后肩端点，如图4-14所示。

（6）前肩斜线。将前片原型肩端点往上提高0.7cm的垫肩量，然后由前侧颈点连线画出新的前肩斜线，前肩斜线长度取与后肩斜线长度"X"等量，不含后片的0.7cm吃量，确定出新的前肩端点，如图4-14所示。

（7）后袖窿线。由新后肩端点至腋下胸围点作出新袖窿曲线，新后袖窿曲线可以考虑追加背宽的松量0.5cm，但不宜过大。

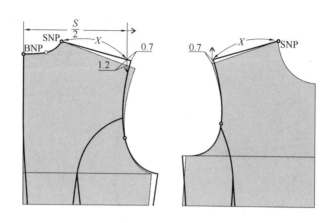

图4-14　省道刀背结构西服肩部结构处理

（8）后袖窿对位点。要注意袖窿对位点的标注，不能遗漏。

（9）前袖窿线。由新前肩端点至腋下胸围点作出新袖窿曲线，新前袖窿曲线在春夏装制图中通常不追加胸宽的松量。

（10）前袖窿对位点。要注意袖窿对位点的标注，不能遗漏。

（11）后中心线。按胸腰差的比例分配方法，在腰线和底边处分别收进1cm，再与后颈点至胸围线的中点处连线并用弧线画顺，由腰节点至底边线作垂线，作出新的后中心线。

（12）后刀背线。按胸腰差的比例分配方法，由后腰节点在腰线上取设计量值（7~8cm），取省大3cm，由后刀背线省的中点作垂线画出后腰省，再在后腰省的基础上画顺袖窿刀背线。

（13）后臀围线。在臀围线上从后中心线向侧缝方向量取臀围大尺寸$\frac{H}{4}$。

（14）前后侧缝线。按胸腰差的比例分配方法，由腰线和胸围线的交点处收腰省1.25cm，后侧缝线的状态要根据人体曲线设置，后侧缝线由两部分组成。

①腰线以上部分：参见制图步骤第二步，建立成衣的框架结构部分。

②腰线以下部分：由腰节点经臀围点连线至底边线的长度，并测量腰节点至底边点的长度。

（15）前后底边线。在底边线上，为保证成衣底边圆顺，底边线与侧缝线要修成直角状态，起翘量根据下摆展放量的大小而定，底边放量越大起翘量越大。

（16）前刀背线。前片刀背线靠近前侧缝，在前腰围线取设计量14cm，确定省位；在腰线上由省位点取省大2.5cm，作垂线至底边线，该线为省的中心线，分割线在袖窿的位置可以根据款式需求确定，前刀背线胸凸量结构处理参见制图步骤第二步，建立成衣的框架结构部分。

（17）前臀围线。在臀围线上从前中心线向侧缝方向量取臀围大尺寸$\frac{H}{4}$。

（18）前止口线。前搭门宽2cm，与前中心线平行2cm绘制前止口线，垂直到底边，成为前止口线。

（19）贴边线。在肩线上由侧颈点向肩点方向取3～4cm，在底边线上由前门止口向侧缝方向取7～9cm，两点连线。

（20）纽扣位的确定。本款式纽扣为三粒，第一粒纽扣位为领翻折线的底点；第三粒纽扣位在腰节线向下7cm，扣距为12cm，第一粒扣位的止口边点即领翻折线的底点。

第四步　领子制图（领子结构设计制图及分析）

（1）翻驳领的制图步骤说明：

①领口弧线。春夏款西装的内着装厚度较薄，前后领口可以直接采用原型领口。

②领翻折线。

a.先由前侧颈点沿肩线向前中心方向延长放出2.5cm（后领座高−0.5cm），确定领翻折起点（图4-15）。

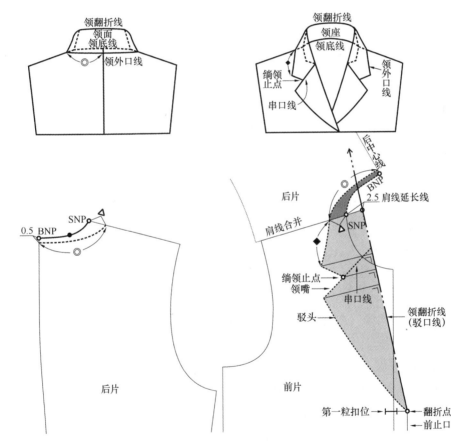

图4-15　领子结构制图步骤一

b.将第一粒扣位延长到前止口边，确定领翻折止点。

c.连接领翻折起点、领翻折止点，画出领翻折线（驳口线）。

③前领子造型。在前身领翻折线的内侧，预设驳头和领子的形状，这个有一定的经验

值在里面，要根据服装的款式需求设计。这就要求制图人员要仔细观察服装款式图领子的式样，设计串口线的高低，根据款式图的领子样式绘制结构制图，如图4-16所示。

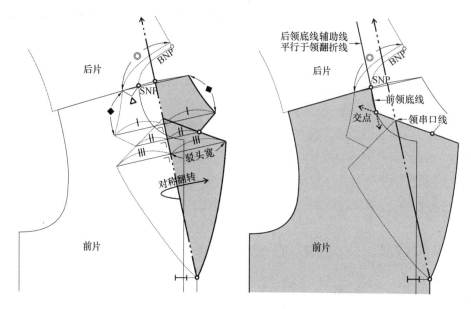

图4-16　领子结构制图步骤二

④驳头宽。在领翻折线与串口线之间截取驳头宽，驳头宽要垂直于领翻折线，驳头宽是设计量，要根据款式的形态绘制，本款设计宽度为8cm，如图4-13所示。

⑤驳头外口线。由驳头尖点与翻折止点连线，驳头外口线的造型可以是直线造型也可以是弧线造型，根据款式造型而定，如图4-13所示。

⑥领嘴造型。领嘴造型是设计量，要根据款式的形态绘制。本款在串口线由驳头尖点沿串口线取设计量4cm，确定绱领止点，过这个点画前领嘴宽3.5cm，前领嘴宽角度为设计量值4cm，如图4-13所示。

⑦前翻领外口弧线。在前肩线由侧颈点向肩点方向取设计量△，由该点与前领嘴宽点连线，画出前翻领上的领外口弧线，如图4-16所示。

⑧后翻领外口弧线。在后肩线由侧颈点向肩点方向取设计量△，确定翻领外口线与肩线的交点。在后颈点向下取0.5cm，该尺寸是由后翻领宽4cm减去底领宽3cm再减去领翻折厚度的消减量0.5cm得出的。确定翻领外口线与后中心线的交点，画出后翻领外口弧线◎，可将前后肩线覆合检查领外口线的圆顺程度，如图4-16所示。

⑨后领型。在后身可预定底领和领宽，画出领子的形状，如图4-15所示。

⑩前领型。沿领翻折线向外对称翻转拓出前领型，把画好的前领型连同驳头一起沿翻驳线向外拓出（可以利用纸样沿领翻折线对折，再把领型拓在下一层，然后再打开纸样作出），如图4-17所示。

⑪前领底线。以侧颈点向上作延长领翻折线的平行线，向下延长该线，与领串口线的延长线相交，形成前领底线，如图4-16所示。

⑫后翻领。

a.在领翻折线的平行线上，由侧颈点向上取后领口弧线长（●），确定后颈点，成为后绱领辅助线，这条线比定出的后领脚线长，也可比实际的领口弧线尺寸稍短，在缝制绱领子时，可在侧颈点附近将领子稍微吃缝，如图4-17所示。

b.由后颈点作后绱领辅助线垂线，画出后中心线，再定出领宽7cm（后翻领宽4cm，后底领宽3cm），直角要用直角尺准确地画出。后

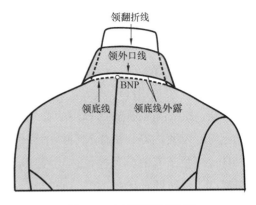

图4-17 后领底线不外露

底领宽取3cm，比前底领宽多0.5～0.8cm，后翻领比后底领宽1cm，目的是要盖住绱领底线，如图4-17所示。作直角线画出外领口辅助线，形成一个长方形，如图4-18所示。

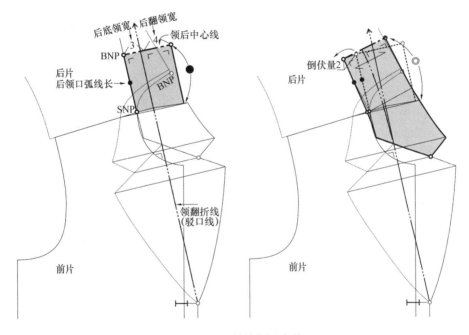

图4-18 领子结构制图步骤三

⑬领倒伏量。由于图4-18中在前领口上新形成的后外领口线的长度⊙小于翻折后的实际外领口弧线长◎，如果按这种结构作为翻驳领的结构制图，那么，这种翻驳领的后外口线是翻不下来的，所以要在侧颈处把外领口剪开，并展开外领口线，使新形成的后外领口线的长度⊙与实际的外领口弧线长◎相等。而随着外领口的展开，后领结构就会向下倾倒，而这也就形成了翻驳领制图中倒伏量的依据。

以侧颈点为圆心，以后领口弧线长为半径，旋转后绱领口线，展开领外口线到所需的尺寸，基本驳领的倒伏量是2～3cm之间。在后中心线与倒伏后的绱领辅助线垂直画线，

宽度取后底领宽3cm和后翻领宽4cm，如图4-18所示。

⑭修正后翻领型。后翻领领型需要修正三条线，分别是领外口弧线、领口弧线及领翻折线，这三条线都要与领后中心线保持垂直。需要说明的是，由于领口线的修顺导致衣身片与领子有部分重叠量，这样形成两个侧颈点，分别是衣身SNP和领SNP。在分离纸样时，初学者往往容易出现将衣身SNP忽略掉的错误，造成前肩斜线变短，会给实际生产带来困难，如图4-19所示。

图4-19 修顺后翻领型

（2）西服领结构设计中需要注意的问题：

问题一：领倒伏量的设计

基本驳领的倒伏量是2～3cm之间。在翻驳领的结构制图中，倒伏量并不是一个固定的数据，它是随着翻驳领后领面的宽窄和翻驳线下止口点的高低变化而决定的。

影响倒伏量的因素有很多，如领位的高低、领面的宽窄、面料的材质、无领嘴的款式等。

①通常情况下，领位高所形成的倒伏量就会越大；领位低所形成的倒伏量就会越小，如图4-20所示。

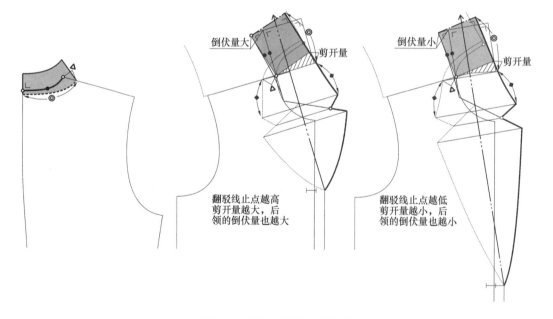

图4-20 领外口弧线与倒伏量

②翻驳领的领面越宽或是翻驳线下止口点越高，所形成的倒伏量就会越大。反之，翻驳领的领面越窄或是翻驳线下止口点越低，所形成的倒伏量就会越小，如图4-21所示。

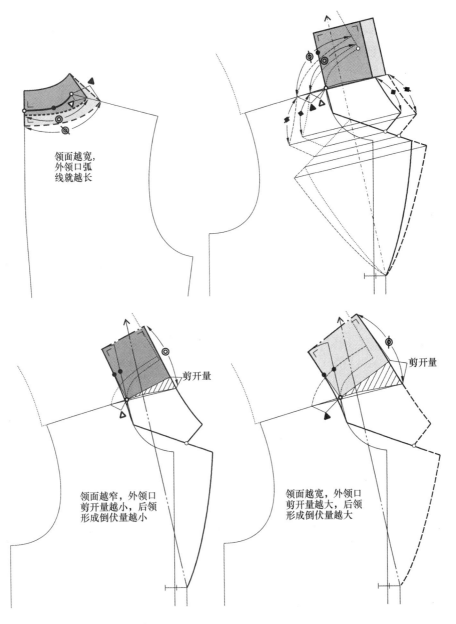

图4-21　领面宽窄与倒伏量

问题二：后翻领领外口弧线的画法

后翻领型设计。在后中心线上由领宽点画后翻领外口线，与前翻领外口线连成流畅的领外口弧线。通常情况是保持后中心线与领外口线部分垂直，以保证领子外口线圆顺，如图4-22（a）所示；也可以是外弧状态，如图4-22（b）所示；不能出现如图4-22（c）所示的错误画法。

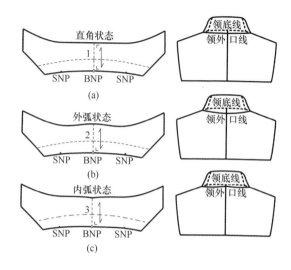

图4-22　领外口线画法

第五步　袖子制图（袖子结构设计制图及分析）

西服袖是典型的两片结构套装袖，无论是对造型还是对结构的要求都很高。这种袖子是由大小袖片组成，在袖口设有开衩并钉两粒或三粒装饰扣，可用于各种西服套装及合体型礼服大衣等。

两片袖的效果与结构之间的关系体现了人体上肢呈现向前的曲势，通过两片袖可以完美地塑造上肢造型。

一般情况下，衣身袖窿在最小限度的袖窿深放松量时，最便于手臂的活动。而衣身袖窿下挖量越深，反而越不便于手臂的活动。因为袖窿越深，袖内缝与侧缝长越短，手臂上抬时越容易牵扯更多的衣片，从而会影响手臂的机能性。袖山高的袖子虽然运动机能性差，但如果把它与衣身袖窿相配，就能很好地弥补这一缺点。相反，袖山低的袖子由于袖肥较宽便于运动，如果再把它与衣身袖窿相配，就能弥补因袖窿下挖量过多而造成的手臂活动机能性不足的缺点，使这类袖子的穿着更加舒适，造型也更加协调。同时，袖窿下挖较多也会减少较宽的袖子因手臂下垂而产生的过多皱褶量。根据以上原理，袖山高的袖子配浅的袖窿，袖山低的袖子配较深的袖窿。这种两片袖的结构制图一般会随着衣身袖窿尺寸的变化而变化，如图4-23所示。

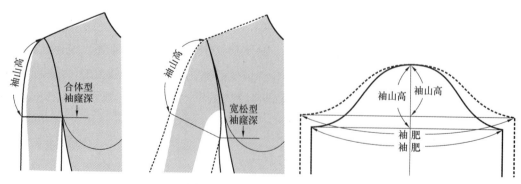

图4-23　袖窿深与袖型的关系

（1）西服袖的制图步骤说明：

①基础线。先作两条垂直十字基础线。水平线为落山线，垂直线为袖中线，如图4-24所示。

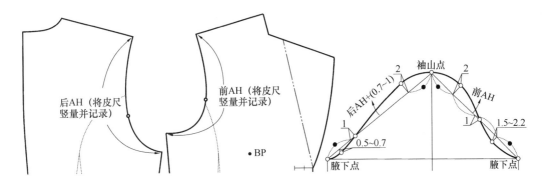

图4-24　西服袖子结构制图步骤一

②袖山高。将皮尺窄边竖起沿衣身袖窿弧线测量袖窿弧线长（AH）值并记录下来。

一般套装袖制图，袖山高都是按$\frac{AH}{3}$或$\frac{AH}{3}$+0.7cm来确定的。而西服袖的袖山高要适当大于一般套装袖，要按$\frac{AH}{3}$+（0.7~1）cm来确定，这样做出的西服袖会较一般套装袖的造型更贴合一些，造型也更美观。

袖山高的确定在袖子制图中十分重要，袖子的肥瘦决定了袖山高的高低，相同袖窿弧线长（AH），袖山高越高，袖子越瘦。

确定袖山高尺寸的方法很多，但要注意的是，袖山高控制的其实是袖子的肥瘦，不同肥瘦的服装需要匹配不同肥瘦的袖型，确定西服袖的袖肥通常采用的公式是：

袖肥=臂围+4~6cm

以160/84A的人体为例，袖肥=28+（4~6）=32~34cm，只要在这个范围内，袖山高可以根据肥瘦做相应调整的。也就是说，袖肥尺寸控制着袖山高值。

③前后袖山斜线，如图4-24所示。

a.由袖山点向落山线量取，后袖窿按后AH+（0.7~1cm）（吃势）定出，前袖窿按前AH定出。

b.袖肥确定后，将前袖山斜线分成四等份，由$\frac{1}{2}$点向腋下点方向量取1cm，再取前袖山斜线的$\frac{1}{4}$值，由后袖山斜线经袖山点向下取相同值，由腋下点向上取相同值。

c.由前袖山斜线靠近袖山点的$\frac{1}{4}$处垂直向上抬升设计量2cm，前袖山斜线靠近腋下点方向的$\frac{1}{4}$处垂直向内取设计量1.5~2.2cm，在后袖山斜线靠近袖山点的$\frac{1}{4}$处垂直向上抬升设计量2cm，后袖山斜线靠近腋下点方向的$\frac{1}{4}$处垂直向内取设计量0.5~0.7cm。

d.根据图4-24前后袖山斜线定出的9个袖山基准点，用弧线分别连线画顺。

e.测量袖窿弧线长，确定袖山的吃缝量（袖山弧线与衣身的袖窿弧长AH的尺寸差），检查是否合适。本款式的吃缝量为3.5cm左右。通常情况下，袖子的袖山弧线长都会大于衣身的袖窿弧线长，而这个多出的量就是袖子的袖山吃势。

④确定前后袖窿对位点。将皮尺竖着沿后衣身袖窿弧线上后袖窿对位点测量其到腋下点的距离●，沿前衣身袖窿弧线上前袖窿对位点测量对位点到腋下点的距离○，如图4-25所示。在袖片袖窿弧线长上由后腋下点向上取●+0.2cm，确定袖片后袖窿对位点；在前袖片袖窿弧线长上由前腋下点向上取○+0.2cm，确定前袖窿对位点，如图4-25所示。

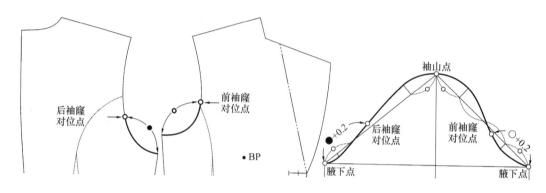

图4-25　袖窿对位点的画法

⑤袖长。袖长55cm（较原型袖加长3cm，其中包括垫肩厚1.5cm，袖长追加1.5cm），由袖山高点向下减0.5cm量出，画平行于落山线的袖口辅助线，如图4-26所示。

袖肥的尺寸要适中，尺寸过小会影响穿着，一旦不合适的产品进入市场，会给企业带来损失；尺寸过大会影响整个服装造型，尤其对于品牌服装而言，不好的造型会严重影响销量和品牌形象。一般合体款式的袖肥松量在4cm左右，弹力较大的面料其松量可以小到2cm。以160/84A型的人体为例，袖肥=28+（4~6）=32~34cm。只要是在这个范围里，袖山高是可以根据肥瘦做相应调整的。也就是说袖肥尺寸控制着袖山高值。

⑥确定袖子框架。

a.由前后腋下点作垂线到袖口辅助线，将袖长两等分，由袖中线的$\frac{1}{2}$点向下2.5cm，画平行于落山线的袖肘线EL。

b.将前后片的袖肥分为二等份，并向袖口线方向画出垂直线，即前袖宽中线辅助线和后袖宽中线辅助线，确立好袖子框架，如图4-26所示。

⑦确定袖子形态。

a.前袖宽中线。在肘线上，由前袖宽中线的辅助线和肘线的交点向袖中线方向取0.7cm，由袖口线与前袖宽中线辅助线的交点向外取0.5cm，连顺几点，画出适应手臂形状的前偏袖线，即前袖宽中线。

b.由前袖宽中线的底点与袖口上的交点定为◆，由此处向后袖方向取袖口参数，参数值为袖口的$\frac{1}{2}$（12cm），根据手臂形态，前袖宽中线短，后袖宽中线长，由袖口辅助线向外口方向1cm作平行线，将12cm的袖口线交于该线，即◇点，如图4-26所示。

c.由点◇连顺后袖宽中线辅助线与落山线的后袖肥中点，该线为后袖肥中线斜线辅助线。

d.后袖宽中线。在后肘线上，将后袖肥中线斜线辅助线与后袖宽中线辅助线之间距离两等分，画后偏袖线，即后袖宽中线，保证后袖宽中线与袖口线呈直角。

e.在后袖宽中线取开衩7cm，如图4-26所示。

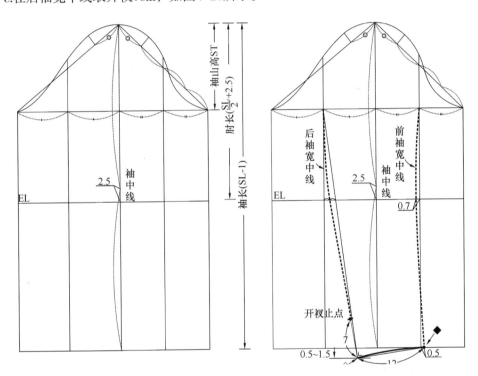

图4-26 西服袖子结构制图步骤二

⑧确定袖子大小袖内缝线。通过前袖宽中线在袖口辅助线交点、袖肘交点、袖肥线交点分别向两边各取设计量3cm，连接各交点，画向内弧的大袖内缝线、小袖内缝线，延长大袖内缝线至袖窿线，由交点向袖中线方向画水平线，与小袖内缝线延长线相交，如图4-27所示。

⑨确定袖子大小袖外缝线。通过后袖宽中线以袖开衩交点作为起点，过肘线的1.2cm点与袖肥线交点向两边取设计量2cm点连线，画向外弧的大袖外缝线、小袖外缝线，延长大袖外缝线至袖窿线，由交点向袖中线方向画水平线，与小袖内缝线延长线相交。

这里要说明的是，西服袖外轮廓与面料纱线并无平行线，为便于裁剪，可尽量全袖轮廓线与纱线丝向呈平行形态，如图4-28所示。

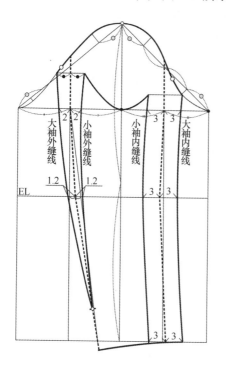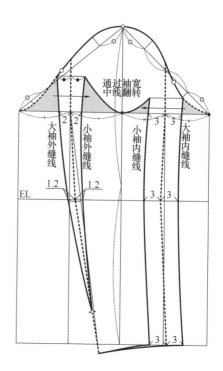

图4-27 西服袖子结构制图步骤三

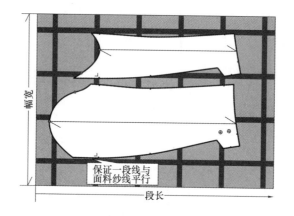

图4-28 袖外缝的工艺要求

⑩小袖袖窿线。将小袖的袖窿线翻转对称，形成小袖袖窿线，可参见图4-27。

⑪画袖衩。本款西服为两粒扣袖口，袖衩为设计因素，画后袖偏线的平行线1.5~1.7cm，在该线上由袖口线向内取3cm，扣距2.5cm，距开衩顶点1.5cm，如图4-29所示。

⑫西服袖子完整结构制图。西服袖子结构完成图如图4-30所示。

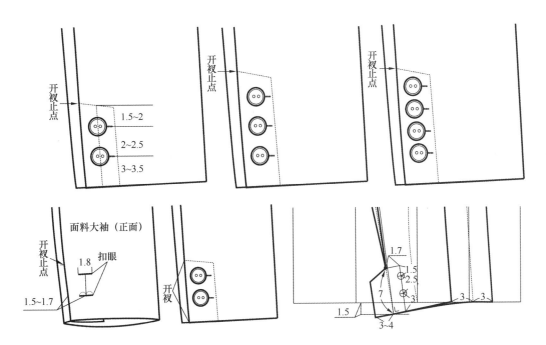

图4-29　常见的袖衩形式与袖衩结构制图

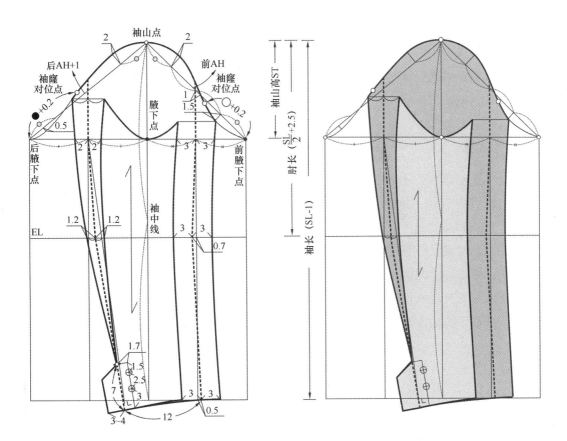

图4-30　西服袖子结构制图

（2）西服袖的结构设计中需要注意的问题：

问题一：袖山高的设计

袖山高设计可以直接从衣身上绘制，如图4-31所示。方法如下：

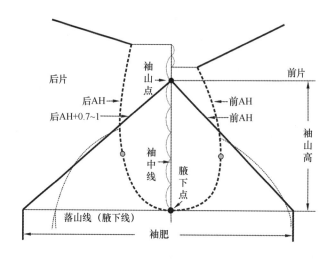

图4-31　袖山高直接结构制图法

①将前后片复位，腋下点复合，衣身的袖窿对合，检查袖窿弧线是否圆顺。

②在袖窿底部画出水平线作为袖肥线。

③通过侧缝点画垂直线作为袖山线。

④确定袖山高线，做前、后肩点水平线交与袖山线，在袖山线上将前、后肩点水平线的间距平分，由$\frac{1}{2}$点为起点至腋下点之间的距离平分6等分，取$\frac{5}{6}$作为袖山的高度。

⑤将皮尺竖着沿袖窿弧线测量衣身的袖窿弧线长（AH）值，从袖山点取前AH尺寸、后AH尺寸+（0.7～1）cm与袖肥线的交点确定袖肥。确认袖宽的松量是否等于臂围加6cm。

问题二：袖窿吃势分配方法

吃势是服装中的专用术语，简单地说，两片需要缝合在一起的裁片的长度差值就被称为吃势。反映到袖子上，一般袖山曲线长会长于袖窿曲线长，其差值就是袖窿的吃势。在袖子袖山高已经确定的前提下，袖子的吃势是由衣身袖窿弧线的长度减去袖山曲线的长度来确定的，可以通过调整袖山曲线的弧度来控制吃势的大小。在袖子原型的制图中，其袖片袖山的弧线长要比衣片袖窿的弧线长出2～2.5cm左右，而这2～2.5cm正是原型袖中的袖山吃势。在袖子的袖山上作出吃势是为了在缝制工艺中使袖子的袖山头更加圆顺和富于立体感。

袖山吃势的设计要根据服装款式的造型和所选用面料的厚薄来确定，一般袖山越高，面料相对越厚时，其袖山的吃势量就要求越多。反之，袖山越低，所选用的面料越薄，其袖山的吃势量就要求越少。对于一些需要在衣身袖窿上缉明线的休闲款服装，如衬衫、夹克等，一般是不需要作吃势的；而对于同样是要在衣身袖窿上缉明线的休闲装，如果其袖山相对较高，还是要作出一定的袖山吃势的。简单地说，吃缝量的大小要根据袖子的绱袖位置、角度以及布料的性能适量决定。

在西服的袖子中，袖山吃势的多少决定了袖窿缝合在衣身处的状态，通常根据西服款式造型的不同会出现两种不同的工艺处理。立体肩造型采用的是平头垫肩，袖窿吃量较大，为4～6cm；圆顺肩造型采用的是圆头垫肩，圆头垫肩的成衣在袖窿部分有一段做了劈缝处理，其袖窿吃量较小，为2.5～4cm，这两种情况袖窿底部的吃势均不能过大，通常采用0.4cm吃量，袖山部分的吃势分量为前袖窿是1.1～1.5cm，后袖窿是2～2.3cm，如图4-32所示。

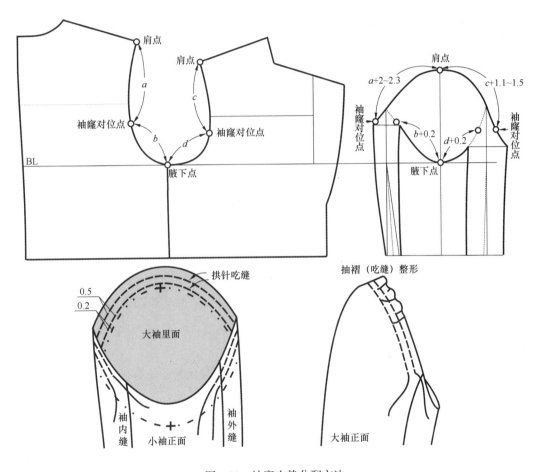

图4-32　袖窿吃势分配方法

第六步　成衣裁片整合

基本造型纸样绘制完之后，就要依据生产要求对纸样进行结构处理图的绘制，完成成衣裁片的整合。

本款西服要介绍的是对前腋下片、前片底边的处理，如图4-33所示。

（1）修正腋下片。将前腋下片部分分离出来，合并胸凸省道结构线，修顺刀背线和侧缝线，如图4-33所示。

（2）修正前片下摆。将前衣片腰节线以下的部分分离出来，合并省道结构线，修圆顺腰线和底边线，如图4-33所示。

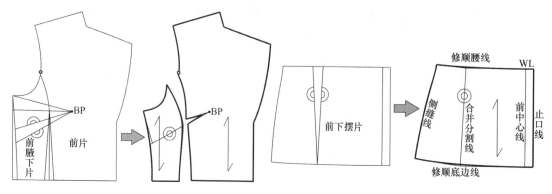

图4-33　前腋下片、前片下摆的纸样修正

四、纸样的制作

服装纸样，也称为服装样板或服装模板，制作服装纸样的过程叫"出纸样"。纸样是将作图的轮廓线拓在特定的纸上，剪下来后用于生产的纸型。通过检查纸样没有问题，就可以交给技术人员去做样板，这就是出纸样的过程。服装纸样在服装厂里具有举足轻重的地位，绝对不可大意。

成衣纸样设计需考虑生产问题，因此绘制完纸样必须做成生产性样板，作为单件设计和带有研制性的基本造型纸样也应如此，这是树立设计专业化和产品标准观念的基本训练。

服装打板常见的有以下两种分类：裁剪样板和工艺样板。裁剪样板主要用作排料画样，是裁剪生产的模具；工艺样板是在缝制生产过程中用作某些部件或部位的模具和量具。服装工业生产中的样板（打板）起着模具的作用。

1.检验纸样

检验纸样。检验纸样是确保产品质量的重要手段，常用检验纸样的手段有四种，分别是检验缝线长度、对位点的标注、纱向线的标注、工艺符号的标注。

（1）检验缝线长度。

一般情况下，检验缝线长度的类别有两种形式，一种是相等长度检验，一种是不相等长度的检验。相等长度检验要求衣片部位缝合的边线都应相等，如侧缝线的长度、大小袖缝线的长度等；不相等长度的检验要保证各部位吃势的最低尺寸，如袖山曲线长大于袖窿曲线长3.5cm，后肩线长大于前肩线长0.7cm等。

（2）对位点的标注。

对位记号是指为了保证衣片在缝合时精确缝制而在样板上用剪口、打孔等方式做出的标记，成对存在。对位点标注的位置有袖窿对位点、衣身对位点，如三围线、袖肘线、开衩位、驳头缝领止点等，如4-34所示。而对于省道位置、口袋位置、纽扣位置的标注，一般采用直接在样板上打孔的方法，在裁片内对位点标注不是剪口点而是十字点，十字点的中点为裁剪站眼点，裁剪时用钻眼机在裁片上钻眼，多层定位，因此打孔点的标注不能直接采用省尖或袋口等部位的实际位置，要离省尖或袋口等处向内0.3cm左右，这样合省或上口袋时就能将站眼点覆盖上。需要说明的是，粗纺面料或天然纤维面料不易采用打孔的方法，可采用打线钉的方式定位，如图4-34所示。

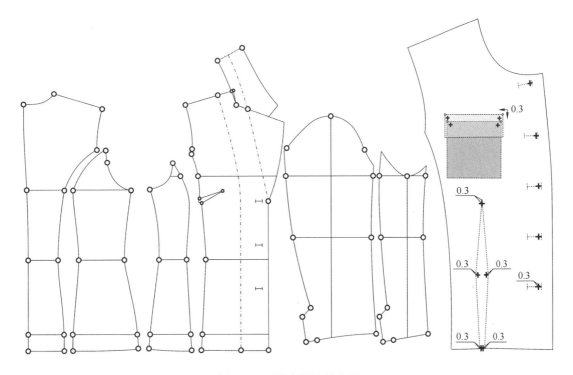

图4-34 对位点标注的位置

对剪口的绘制要求包括：剪口的打法应对应净缝线，直角剪口的剪口深度是0.3~0.5cm，绝对不能剪切到净线上，应注意剪开口的角度，其长度不能过长，这是由于在工业生产中剪口是用工业用裁剪刀推出的豁口，批量裁剪过程中极易出现误差，如图4-35所示。

（3）纱向线的标注。

纱向用于描述机织织物纱线的纹路方向。直纱向指织物长度方向上的纱线，而斜纱向指织物45°方向的纱线，如图4-36所示。

纱向线通常用双箭头符号表示，有些有倒顺毛或倒顺花的面料采用单箭头符号。纱向线的标注用以说明裁片排板的方向。裁片在排料裁剪时首先要通过纱向线来判断摆放的正确方向，其次要通过箭头符号来确定面料的状态。

需要说明的是，裁片的纱向标注必须贯穿全部纸样，片①由于前止口为水平直线可以判断裁片的纱向，但裁片②中，如没有纱向标注就不方便判断裁片的摆放方式，因此必须通过纱向线的标注来说明。

在实际裁剪中，必须用直角尺或丁字尺来测量裁片纱向与布边的距离，以保证裁片纱向线两端距水平布边的测量数据相等，以便矫正裁片的位置，如图4-37所示。

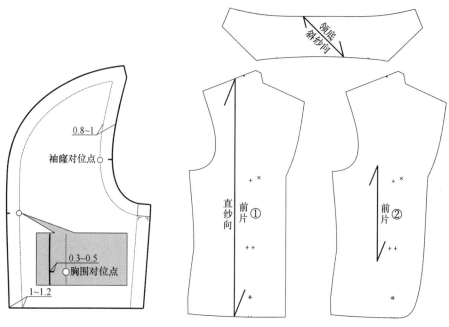

图4-35 对位点标注的要求

图4-36 纱向线的标注

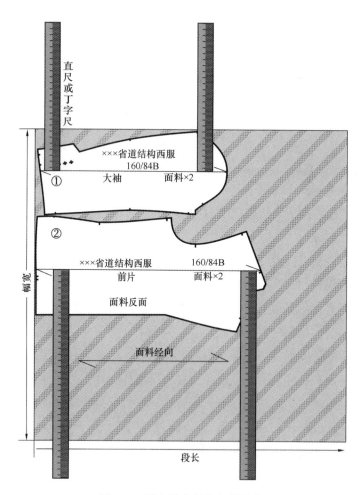

图4-37 纱向线在裁剪中的要求

（4）工艺符号的标注。

在工艺生产中，所有的对位符号（扣位、袋位等）、打褶符号、工艺符号等都要标准明确。全部的纸样需画上对位符号和纱向线，写明部件名称。另外，上下方向容易混同的纸样，要画出指向标志线。

标注裁片的注解一定要清楚准确，通常纸样上有四个注解：款式名称、尺码号、裁片名称、裁片数，如图4-38所示。

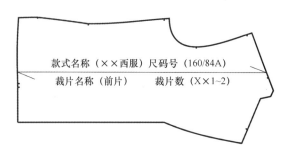

图4-38　裁片的标注方法

根据裁片的位置标注名称，要注意在标注不易识别裁片或分割线较多的裁片时，要在裁片的边线上写清楚部位名称，以便于制作，如图4-39所示。XXX西服的前侧下摆，不能只标注这四个对位点，因为这样不能分清裁片自身的方向位置，必须标注清楚裁片的准确位置，如侧缝下摆等。分割线较多的款式，在制板时除了可以标注清楚裁片准确的位置外，还可以给裁片按照编号加以说明，但需

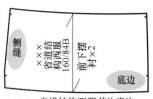

图4-39　不易识别的裁片标注

要在纸样上贴款式图说明或在裁片缝合线上标注不同的符号加以说明，如图4-40所示。

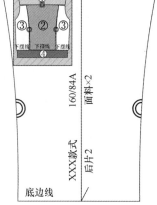

图4-40　拼接多的裁片标注

①款式名称。在企业里也称样板编号的设定，服装生产公司每年开发的款式少则几十款、多则几百款，而且款式变化较大，开发设计的款式和样板必须编号，这样才能方便生产管理。名称一般由代号+序数号组成：代号是由各种款式的中文拼音字母组成，如西服类、休闲类等；序数号可根据公司生产量设定3～4位数字，序数号001～999。不管是什么样的款式名称，重要的是在企业里纸样较多时，根据生产需求，其标注便于查找；但名称不能重复或过于烦琐。

设定样板号要考虑以下几个问题：

以前生产过的样板编号如：XF□□□，现在需要在此基础上进行一些调整，调整后的编号可设定为：XF（西服）/T□□□，T为"替"的拼音字母；如在某款样板基础上进行一些变动，而衍生出另一个款式或多个款式，可在原样板编号后缀-1、-2等，如XF□□□-1、XF□□□-2；如某款休闲服的面料采用针织或真皮拼接，可在原样板编号XX□□□上加后缀Z。

②尺码号。企业生产某一款式，规格很多，不管裁片大小每块样板都必须标注号型、体型规格。裁剪车间的裁片标注，应和样板的号型规格一致；缝制车间根据裁片标注缩号型尺码标，板样号型、体型规格必须准确无误。国家对女装尺码有统一标准，衣服标签上应按"身高/胸围"的方式进行标注，或者采用国际通用标准S、M、L、XL等区分大小号，如S（155/80A）、M（160/84A）、L（165/88A）、XL（170/92A）。

③裁片名称。服装上衣裁片一般分为：前片、侧片、后片、大袖、小袖、领子等，但有些时装、休闲装仅前片就分割为三、四片，因此，必须在样板上标注清楚部位的名称。

④裁片数。裁片数表明的是纸样的裁剪数量，服装款式大多数是左右对称的，一般情况下，在制图制板时只需绘制左右对称部位的一半。也有左右不对称的部位，如西服手巾袋、西裤门襟、里襟、时装不对称设计的款式等。概括起来分下列几种情况：左右完全对称的裁片在样板上标注×2，如前片、后片、大袖、小袖等；左右不对称的裁片在样板上标注×1，如门襟、里襟之类。

需要说明的是，在单量单裁的纸样中可以采用对折的纸样，在批量生产的工业纸样中，必须是完整的一片纸样，如图4-41所示。

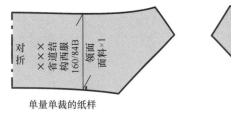

单量单裁的纸样

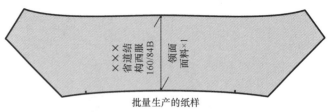

批量生产的纸样

图4-41　裁片数的标注

2.修正纸样

（1）完成纸样结构处理图。

基本造型纸样绘制之后，就要依据生产要求对纸样进行结构处理图的绘制。

①修正领面。在成衣制作时为防止领子翻折造成外口的止口倒吐，通常根据面料的厚度对纸样进行结构处理，通过翻折线将领面剪开向上移动0.3～0.7cm，其中薄面料向上移动0.3～0.5cm，厚面料向上移动0.5～0.7cm，之后重新绘制轮廓线，如图4-42所示。

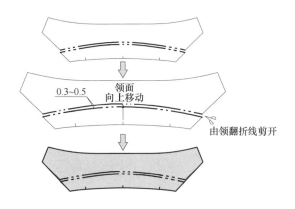

图4-42 领面的修正

②修正贴边。在成衣制作时为防止西服的驳头翻折造成外口的止口倒吐，通常根据面料移动0.3～0.5cm，厚面料移动0.5～0.7cm，重新绘制轮廓线，如图4-43所示。

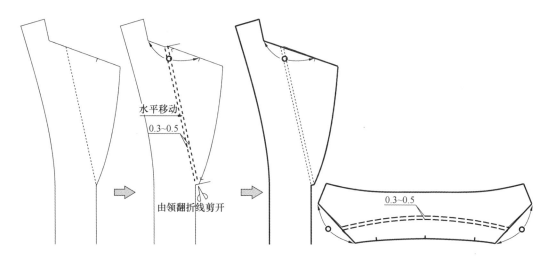

图4-43 贴边的修正及复核

（2）裁片的复核修正。

对成衣裁片的整合以及对裁片的结构处理要根据款式要求而定，如褶的处理、省道的转移等。本款西服前片下摆为整片结构，需要合并省份，整合后重新绘制轮廓线。作图时重叠的部分（侧颈点的前身和领子、臀围线上腋下缝的交叉部位、贴边、大袖和小袖）分别正确画好。其中袖子是重叠着修正，把小袖的纸样翻过来与大袖的纸样对应起来。凡是有缝合的部位均需复核修正，如领口弧线、领子、袖窿、下摆、侧缝、袖缝等，如图4-44所示。

图4-44　裁片复核

（3）省的复核修正。

有省的边线都需要修正。成衣中省的设计很多，常见的如侧缝省、裙腰省、裤腰省等。因为省边线指向裁片的分割线是斜线，会造成省边线两边的长度不相等，接缝后会有明显的亏缺，所以要复核修正。修正的原则是：缝制省后的接缝处应圆顺自然。这是把握产品质量的重要因素之一。根据这种要求，需要修正的主要有侧缝省、肩胛省等。在以后的纸样设计中，凡遇到此类情况都要进行纸样修正，如图4-45所示。

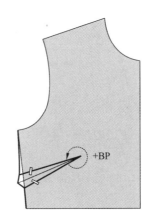

图4-45　省的复核修正

3.缝份的加放方法

在服装结构制图完成后，应根据生产需要在净样板的基础上加放必要的缝头。纸样不带有做缝（缝份），被称为净样板，它方便对纸样进行修正，但不能作为生产样板。净样板修改制图之后，需做出纸样的做缝，并剪下作为生产样板（毛板），即带有缝份的纸样。

缝头的加放是为了满足衣片缝制的基本要求，样板缝头的加放受多种因素影响，如款式、部位、工艺及服用材料等，在放缝时要综合考虑。服装样板缝头加放的一般原则如下：

①根据缝头的大小，样板的毛样线与净样线保持平行，即遵循平行加放原则。

②在肩线、侧缝、前后中心线等近似直线的轮廓线处缝头加放1～1.2cm。

③领口弧线、袖窿等曲度较大的轮廓线处缝头加放0.8～1cm。

④折边部位缝头的加放量根据款式不同，数值变化较明显。上衣、裙、裤底边折边处，一般加放3～4cm；对于近似扇形的底边，还应注意缝头的加放要能满足缝制的需要，即以底边折边线为中心线，根据对称原理做出放缝线。

⑤注意各样板的拼接处应保证缝头宽窄、长度相当，角度吻合。如两片袖的缝份加放，如果完全按平行加放的原则放缝份，在两个袖片拼合的部位会因为端角缝头大小不等而发生错位现象。因此对于净样板的边角均应采用构制四边形法，即延长需要缝合的净样线，与另一毛样线相交，过交点作缝线延长线的垂直线，按缝头画出四边形。

⑥对于不同质地的服装材料，缝头的加放量要进行相应的调整。一般质地疏松、边缘易于脱散的面料缝份较之普通面料应多放0.2cm左右。

⑦对于配里的服装，面料的放缝遵循以上所述的各原则和方法，里料的放缝方法与面料的放缝方法基本相同。但考虑到人体活动的需要，并且往往里料的强度较面料次之，所以在围度方向上里料的放缝要大于面料，一般大0.2～0.3cm，长度方向上由于底边的制作工艺不同，里料的放缝量也有所不同，一般情况下在净样的基础上加放缝份1cm即可。

为了更清晰地介绍样板放缝份的方法，现以本款女西装为例说明服装净样放缝份的基本方法。

（1）面板缝份的确定。

在服装结构制图过程中，由于采用的服装工艺不同，所放的缝份、折边量也不相同。不同的缝合方式对加缝份量有不同的要求。

常用的衣缝结构有分缝、来去缝、内外包缝等。如平缝是一种最常用的、最简便的缝合方式，其合缝的放缝量一般为0.8~1.2cm；对于一些较易散边、疏松布料在缝制后将缝份叠在一起锁边的常用1cm；在缝制后将缝份分缝的常用1.2cm；来去缝的缝份为1.4cm；假如包缝宽为0.6cm，两层包缝应放0.7~0.8cm缝份（直接缝合），包缝一层应放1.5cm缝份。

折边的不同处理也影响服装结构制图，通常有门襟止口、里襟止口，衣裙底边、袖口、脚口、无领的领口弧线、无袖袖窿等。对于服装的折边（衣裙下摆、袖口、裤口等）所采取的缝法，一般有两种情况：一是锁边后折边缝，二是直接折边缝。锁边折边缝的加放缝即为所需折边的宽度，如果是平摆的款式，春夏上衣一般为2~2.5cm，秋冬上衣为3~4cm，裤子、西装裙一般为3~4cm，有利于体现裤子及裙子的垂性和稳定性；如果是有弧度形状的下摆和袖口等，一般为0.5~1cm，而直接折边缝一般需要在此基础上加0.8~1cm的折进量；对于较大的圆摆衬衫、喇叭裙、圆台裙等边缘，应尽可能将折边做得窄一些，将缝份卷起来作缝即为卷边缝，卷边宽度为0.3~0.5cm，故此边所加的缝份为0.5~1cm；如果是很薄的而组织结构较结实的面料可考虑不加缝份直接锁边，也可作为装饰。

对于门、里襟止口，一般可以采取加贴边和连贴边两种形式，门、里襟止口为直线时，一般采用连贴边，门、里襟止口非直线时，如西装一般采取加贴边。西服底边折边在贴边处一般为1~1.2cm。

对于无袖、无领款式，一般可以采取贴边、翻边、绳条三种形式。对于采用贴边的袖窿，在袖窿处只需放1cm缝份，对于采取翻边处理的袖窿，在袖窿处只需加放翻边宽度，对于采取绳条处理的袖窿，在袖窿处无须加放缝份。

对于肩部需要装垫肩的服装，需要减小肩部倾斜度，对于需要加衣里的服装，在配制里子样板时要比面子样板稍大，以免里子牵制面料，影响服装的外观造型。在拐角的地方缝份要延长，将缝份做成非常精确的直角。加缝份需考虑的因素有：

第一，布料的厚度。做缝的标准往往根据所使用布料的薄厚而定，也同时考虑如产品档次、缝型、特殊工艺要求、单件缝制习惯等其他因素。按布料种类制订做缝的标准主要用于大批量成衣生产。

厚呢子、粗纺呢等厚织物的做缝是1.3~1.5cm；花呢、薄呢、精纺毛织物、中长织物等中厚织物的做缝为1cm；棉、麻、丝、薄化纤织物、针织面料等薄织物的做缝是0.8~1cm。

第二，织物结构。依据服装面料组织紧密不同确定不同缝合方式，并对加缝份有不同要求。

按照布料厚薄的区别可划分薄、中、厚三种放缝量，薄型面料的服装纸样放缝量一般为0.8cm，中型为1cm，厚型为1.5cm。

第三，缝合的要求。

①弧度的要求。接缝弧度较大的地方放缝要窄，如袖窿、领口弧线等处，因为弧度的缘故，缝份太大会产生皱褶。生产纸样的放缝设计尽可能整齐划一，这样有利于提高生产效率，同时也有利于提高产品质量。领子和领口弧线的放缝为0.8~1cm，缝制后统一修剪领口弧线处的缝份为0.5cm，这样既可以使领口圆弧部位平服又可以避免因布料脱散而影响缝份不足。

②缝合方式的要求。平缝的放缝量一般为1~1.2cm；对于一些较易散边、疏松的布料在缝制后将缝份叠在一起锁边的常用1cm；在缝制后将缝份劈缝的常用1.2cm。

（2）里板缝份的确定。

为了适应人体的伸展活动需要，里料应留出较面料多的松量，方式是在裁剪时里料比面料的缝份多出0.3~0.5cm，后中缝的里料备放量尤需加大，通常采用2~3cm。后中缝缝合里料时，比净板位置的记号少缝0.5cm，其少缝的量作为褶（俗称"眼皮"）储备起来以作为后背部的活动量。

底边为适应面料的伸展而留出1.5~2cm缝份，在暗缲缝时同样留出"眼皮"量，里料在和底边拼合时要比衣片下摆缝头多0.5~1cm，这样可避免与衣身底边扦合的时候不会太厚，如图4-46所示。高级成衣的袖窿下面的缝份处于直立状态，缝份要用袖里包住，所以袖里的缝份是袖面缝份的3倍（约3.5cm）。

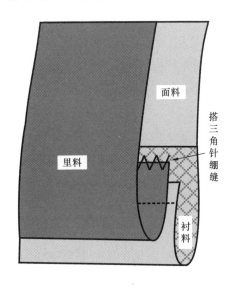

图4-46　里料底边缝制示意图

（3）衬板缝份的确定。

在补正之后裁剪的衣片、贴边、领面、领底、衣身底边、袖口等处粘贴黏合衬，做上标记。为防止黏合衬渗漏，衬的缝份需比缝份小0.2～0.3cm；如果衬的层数较多，缝份需要阶梯式处理，如图4-47所示。为使驳头更挺实，衣身面料的驳头使用加强衬，加强衬也可不留缝份。

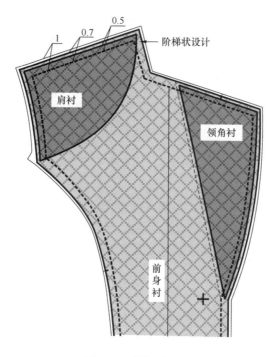

图4-47　衬板的处理

（4）缝份角处理。

缝份加放时要注意缝合后缝头的倒向，在袖窿处注意延伸画法及打角，如图4-48所示。在大小袖缝袖山拼接处对缝制缝份的缝角进行直角处理，如图4-49所示。直角处理之后会出现两种情况，分别是：不打角的缝份处理及缝合的状态［图4-48（a）］；打角的缝份处理及缝合的状态［图4-48（b）］。不打角的缝份处理会造成两个拼接缝份的长度不相等，缝合劈缝清剪后形成与裁片吻合的缝份状态；打角的缝份处理造成两个拼接缝份的长度相等，但缝合之后，会出现图中所示的袖窿缝份不足的情况，特别是在不带里料的情况下。因袖窿缝份处理而产生的不足，应如图进行角的处理，并注意下剪刀的位置。为了减小工艺缝制中的误差，通常采用打角的缝份处理。

（5）底边反切角的处理。

一般底边折边量3～4cm，为保证底边的圆顺，底边要随着侧缝进行起翘，其弧度构成近似扇形；在缝制时要向衣身方向进行扣折，因此应使缝头的加放满足缝制的需要，即以底边折边线为中心线，根据对称原理做出放缝线，在底边折边处要注意反切角的处理，如图4-50所示。

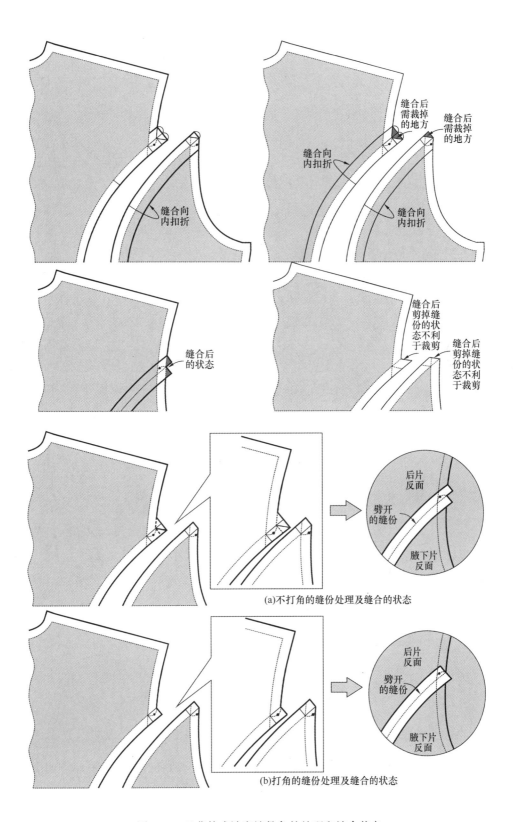

缝合后
需裁掉
的地方

缝合后
需裁掉
的地方

缝合向
内扣折

缝合向
内扣折

缝合向
内扣折

缝合后
的状态

缝合后
剪掉缝
份的状
态不利
于裁剪

缝合后
剪掉缝
份的状
态不利
于裁剪

后片
反面

劈开
的缝份

腋下片
反面

(a)不打角的缝份处理及缝合的状态

后片
反面

劈开
的缝份

腋下片
反面

(b)打角的缝份处理及缝合的状态

图4-48　刀背款式袖窿缝份角的处理和缝合状态

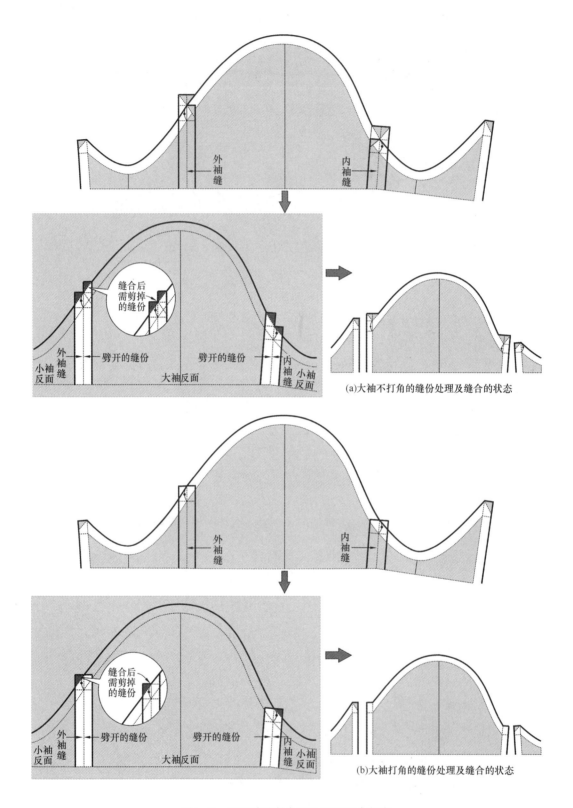

图4-49　西服袖缝份角的处理和缝合状态

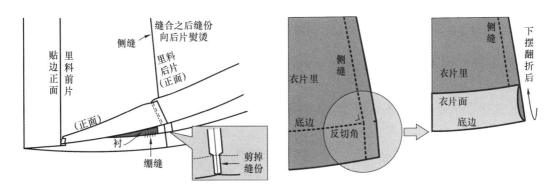

图4-50　反切角的处理

（6）前片底边贴边处的处理。

前片下摆贴边处的缝份要与贴边缝合，缝合后向上扣折，不用留得过大，要注意清剪，通常缝份是1～1.2cm，如图4-51所示。

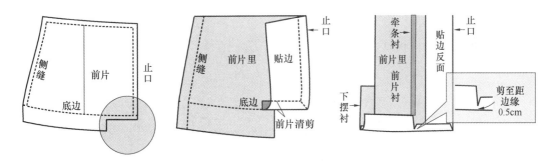

图4-51　前片底边贴边处的处理

4.复核全部纸样

复核后的纸样经裁剪制成样衣，以检验纸样是否达到了设计意图，这种纸样称为"头板"。虽然结构设计是在充分尊重原始设计图的基础上完成的，但经过复杂的绘制过程，净样板与最终板型会存有一定的误差，因此应在净样板完成后对样板规格进行复核。此外，服装是由多个衣片组合而成，衣片的取料、衣片间的匹配等因素直接影响服装成品的质量，为了便于在缝制过程中准确、快捷地缝合各衣片，样板在完成轮廓线的同时还应标识必要的符号，以指导裁剪缝制等各工序的顺利完成。样板的复核通常包括以下内容：

对非确认的纸样进行修改，调整甚至重新设计，再经过复核成为"复板"制成样衣，最后确认为服装生产纸样。除复核面料纸样外，还有里料纸样、衬料纸样、净板纸板等。

（1）对规格尺寸的复核。

依照已给定的尺寸对纸样的各部位进行测量，围度值及长度值均需仔细核对。实际完成的纸样尺寸必须与原始设计资料给定的规格尺寸吻合。在通常情况下，原始设计资料都会给定关键部位的规格尺寸、允许的误差范围及正确的测量方法。净样板完成后，必须根据原始设计资料所要求的测量方法对各关键部位进行逐一复核，保证样板尺寸满足于原始设计资料。

（2）对各缝合线的复核。

服装各部件的相互衔接关系，需要在纸样制作好后，检查袖窿弧线是否圆顺；检查服装底边和袖口弧线是否圆顺；检查袖山弧线和袖窿弧线长度差值；检查领口弧线和缩领口弧线长度是否相等；检查衣身前后侧缝长度、袖缝长度是否相等。不同衣片缝合时根据款式的造型要求，会做等长或不等长处理。对于要求缝合线等长的情况，净样板完成后，必须对缝合线进行复核，保证需要缝合的两条缝合线完全相等。对于不等长的情况，必须保证两条缝合线的长度差与结构设计时所要求的吃势量、省量、褶量或其他造型方式的需求量吻合，以达到所要求的造型效果。

（3）对位记号的复核。

制板完成后为了指导后续工作必须在样板上进行必要的标识，这些标识包括对位记号、纱向线、样板名称、尺码及数量等。

（4）样板数量的确定。

服装款式多种多样，但无论繁简，服装往往都由多个衣片组成。因此在样板完成后，需核对服装各裁片的样板是否完整，并对其进行统一的编号，不能有遗漏，以保证成衣的正常生产。

五、工业毛板的制作

在绘制服装结构制图时并不是单纯地绘制服装结构图，而是把服装款式、服装材料、服装工艺三者进行融会贯通，只有综合考虑，才能使最后的成品服装既符合设计者的意图，又能保持服装制作的可行性。

1.影响服装结构制图的因素

服装是由不同的材料经过一定的工艺手段组合而成，服装面料由于采用的原料、纱线、织物组织、加工手段等不同而具有不同的性能，主要在材料质地、缩率、经纬丝缕三个方面影响服装结构制图。

（1）不同的材料所具有的性能不同。

对于轻薄柔软的面料，斜丝缕处应适当进行减短和放宽，以适应斜丝缕的自然伸长和横缩；对于质地比较稀疏的面料，要加宽缝份量，以防止脱纱需要；对于有倒顺毛、倒顺花的面料，在服装结构制图时要在样板上注明，以免出现差错。

（2）材料的缩率也影响服装结构制图。

我们在学习结构制图时，通常情况下都以成衣尺寸直接制板，但服装材料的性质也会影响成衣的规格尺寸。对制图尺寸影响最大的就是材料的缩率，包括水洗缩率、熨烫缩率、热烫缩率等，在服装结构制图时要将测量出来的缩率值计算在规格尺寸中。以一款棉质裤装为例，含棉量较高的材料在制作完成后要经过水洗后整理，在制板时先加上水洗缩率即可。对于制作西服的面料要在样板上加上熨烫缩率、热烫缩率即可。

（3）材料的经纬丝缕对制图的影响。

一般裤长、衣长、袖长、裤腰取经向，经向不易变形，性质稳定，而绲条、喇叭裙等一般取斜向，斜向伸缩弹性大，富有弹性，易弯曲延伸。

2.本款女西装工业板的制作

本款女西装工业板的制作如图4-52～图4-58所示。

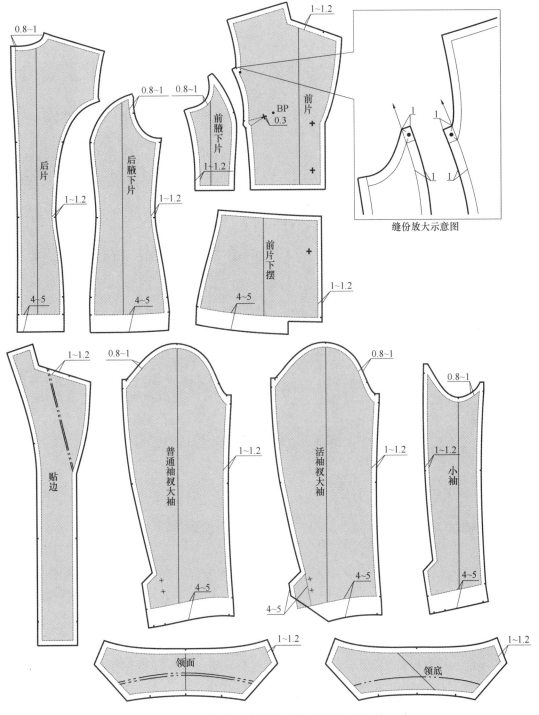

图4-52　省道刀背结构西服面板的缝份加放

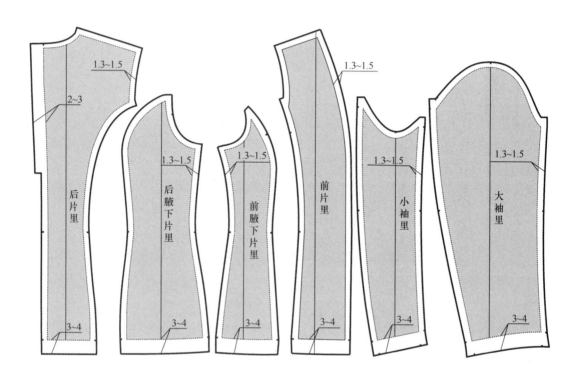

图4-53　省道刀背结构西服里板的缝份加放

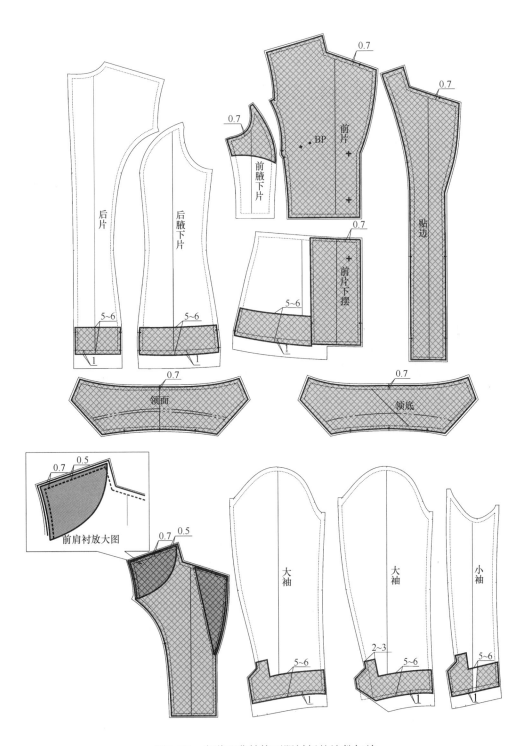

后片

后腋下片

前腋下片

前片

BP

贴边

前片下摆

领面

领底

前肩衬放大图

大袖

大袖

小袖

图4-54　省道刀背结构西服衬板的缝份加放

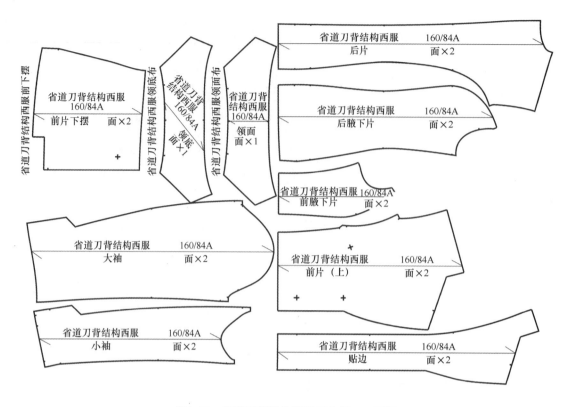

图4-55　省道刀背结构西服工业板——面板

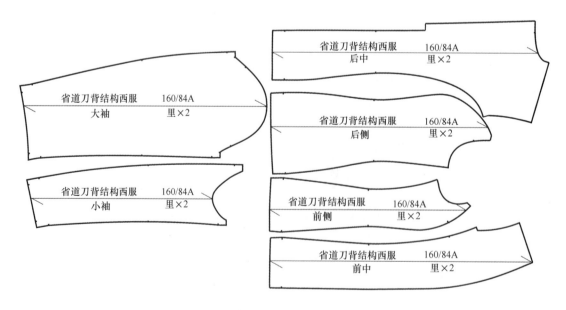

图4-56　省道刀背结构西服工业板——里板

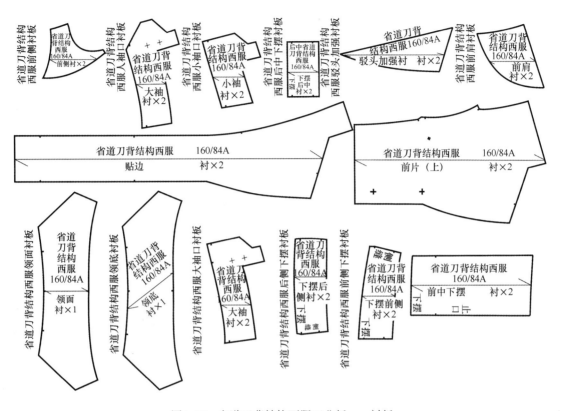

图4-57 省道刀背结构西服工业板——衬板

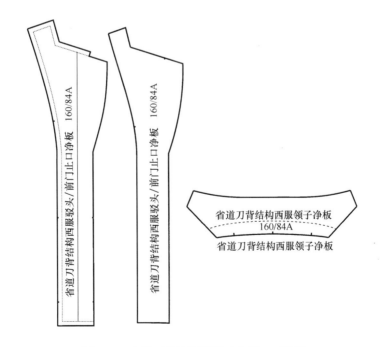

图4-58 省道刀背结构西服工业板——净板

第三节　公主线结构西服设计实例

公主线结构最能突出女性的体型，是女西服结构设计的重点，也是常见女西服的经典结构之一。本节主要介绍公主线西服的结构设计原理，本节主要学习公主线西服胸凸量的解决方案和胸腰差的比例分配方法；后背分割线的结构设计、纽扣位置的设定、贴边的结构设计要求及西服领子的分裁制图方法。

一、款式说明

本款服装为公主线结构西服，造型简约、修身，腰部收腰处理，下摆是褶裥式造型设计，很好地修饰了体型。衣领为圆角平驳翻领，领边缘呈弧线形；肩部为自然肩型；前门襟下摆为圆摆，如图4-59所示。

面料采用薄面料，可选择驼丝锦、贡丝锦等精纺毛织物或毛涤等混纺织物；里料采用的100%醋酸绸属高档仿真丝面料；使用黏合衬做成全衬里。

（1）衣身构成：分割线过人体的凹凸点，属于四片分割线造型的八片衣身结构，衣长在腰围线以下20~24cm。

（2）衣襟搭门：单排扣，下摆为圆摆。

（3）领：V形平驳头翻领，领子采用分裁的结构设计。

（4）袖：两片绱袖，有袖开衩，袖衩为可以开合的设计。

（5）垫肩：1cm厚的包肩垫肩，在内侧用线襻固定。

二、面料、里料、辅料的准备

图4-59　公主线结构西服效果图

1.面料

幅宽：144cm或150cm、165cm。

估算方法为：（衣长+缝份10cm）×2或衣长+袖长+10cm，如果是对花对格时需要适量追加用料。

2.里料

幅宽：90cm或112cm。

估算方法为：衣长×3。

3.辅料

（1）厚黏合衬。幅宽：90cm或112cm，用于前衣片、领底。

（2）薄黏合衬。幅宽：90cm或120cm（零部件用），用于侧片、贴边、领面、后背、下摆、袖口以及领底和驳头等部位的加强（衬）。

（3）黏合牵条。直丝牵条：1.2cm宽；斜丝牵条：1.2cm宽，斜6°；半斜丝牵条：0.6cm宽。

（4）垫肩。厚度：1cm，绱袖用1副。

（5）袖棉条。1副。

（6）纽扣。直径2cm，2粒（前搭门用）；直径1.2cm，4粒（袖开衩用）；垫扣0.5cm，2粒（前搭门用）。

三、结构制图

制图线和符号要按照第一章的制图要求正确画出，如图4-60所示。

图4-60　公主线结构西服款式图

1.确定成衣尺寸

要制作合体的服装，需要正确地测量人体的尺寸，测量尺寸的方法参看第一章。

成衣规格：160/84Y，根据我国使用的女装号型标准GB/T 1335.2—2008《服装号型　女子》，基准测量部位以及参考尺寸见表4-3。

表4-3　成衣系列规格表　　　　　　　　　　　　　　单位：cm

名称 规格	衣长	袖长	胸围	腰围	臀围	底边围 （不含褶）	袖口	袖肥	肩宽
档差	±2	±1	±4	±4	±4	±4	±1	±1	±1
155/80（S）	58	56	92	73	98	102	23	32	37

续表

名称 规格	衣长	袖长	胸围	腰围	臀围	底边围 （不含褶）	袖口	袖肥	肩宽
160/84（M）	60	57	96	77	102	106	24	33	38
165/88（L）	62	58	100	81	106	110	25	34	39
170/92（XL）	64	59	104	85	110	114	26	36	40
175/96（XXL）	66	60	108	89	114	118	27	37	41

2.制图步骤

公主线结构西服属于八片结构套装典型纸样，这里按图例分步骤进行制图说明。

第一步　建立成衣的框架结构：确定胸凸量（横向）

结构制图的第一步十分重要，要根据款式分析结构需求，由款式图分析该款式为合体西服，首先建立成衣框架，解决胸凸量的问题。

（1）作出衣长。在后中心线上向下取背长值37cm～38cm，画水平线，即腰围辅助线。在腰围辅助线上放置后身原型，由原型的后颈点向下在后中心线上取衣长，画水平线，即底边辅助线。

（2）胸围线。由原型后胸围线画水平线。

（3）腰线。由原型后腰线画水平线，将前腰线与后腰线复位在同一条线上。

（4）臀围线。从腰围线向下取腰长20～25cm，画水平线，成为臀围线，三围线呈平行状态。

（5）腰线对位。腰围线放置前身原型采用的是适体型胸凸量解决方案，建立合理公主线西服结构框架，如图4-61所示。

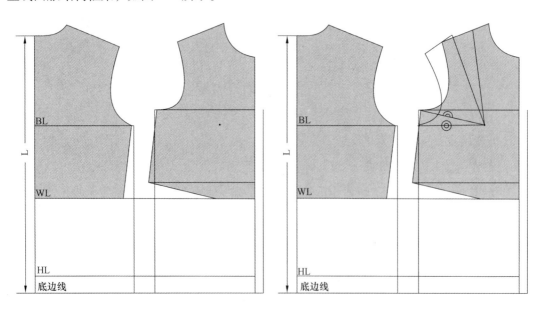

图4-61　公主线结构西服框架图和公主线结构西服胸腰对位分析

（6）解决胸凸量方案。由袖窿线绘制公主结构线，并剪开到BP点，合并腋下胸凸省量，将其转化为袖窿的胸凸省量，前胸围线与后胸围线复位，与腰围线、臀围线平行，如图4-61所示为公主线西服胸腰对位分析。

（7）前中心线。由原型前中心线延长至底边线，成为前中心线，如图4-61所示。

（8）前止口线。与前中心线平行2~2.5cm处绘制前止口线，并垂直画到底边线，成为前止口线。秋冬装要追加0.5~0.7cm作为面料的厚度消减量，如图4-61所示。

第二步 建立成衣的框架结构：解决胸腰差比例分配（纵向）

第一步完成后，就要根据款式要求解决胸腰差比例分配。

在服装结构制图中胸腰差比例分配采用 $\frac{1}{2}$ 状态，本款式胸腰差为19cm，因此需要解决9.5cm胸腰差。

公主线结构属于八片身紧身造型，根据该款式需求，胸腰差由五处来进行分解。后中心线、后公主线、后侧缝线、前侧缝线、前公主线，分配方法见表4-4。

表4-4 公主线结构西服胸腰差比例分配表

单位：cm

部位 尺寸	后中心线	后公主线	后侧缝线	前侧缝线	前公主线
胸腰差值	1	3	1.5	1.5	2.5
	1.5	3	1.25	1.25	2.5
	1	2.5	1.75	1.75	2.5
	1	3	1.25	1.25	3

（1）后胸围线。在胸围线上由后中心线交点向侧缝方向确定成衣胸围尺寸，该款式胸围加放12cm，在原型的基础上放2cm，放量较小，不用过多考虑前后片的围度比例分配，在后胸围线上加放0.5cm即可。作胸围线的垂线至底边线，如图4-62所示。

（2）前胸围线。在胸围线上由前中线交点向侧缝方向确定成衣胸围尺寸，由前胸围线加放0.5cm即可。作胸围线的垂线至底边线，如图4-62所示。

（3）后中心线。按胸腰差的比例分配方法，在腰线收进1cm，再与后颈点至胸围线的中点处连线并用弧线画顺，如图4-62所示。

（4）后公主线。按胸腰差的比例分配方法，在肩线上由侧颈点取设计量值4~5cm，取省大1.5cm；由后腰节点在腰线上取设计量值7~8cm，取省大3cm，在后公主线省的中点作垂线画出后腰省，由肩省点连接腰省点画顺公主线，如图4-62所示。

（5）后侧缝线。按胸腰差的比例分配方法，由腰线和胸围线的交点收腰省1.5cm，后侧缝线的状态要根据人体曲线设置，并测量其长度，如图4-62所示。

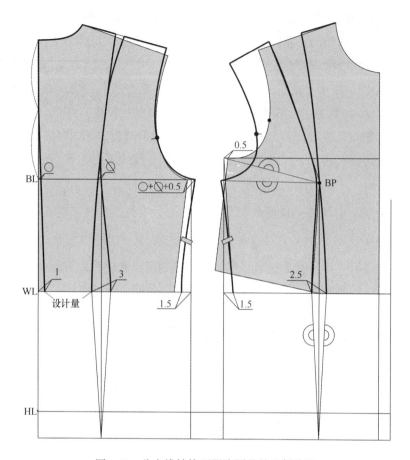

图4-62　公主线结构西服胸腰差的比例分配

（6）前侧缝线。按胸腰差的比例分配方法，由腰线和胸围线的交点收腰省1.5cm，前侧缝线的状态同样要根据人体曲线设置，并根据后侧缝线的长度由腰线向上取等量后侧缝长，剩余量为前胸凸量。由前公主线剪开，以BP点为圆心，闭合胸凸量，打开肩部公主省。画出新的前侧缝线，如图4-63所示。

（7）前公主线。由BP点作垂线至底边线，该线为省的中线，在前肩上取与后肩分割线等量的量值4～5cm；在腰线上通过省的中心线取省大2.5cm，省的位置可以根据款式需求设计，通常的情况是由BP垂线在腰线上向两边平分，如图4-64①所示；分割线设计采用偏直的效果如图4-64②所示；收腰效果更明显采用图4-64③所示。

第三步　衣身作图

（1）衣长。由后中心线经后颈点往下取衣长60～65cm，或由原型自腰节线往下22～27cm，确定底边线位置，如图4-65所示。

（2）胸围。加放12cm，在原型的基础上放2cm，则前后胸围处各放0.5cm。

（3）领口。春夏季，内着装较少，可以不考虑横领宽的开宽，保持原型领口不变。

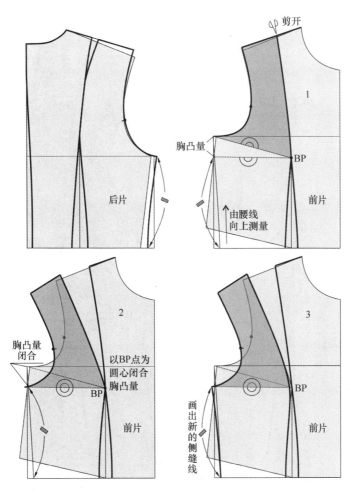

图4-63　公主线结构西服胸凸量处理

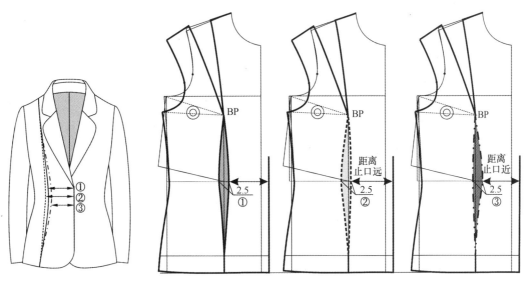

图4-64　前公主分割线的设计

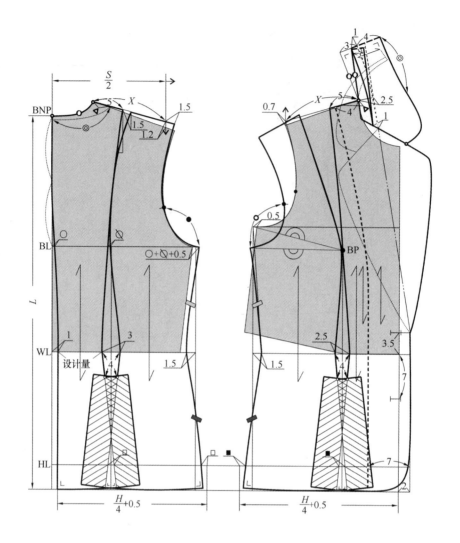

图4-65　公主线结构西服衣身结构图

（4）后肩宽。由后颈点向肩端方向取水平肩宽尺寸的一半（38÷2=19cm），作垂线交于原型的后肩斜线。

（5）后肩斜线。设计垫肩厚1.2cm，在水平肩宽的垂线上，由原型后肩斜线的交点提高1.2cm垫肩量，然后由后侧颈点连线画出新后肩斜线X，将新的后肩斜线延长1.5～1.8cm的肩胛省量，该量作为后肩胛省量，确定出新的后肩端点，如图4-66所示。

（6）前肩斜线。在前片原型肩端点往上提高0.7cm的垫肩量，然后由前侧颈点连线画出新的前肩斜线，前肩斜线长度取后肩斜线长度X，确定出新的前肩端点，不含1.5～1.8cm的肩胛省量，如图4-66所示。

（7）后袖窿线。由新肩端点至腋下胸围点作出新袖窿曲线，新后袖窿曲线可以考虑追加背宽的松量0.5cm，但不宜过大。

（8）后袖窿对位点。要注意袖窿对位点的标注，不能遗漏，如图4-67所示。

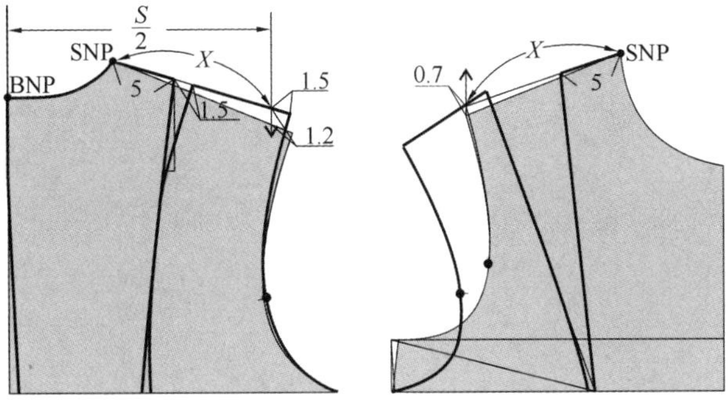

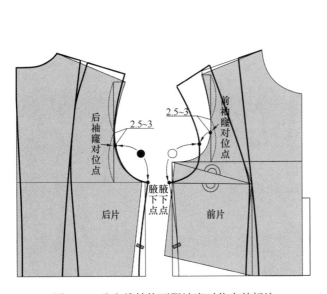

图4-66 公主线结构西服肩部结构处理

（9）前袖窿线。由新肩端峰点至腋下胸围点作出新袖窿曲线，此处春夏装通常不追加胸宽的松量。

（10）前袖窿对位点。要注意袖窿对位点的标注，不能遗漏，如图4-67所示。

（11）后中心线。按胸腰差的比例分配方法，在腰线和底边处分别收进1cm，再将后颈点至胸围线的中点处连线并用弧线画顺，由腰节点至底边线作垂线，如图4-68所示。

图4-67 公主线结构西服袖窿对位点的标注

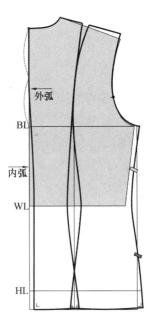

图4-68 后中心线画法

（12）后公主线。按胸腰差的比例分配方法，在肩线上由侧颈点取设计量值4～5cm，取省大1.5cm，由后腰节点在腰线上取设计量值7～8cm，取省大3cm，由后公主线省的中点作垂线画出后腰省，如图4-65所示。

绘制后公主线时需要注意分割线位置的设计，如图4-69所示。

①后公主线在腰线位置的确定。由后腰节点在腰线上所取的分割线位置取决于设计

量值，因此在绘制该线时需要考虑款式设计的需要。通常情况下，分割线的位置以背宽的中点作为平分点，如图4-69中的线①，实际上分割线的位置受款式需求、面料等方面的制约。以单色面料为例，款式上分割线的位置相对于后中心线的距离来说，离后中心线越近，人眼的错觉越会使我们觉得有收腰的效果，感觉上显瘦，如线②。同理，离后中心线的距离越远，块面感越强，感觉上显胖，如线③。

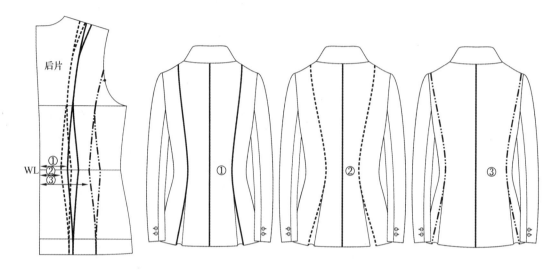

图4-69　不同后公主线的位置的视觉效果

如果是条格面料或团花图案的面料，为了防止分割线破坏格型或花型，通常分割线会选择在比较靠近侧缝线的位置，如图4-70③所示。

②后公主线在后肩位置的确定。后公主线在肩部的位置同样也取决于设计量，再由腰省点向上分别开始画顺后公主分割线。除了需要考虑设计要求外，还应该考虑到工艺制作对公主线弧度的要求——曲度尽量不要过大。在缝制过程中，弧度过大容易造成后衣片的不平服。

图4-70　针对花型面料后片分割线的距离设计

正确的画法是要参考款式图的设计意图，如图4-71（a）所示。

如果为了保证两条线的圆顺度，将两条线任意分开，会导致后背宽的尺寸不够，是错误的画法，如图4-71（b）所示。

肩胛省与分割线交点重合的位置不能太靠下，如果偏离了肩胛凸点，也是错误的画法，如图4-71（c）所示。

由于人体的平衡，背部分割线的交点在胸围线以上，分割线会减小胸围尺寸，这个量要由侧缝补正。背部分割线的交点要根据人体的状态，如果交点过于靠上，是错误的画法，如图4-71（d）所示。

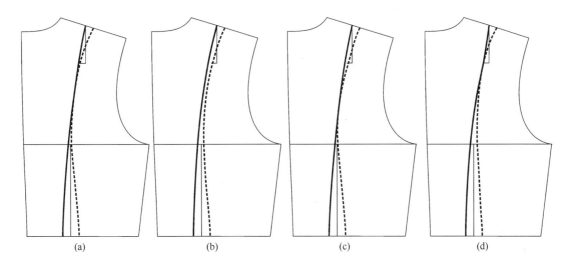

图4-71 后公主线的合理设计

（13）前公主线。由BP点作垂线至底边线，该线为省的中线，在腰线上通过省的中心线取省大2.5cm，分割点在肩线的位置要根据后肩线的取值需求确定，然后由腰省点分别开始向上连结分割点，最后要把前侧缝胸凸量转移至前公主线中。

（14）前、后臀围线。由于后中心线收腰去掉1cm，在臀围线上从后中心线向前中心线量取臀围的单片尺寸 $\frac{H}{4}-0.5=25cm$；在臀围线上从前中心线向后中心线量取臀围的单片尺寸 $\frac{H}{4}+0.5=26cm$。

在臀围线上，由于臀围尺寸较大，不能直接与腰围线连线，这样会造成臀腰差过大，要将超出的臀围量值分配到公主线的分割线中。要注意的是，下摆的加放量的方法通常是由后中至侧缝逐渐加大。例如：如果臀围超出量值为3cm，可以将1.5cm保留在侧缝，将剩余的1.5cm（■或□），分配到公主线的分割线当中，臀围的单片放量值分别为0.75cm，根据下摆放量的原则，后中心线臀围线放量值为0cm，后中公主线臀围线放量值为0.75cm，后侧公主线臀围线放量值为0.75cm，后侧缝臀围线放量值为1.5cm，如图4-72所示。

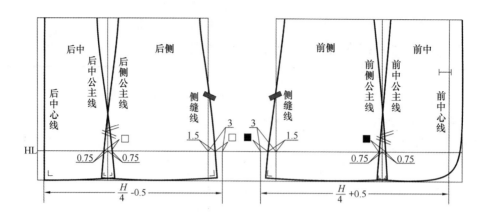

图4-72　公主线西服臀围结构设计

（15）前、后片下摆分割线褶裥。该褶裥为对褶，褶大的总量为设计量8cm，自腰线分别由前、后中公主线、前、后侧公主线向下摆方向取设计量4cm，再分别作前、后中公主线、前、后侧公主线的垂线，取褶宽4cm，与分割线保持平行，交于底边线辅助线长度为H，取H长、8cm宽作褶裥垫量，如图4-73所示。

（16）侧缝线。按胸腰差的比例分配方法，由腰线和胸围线的交点收腰省1.5cm，后侧缝线的状态要根据人体曲线设置，后侧缝线由两部分组成。

①腰线以上部分：画好腋下点至腰节点，并测量该长度。

②腰线以下部分：由腰节点经臀围点连线至下摆线的长度，并测量腰节点至下摆点的长度。

（17）底边线。在底边线上，为保证成衣底边圆顺，底边线与侧缝线要修正成直角状态，底边线与前后分割线也要修正呈直角状态，起翘量根据下摆放量的大小而定，下摆放量越大，起翘量越大，如图4-74所示。

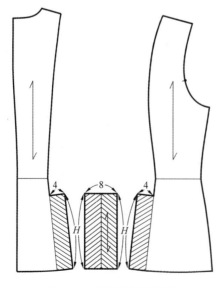

图4-73　褶裥的结构设计

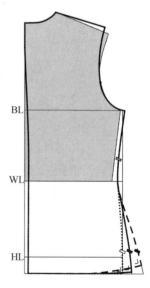

图4-74　下摆起翘

（18）前止口线。前搭门宽2cm，由止口消减量线向右2cm处绘制前止口线，并垂直画到底边，成为前止口线。

（19）作出贴边线。在肩线上由侧颈点向肩点方向取3～4cm，在底边线上由前门止口向侧缝方向取7～9cm，两点连线，成为贴边线。需要说明的是，在绘制贴边线时，要尽量减小曲度。其原因是：易与里料缝合，使里料易于裁剪，并最大限度保证里料与面料布纹相合。如图4-75所示，线迹①的曲度较小，但布丝全部是斜纱；线迹②全部纱向是斜纱，不易与里料缝合；线迹③的上半部分曲度过大，不易与里料缝合。

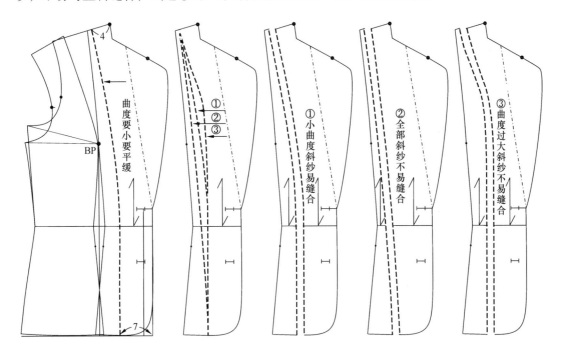

图4-75　公主线西服贴边设计

（20）纽扣位的确定。确定纽扣位首先要考虑的是设计因素，门襟的变化决定了纽扣位置的变化。纽扣位置在搭门处的排列通常是等分。

对一般上装而言，最关键的是最上和最下一粒纽扣位的确定。最上面一粒纽扣位与衣服的款式有关。最下面一粒纽扣位的确定，不同种类的服装有不同的参照：衬衫类常以底边线为基准，以向上量取衣长的$\frac{1}{3}$ -4.5cm左右来定；套装或外套类服装常与袋口线平齐，在通常情况下，扣位的设计不要直接设计在腰线上，影响人体坐下时的舒适性。

本款式第二粒扣取在腰围线下7cm，扣距为12cm，第一粒扣位的止口边点即是领翻折线的底点，如图4-65所示。

（21）纽扣位的画法。在工业生产制图中，纽扣位的画法又分为扣位的画法和眼位的画法两种。在结构制图中要准确标注是扣位还是眼位，如图4-76所示。

①扣位的画法：通常不需要锁眼的扣位，在服装中标注为圆形十字扣，十字中心既是

钉扣点，圆的大小即扣子的直径，常用在西服的袖口、双排扣西服的前门内侧。

②眼位的画法：眼位又分为横眼和竖眼两种，通常要根据服装的要求来确定是横眼，还是竖眼，横眼通常用在西装、风衣等服装中，是多品种服装常用的；竖眼常用在衬衫中。

眼位的画法还要考虑是锁圆头眼（净眼：先开刀后锁眼）还是平头眼（毛眼：先锁眼后开刀），如图4-77所示。扣眼的位置并不完全与纽扣的位置相同，横向的扣眼要向前止口方向偏出前中心线，由前中心线往止口方向取0.2~0.3cm，确定扣位的外侧一边，再由扣位边向衣身方向取扣眼大2.2~2.3cm；扣眼宽度根据面料的厚薄和纽扣的大小厚度而变化，如图4-76所示。

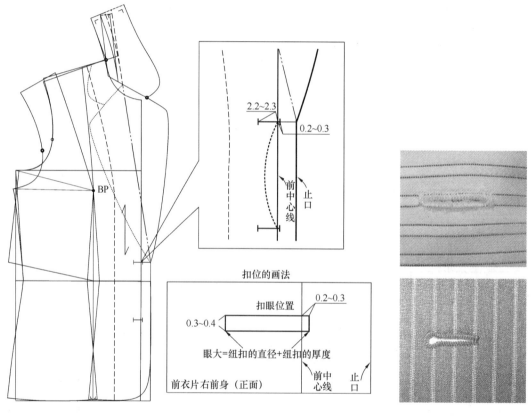

图4-76　纽扣位的画法

图4-77　扣眼的样式

第四步　分裁西服领子作图（领子结构设计制图及分析）

通常的西服领子造型是一片翻领，由于要满足领外口线的长度，要将领子进行倒伏处理，这样会造成领翻折线的长度大于缩领口线（领底线）的长度，不符合人体的颈部下大上小的结构。由图4-65可以看出，领翻折线即是西服领座的领上口线，也就是说领座领上口线尺寸大于领下口线的长度，这样制成的西服领的领翻折线会远离人体颈部。要想使西服领符合颈部造型就需要使领座领上口线尺寸减小，本款我们通过分裁西服领解决领子不抱脖的问题，如图4-78所示。

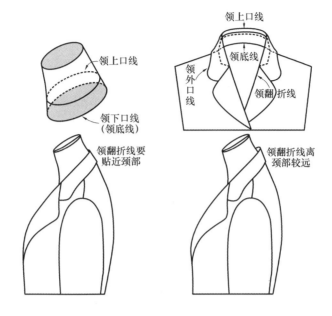

图4-78　西服领示意图

（1）领口弧线。前后领口可以按原型领口设计，如图4-65所示。

（2）领翻折线。

①先由前侧颈点沿肩线放出2.5cm（按后领座高-0.5cm），确定领翻折起点。

②将第一粒扣位延长到前止口边，确定领翻折止点。

③连接领翻折起点、领翻折止点，画出领翻折线（驳口线）。

（3）前领子造型。根据款式图的样式绘制驳头结构造型，如图4-65所示。

（4）串口线。根据服装款式作出领串口线。

（5）驳头宽。在领翻折线与串口线之间截取驳头宽要垂直于领翻折线。

（6）驳头外口线。由驳头尖点与翻折止点连线，驳头外口线的弧线造型根据款式造型而定。

（7）领嘴造型。领嘴造型根据款式造型而定。

（8）前翻领外口弧线。在前肩线由侧颈点向肩点方向取设计量值△，由该点与前领嘴宽点连线，画出前翻领上的领外口弧线，如图4-65所示。

（9）后翻领外口弧线。在后肩线由侧颈点向肩点方向取设计量值△，确定一点，将该点与在后中心线上由后颈点向底边方向0.5cm点连线，画出后翻领上的领外口弧线◎，并测量该数值，可根据前后肩线调整领外口线的圆顺程度，如图4-65所示。

（10）前领型。沿领翻折线向外对称翻转拓出前领型。

（11）翻领宽。设定：后翻领宽4cm，后底领宽3cm。

（12）后翻领。延长领翻折线，以侧颈点向上作延长翻驳线的平行线，由侧颈点向上取领口弧线长（○），确定后颈点，成为后绱领口线辅助线（领底线）。由后颈点作后绱领口线辅助线垂线，画出后中心线，再定出领宽7cm，后翻领宽4cm，后底领宽3cm。作直角线画出外领口辅助线，如图4-65和图4-79所示。

（13）领倒伏量。以侧颈点为圆心，以后领口弧线长为半径，旋转后绱领口辅助线，展开领外口线到所需的尺寸。基本驳领的倒伏量是2cm左右。在后中心线与倒伏后的绱领辅助线垂直画线，并取后底领宽和后翻领宽，如图4-65和图4-79所示。

（14）后翻领型。在后中心线上由领宽点画后翻领外口线，与前翻领外口线连成流畅的领外口线。领子后中心线与领外口线部分垂直，以保证领子外口线圆顺。

（15）翻领的分裁设计。为防止领子分割线外露，在领后中心线上由领翻折线向下取1cm，再在领串口线由领翻折线向领底线方向同样取1cm，作出翻领的领下口线，完成后翻领的制图，如图4-65和图4-79所示。

在原后绱领辅助线上由后颈点作垂线，画后中心线且取2cm，由串口线上的后翻领领下口线上的1cm点连线，画后底领领上口线，完成后底领的制图，如图4-65和图4-79所示。

通过制图可以看出，翻领的领下口线会比底领领上口线要长大约1.4cm左右，合缝时要将翻领的领下口线吃缝在底领领上口线领子上，领面会自然翻转与人体颈部形成相吻合状态，如图4-65和图4-79所示。

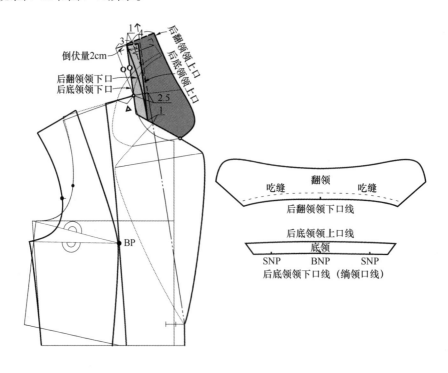

图4-79　分裁领结构设计

第五步　袖子作图（合体两片袖结构设计制图及分析）

制图法步骤说明，如图4-80所示：

（1）基础线。先作一垂直十字基础线，水平线为落山线，垂直线为袖中心线，如图4-80所示。

（2）袖山高。将皮尺竖着沿袖窿弧线测量衣身的袖窿弧线长（AH）值并记录下来。以160/84Y体为例，袖肥=28+4～6=32～34cm，只要是在这个范围内，袖山高是可以根据肥瘦做相应调整的，也就是说袖肥尺寸控制着袖山高值。

（3）前后袖山斜线。由袖山点向落山线确定后袖窿按后AH+0.7～1cm（吃势），定前袖窿按前AH的测量值。测量袖窿弧线长，确定袖山的吃缝量，检查是否合适。本款式的吃缝量为3.5cm左右，通常情况下，袖子的袖山弧线长都会大于衣身的袖窿弧线长，而这个长出的量就是袖子的袖山吃势，如图4-80所示。

（4）确定前后袖窿对位点，如图4-80所示。

（5）袖长。此处袖长为57cm，由袖山高点向下减1cm量出，画平行于落山线的袖口辅助线，如图4-80所示。

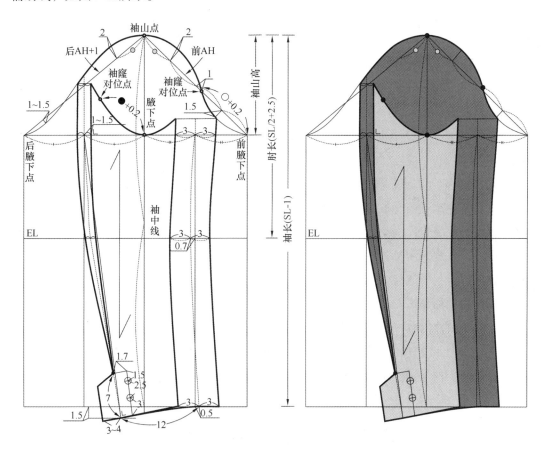

图4-80　公主线结构西服袖子结构图

（6）确定袖子框架。

①由前后腋下点作垂线到袖口辅助线，将袖长二等分，由$\frac{1}{2}$点向下2.5cm，画平行于

落山线的袖肘线。

②将前后的袖肥分别二等分，并画出垂直线，即前袖宽中线辅助线和后袖宽中线辅助线，确立好袖子框架，如图4-80所示。

（7）确定袖子形态。

①前袖宽中线。在肘线上，由前袖宽中线的辅助线和肘线的交点向袖中线方向取0.7cm，由袖口辅助线向上取1cm作水平线，由交点向袖内缝方向取0.5cm，画出适应手臂形状的前偏袖线，即前袖宽中线。

②由前袖宽中线的底点，在袖口方向的交点，向后袖方向取袖口参数，袖口的1/2值为12cm，由于手臂形态前袖宽中线短，后袖宽中线长，作由袖口辅助线向下的平行线1.5cm，将12cm的袖口线交于该线，如图4-80所示。

③由后袖宽中线的底点在袖口方向的交点，于后袖宽中线辅助线与落山线的后袖肥的中点连线为后袖肥中线斜线辅助线。

④后袖宽中线。在后肘线上将后袖肥中线斜线辅助线与后袖宽中线辅助线之间的距离两等分，画后偏袖线，即后袖宽中线，保证后袖宽中线与袖口线成直角。

⑤在后袖宽中线取开衩7cm，如图4-80所示。

（8）大小袖内缝线。通过前袖宽中线在袖口辅助线交点、袖肘交点、袖肥线交点分别向两边各取设计量3cm，连接各交点，画向内弧的大袖内缝线、小袖内缝线，延长大袖内缝线至袖窿线，由交点向袖中线方向画水平线，与小袖内缝线延长线相交，如图4-27所示。

（9）大小袖外缝线。通过后袖宽中线以袖开衩交点作为起点，过肘线的1.2cm点与袖肥线交点向两边取设计量1.5cm点连线，画向外弧的大袖外缝线、小袖外缝线，垂直延长大袖外缝线至袖窿线，由交点向袖中线方向画水平线，与小袖内缝线垂直延长线相交，如图4-80所示。常规西服袖外轮廓并无与面料纱线平行的地方，因此保证一段轮廓线与面料纱线大致平行有利于裁剪。

（10）小袖袖窿线。将小袖的袖窿线翻转对称，形成小袖袖窿线。

（11）画袖衩。本款西服袖口为两粒扣，袖衩为设计因素，画后袖偏线的平行线1.7cm，在该线上由袖口向上取3cm，扣距2.5cm，距开衩顶点1.5cm。

（12）西服袖子结构制图。西服袖子结构完成图如图4-80所示。

第四节　插肩袖结构西服设计实例

插肩袖结构设计是袖子与部分肩部衣片相连，形成肩袖连体的一种袖子形式。其结构设计的方法是将衣袖连在衣身上，在合体结构中由于肩缝省的存在，会使衣袖分成前后两部分，此时在衣片上衣身与衣袖共用一条款式分割线，该线在袖窿处会交于一个对位点，在此基础上作插肩线，完成插肩袖造型。本款女西服结构设计重点是在刀背线结构的基础上采用插肩袖结构的一种款式，属于西服款式设计的变化款。本节主要介绍插肩袖结构设计原理，以及插肩袖在西服结构中的应用方法。

一、款式说明

本款服装为插肩袖西服，造型简洁，穿着舒适。腰部采取收腰处理，下摆较贴合臀部，衣身造型较为宽松，属于较宽松型西服。燕式领，刀背结构分割线，插肩袖结构西服最能突出肩部衣袖自然连接的造型，如图4-81所示。

材质选用中厚度的面料，比如马海毛、女士呢、羊毛及格呢等毛织物，手感柔软舒适，吸湿透气性好，采用黏合衬做成全衬里。

（1）衣身构成：刀背分割线过人体的凹凸点，属于四片分割线造型的七片衣身结构，衣长在腰围线以下22～25cm。

（2）衣襟搭门：单排扣，下摆为直摆。

（3）领：燕式领结构设计。

（4）袖：插肩袖结构，无袖开衩。

（5）垫肩：1cm厚的龟背垫肩，在内侧用线襻固定。

二、面料、里料、辅料的准备

图4-81　插肩袖结构西服效果图

1.面料

幅宽：144cm或150cm、165cm。

估算方法为：（衣长+缝份10cm）×2或衣长+袖长+10cm（需要对花对格时适量追加用料）。

2.里料

幅宽：90cm或112cm，估算方法为：衣长×3。

3.黏合衬

（1）薄黏合衬。幅宽：90cm或120cm幅宽（零部件用）。用于前片、前片下摆、前侧片下摆、后片下摆、贴边以及袖口。

（2）黏合牵条。直丝牵条：1.2cm宽；斜丝牵条：1.2cm宽，斜6°；半斜丝牵条：0.6cm宽。

（3）垫肩。厚度：1cm，绱袖用1副。

（4）纽扣。直径2cm，3个（前搭门用）；直径0.5cm，3个（前搭门用）。

三、结构制图

准备好制图的工具和作图纸，制图线和符号要按照第一章节的制图说明正确画出，如图4-82所示。

图4-82　插肩袖结构西服款式图

1.插肩袖构成原理操作步骤说明

（1）衣身与衣袖公用分割线的确定。

①首先，在前、后衣片的袖窿弧线上分别设定前后袖窿对位点，这对于插肩袖的制作至关重要，如图4-83所示。

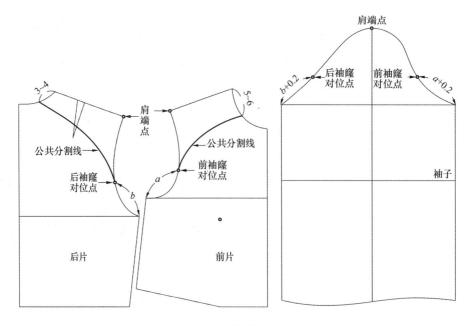

图4-83　衣身与衣袖公用分割线的确定

②设定前、后袖山对位点。根据前、后衣片袖窿对位点，分别在袖子中设定出前后袖山弧线上的对位点，如图4-83所示。

③确定前、后领口的设计量。在前、后领口线上分别设计出公用分割线的起点，其前领口确定设计量是5～6cm，通常前插肩袖分割线的位置较为靠下，分割线位于锁骨的下沿比较美观；后领口确定设计量是3～4cm，通常在画后衣身插肩结构线的时候，一般要经过肩胛突出的部位，这样有效地解决了肩胛省，使得肩部造型合体、美观，如图4-83所示。

（2）衣身与衣袖公用分割线确定的自由性。

衣身与衣袖公用分割线的确定是根据款式的需要来自由确定的，并非固定不变，如图4-84所示。

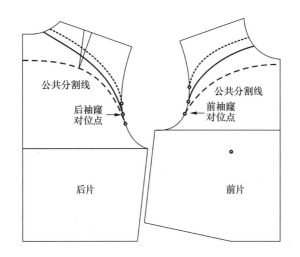

图4-84 衣身与衣袖公用分割线确定的自由性

（3）衣身与衣袖的重合处理。

①前插肩与袖子连接。把剪下的前插肩上的对位点与袖子的袖山线上的对位点对齐，使前插肩与袖子连接，如图4-85所示。

②后插肩与袖子连接。后插肩与袖子的连接采用前插肩与袖子连接相同的方法，如图4-85所示。

③修正后肩省。插肩袖中的后肩省在制图中要转移至插肩结构线中。

（4）前、后袖山修正。

在袖山高点附近，其袖山会多出2cm左右的量，这是因为插肩袖（连袖部分）不需要作吃量，所以会在袖子的袖山弧线上多出此量，此处可以在插肩袖剪开袖山线时，再顺势用圆弧线的方式去掉。这也就是这类袖子形成圆肩头的原因。由于后袖山的余量较多，要先沿剪开的袖山线把后袖片去掉0.5cm，然后再修正后袖山的余量，最后按图用弧线画顺前后肩头，如图4-85所示。

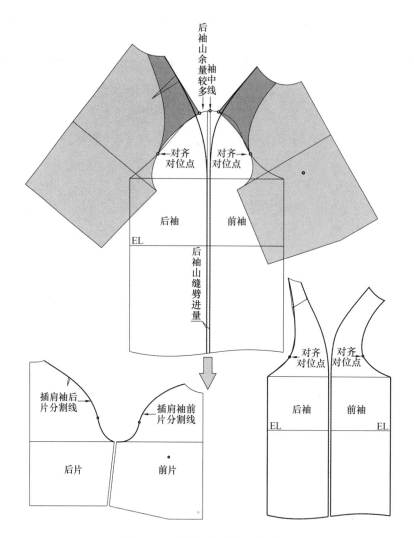

图4-85 衣袖与衣身的重合处理

采用这种剪接的方法制作插肩袖简单明白、操作方便，且容易理解。但这种方法只能在先作出绱袖的基础上才能进行绘制。所以，这种方法除了能够帮助我们理解这类袖子的构成原理外，并不适合直接进行制图。要掌握插肩袖更实用的直接制图的方法，还必须进一步了解它的制图原理。

2. 插肩袖结构制图方法分析

（1）插肩袖袖山高与袖肥的关系。

插肩袖的袖山高与装袖的袖山高一样，均指袖山顶点贴近落山线的程度，又可称为袖山幅度。袖山的高低对袖子的结构和造型起着决定性作用，而袖山高也是袖子结构对于手臂机能性要求的一个反映。袖山高的确定在袖子制图中十分重要，袖子的肥瘦来源于袖山高的高低，相同袖窿弧线长（AH），袖山越高袖子越瘦。袖山高是袖型的一个关键制约因素，如图4-86中①所示。

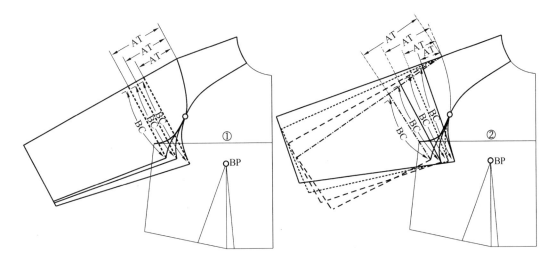

图4-86　插肩袖袖山高与袖肥关系和袖中线斜度与袖造型关系

（2）袖中线斜度与袖造型的关系。

易服用性是服装结构设计首要考虑的因素，插肩袖结构亦是如此。对于插肩袖而言，袖中线的倾斜度能够很直观地体现衣袖的功能性，即着装后手臂上抬的幅度。在插肩袖结构设计中，常用袖中倾角来衡量袖中线的斜度。袖中倾角越大，袖中线与肩斜线的转角越明显，袖子越贴合人体，袖身越瘦，外形越符合人体手臂的形状，着装后腋下的余褶也就越少，但手臂的运动不是很方便；而袖中倾角越小袖中线就越趋近肩斜线，袖身越趋于宽松，手臂运动也越自如，如图4-86中②所示。

3.插肩袖结构制图原理

人体的手臂在自然状态下是自然下垂的，在制作原型袖时，为了放出手臂的活动量和袖子的余量，是以手臂与人体的肩端点水平线大致构成45°角为依据进行制图的，原型袖是最基本的袖子结构，如图4-87所示。

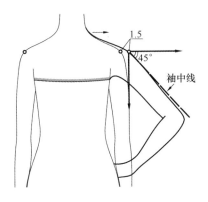

图4-87　插肩袖着装后的状态

（1）后片制图原理步骤说明。

①后袖窿对位点。首先在后片袖窿弧线处定出对位点，此点为后袖窿弧线与袖山弧线

的公用对位点，如图4-88中①所示。

②后肩宽与后肩省的确定。将后衣片的肩宽从肩端点向后颈点方向偏进0.5cm，顺势延长1.5cm，再将原型肩胛省的省大定为1cm，省长约6~7cm左右。这里需说明的是，延长1.5cm是便于人体手臂的活动以及款式设计的需要，在较宽松和宽松的插肩袖结构上可以采用后肩线上顺势延长1.5cm，而在适体插肩袖结构上则无需延长1.5cm，由原型中的后肩端点直接画出即可，如图4-88中①所示。

③绘制三角形。以加宽后的新后肩端点分别作水平线10cm和垂直线10cm，并连线构成等腰直角三角形。需注意三角形的水平线和垂直线要准确画出，水平线可用三角尺垂直于后中心线画出，如图4-88中①所示。

④衣身与衣袖公用分割线的确定。在后领口线上设计出公用分割线的起点，其设计量是3~4cm，通常在画后衣身插肩结构线的时候，一般要经过肩胛突出的部位，这样有效地解决了肩胛省，使得肩部造型合体、美观，如图4-88中②所示。

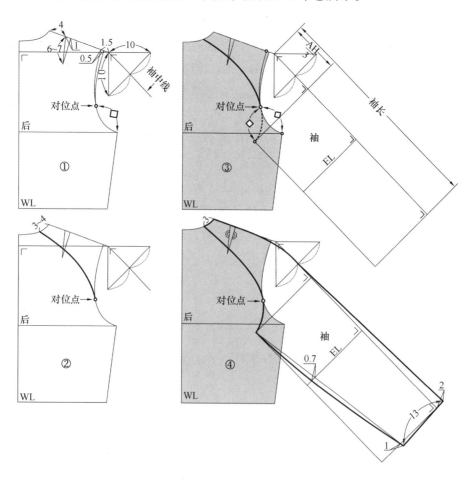

图4-88　插肩袖后片结构制图原理

⑤袖中线的制图和制图角度的确定。将等腰直角三角形的斜边分两等份定出中点，再与三角形的直角点连线并向下延长。这条斜线就是手臂与肩端点水平线构成45°角时的袖中线，如图4-88中③所示。由于人体手臂向前的活动量要大于向后的活动量，所以后袖中线的位置应满足人体的基本需求或大于人体基本需求的范围。

⑥袖长。袖长为52cm，由延长的肩端点向下沿袖中线量出，然后用直角线画出袖口线，如图4-88中③所示。

⑦袖山高。在袖中线上由延长的肩端点向袖口方向取袖山高值：$\frac{AH}{3} \approx 13\text{cm}$（同绱袖类袖子的原型袖一样）点，然后由该点做袖中线的垂线画出落山线，如图4-88中③所示。

⑧袖肥。将皮尺测量出袖对位点与袖窿腋下点的长度，再以袖对位点交于落山线一点，使其长度等于袖对位点与袖窿腋下点的弧长。弧线与落山线的交点即为袖肥，如图4-88中③所示。

⑨后袖口。先将后袖山线在袖口处向后中线方向偏2cm，再向袖侧缝线偏进13cm定出后袖口宽，如图4-88中④所示。

⑩后袖底缝线。先将袖口宽和袖肥连接，再在袖肘线处向袖侧缝线弧出0.7cm画顺，并在袖口处向下顺延1cm，如图4-88中④所示。

（2）前片制图原理步骤说明。

①前袖窿对位点。首先在前片袖窿弧线定出对位点，此点为前袖窿弧线与袖山弧线的公用对位点，如图4-89中①所示。

②前肩宽的确定。在前肩线上的肩端点顺势向外延长1.5cm（为抬高手臂需增加的肩宽）。这里需说明的是，为了便于人体手臂的活动以及款式设计的需要，所以前肩和后肩一样，较宽松和宽松的插肩袖结构可以采用后肩线上顺势延长1.5cm，而在适体插肩袖结构上则无须延长1.5cm，由原型中的后肩端点画出即可，如图4-89中①所示。

③绘制三角形。以加宽后的新前肩端点分别作水平线10cm和垂直线10cm，并连线构成等腰直角三角形。必须注意三角形的水平线和垂直线要准确画出，水平线可用三角尺垂直于前中心线画出，如图4-89中①所示。

④衣身与衣袖公用分割线的确定。在前领口线上设计出公用分割线的起点，其设计量是6~8cm，通常前插肩袖分割线的位置较为靠下，分割线位于锁骨的下沿比较美观，如图4-89中②所示。

⑤袖中线的制图和制图角度的确定。将等腰直角三角形的斜边分两等份定出中点，再在中点向前侧缝方向偏进0.7cm，然后与三角形的两等点连线并向下延长为实际袖中线，这时的袖山线已经偏离了45°角的袖山线。也就是说，为了达到合体的袖子效果，前袖子的制图角度会适当大于45°角，如图4-89中③所示。

⑥袖长。袖长为52cm，由延长之后的肩端点向下沿斜袖中线量出，然后用直角线画出袖口线，如图4-89中③所示。

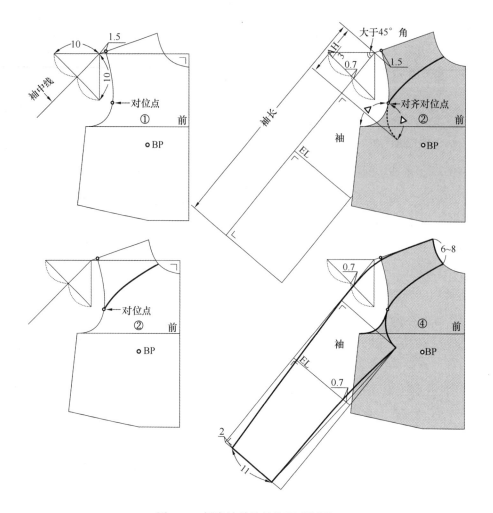

图4-89　插肩袖前片结构原理制图

⑦袖山高。前袖山高的确定同后袖山高制图方法保持一致，如图4-89中③所示。

⑧袖肥。将皮尺测量出的袖对位点与袖窿腋下点之间的长度，再以袖对位点交于落山线一点，使其长度等于袖对位点与袖窿腋下点的弧长。弧线与落山线的交点即为袖肥，如图4-89中③所示。

⑨前袖口。先将前袖山线在袖口处向前中线偏出2cm，再向袖侧缝线偏进11cm，定出前袖口宽，如图4-89中④所示。

⑩前袖底缝线。先将袖口宽和袖肥连接，然后再袖肘线处向内凹进0.7cm画顺，如图4-89中④所示。

4.制订成衣尺寸

成衣规格：160/84A，根据我国使用的女装号型是GB/T 1335.2—2008《服装号型　女子》，其基准测量部位以及参考尺寸见表4-5。

表4-5 成衣规格表
单位：cm

名称 规格	衣长	袖长	胸围	腰围	臀围	下摆大	袖口	袖肥	肩宽
档差	±2	±1	±4	±4	±4	±4	±1	±2	±1
155/80（S）	58	54	96	82	100	102	23	32	37
160/84（M）	60	55	100	86	104	106	24	34	38
165/88（L）	62	56	104	90	108	110	25	34	39
170/92（XL）	64	57	108	94	112	114	26	36	40
175/96（XXL）	66	58	112	98	116	118	27	37	41

5.成衣制图步骤

插肩袖结构西服属于七片结构套装纸样，这里将根据图例分步骤进行制图说明。

第一步 建立成衣的框架结构（横向）

（1）作出衣长。由款式图分析该款式为较宽松西服，在后中心线上向下取背长值37cm~38cm，画水平线，即腰围辅助线。在腰围辅助线上放置后身原型，由原型的后颈点，在后中心线上向下取衣长值，画水平线，即底边辅助线。

（2）作出胸围线。由原型后胸围线作出水平线。

（3）作出腰线。由原型后腰线作出水平线，将前腰线与后腰线复位在同一条线上。

（4）作出臀围线。从腰围线向下取腰长，作出水平线，成为臀围线，三围线是平行状态。

（5）腰线对位。采用通常西服的腰围线对位的形式，腰围线放置前身原型。将前腰线的胸凸量的一半与后腰围线对位，如图4-90所示。

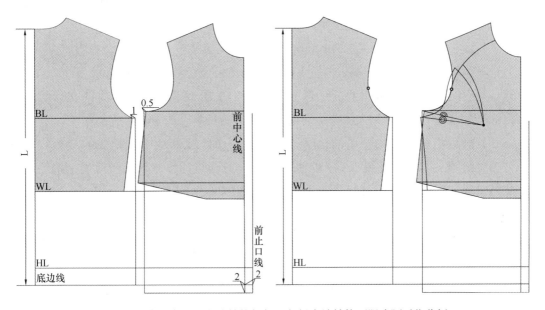

图4-90 建立合理插肩袖结构框架图与插肩袖结构西服胸腰对位分析

（6）绘制胸凸量。根据前后侧缝差，绘制至胸点的腋下胸凸省量。

（7）解决胸凸量。由前插肩结构线绘制刀背线，并剪开到BP点，合并腋下胸凸省量，将其转化为袖窿的胸凸省量，如图4-90所示。

（8）绘制前止口线。与前中心线平行2～2.5cm绘制前止口线，并垂直画到下摆线，成为前止口线。

第二步　建立成衣的框架结构：解决胸腰差比例分配（纵向）

根据款式分析结构需求，首先要解决胸凸量的问题以及确定胸腰差比例分配，其次进行衣身绘制。本款式胸腰差为14cm，以$\frac{1}{2}$状态分配是7cm。

插肩袖刀背结构属于七片身适身造型，根据该款式需求，胸腰差由四处分解。后刀背线、后侧缝线、前侧缝线、前刀背线，分配方法见表4-6。

表4-6　胸腰差比例分配

单位：cm

部位 尺寸	后刀背线	后侧缝线	前侧缝线	前刀背线
胸腰差值	3	1	1	2
	2.5	1	1	2.5
	2.5	1.25	1.25	2

（1）后胸围线。在后胸围线上由后中心线与后胸围线的交点向侧缝方向确定成衣胸围尺寸，该款式胸围加放16cm，在原型的基础上放6cm，放量较大，考虑到手臂的前屈运动量较大，在后胸围放1cm即可。作胸围线的垂线至底边线，如图4-91所示。

（2）前胸围线。在胸围线上由前中心线交点向侧缝方向确定成衣胸围尺寸，由前胸围放0.5cm即可。作胸围线的垂线至底边线，如图4-91所示。

（3）后刀背线。按胸腰差的比例分配方法，从后腰节点在腰线上取设计量（7～8cm），取省大2.5cm，后刀背线省的中点作垂线画出后腰省，如图4-91所示。

（4）后侧缝线。按胸腰差的比例分配方法，由腰线和胸围线垂线的交点收腰省1cm，后侧缝线的状态要根据人体曲线设置，并测量其长度，如图4-91所示。

（5）前侧缝线。按胸腰差的比例分配方法，由腰线和胸围线垂线的交点收腰省1cm，前侧缝线的状态同样要根据人体曲线设置，并根据后侧缝长由腰线向上取后侧缝长，剩余量为胸凸量。由前刀背线剪开，以BP点为圆心，闭合胸凸量，打开袖窿省，作出新的侧缝线，如图4-91所示。

（6）前刀背线。由BP点作垂线至底边线，该线为省的中线，在前肩袖结构线上取任意一点连接BP点，在腰线上通过省的中心线取省大2.5cm，省的位置可以根据款式需求设计，由肩袖结构线公共点通过BP点连接腰省点画顺刀背线，如图4-91所示。

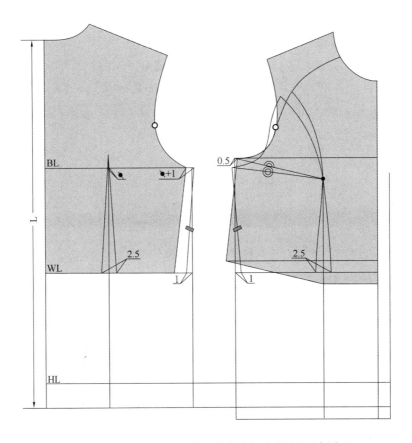

图4-91 插肩袖结构西服胸腰对位分析及胸腰差比例分配

第三步 衣身制图

（1）衣长。如第一步所述，由后中心线经后颈点往下取衣长60～65cm，或由原型自腰节线往下22～27cm，确定底边线位置。

（2）胸围。胸围放量总加放16cm，制图中在后胸围原型基础上向外加放1cm，在前胸围原型基础上加放0.5cm。

（3）后肩宽。由后颈点向肩端方向取水平肩宽的一半（38÷2=19cm）。

（4）后肩斜线。垫肩厚1cm，后肩斜在后肩端点提高1cm垫肩量，然后由后侧颈点连线作出后肩斜线，由水平肩宽交点延长追加量0.7cm的缩缝松量，作为新的后肩端点，该量为缝制时提供余量，可塑造后肩部造型的饱满。

（5）前肩斜线。前肩斜由原型肩端点往上抬高0.5cm的垫肩量，然后从前侧颈点连线画出，长度取后肩斜线长度X，确定出新的前肩端点。

（6）领口。本款插肩袖西服属春秋装，如果内装穿着毛衫，则要考虑横领宽的开宽以及领深的加大。

①后领口线。在后肩斜线上，由侧颈点向后肩端点方向将领宽开宽1cm，确定新的后侧颈点。由新的侧颈点垂直向上量取2cm点，从2cm点向后中心线方向作垂线交于后中心

线的延长线上，由该点在后中心线上向下摆方向量取2.5cm，确定出连立领后领中心线的顶点，画出后领口线，如图4-92所示。

②前领口线。在前肩斜线上，由侧颈点向前肩端点方向将领宽开宽1cm，确定新的前侧颈点；由原型领口点向下摆方向量取2cm确定出新的前颈点。由新的侧颈点垂直向上量取1cm点，由1cm点向前中心线方向水平量取13.5cm，由13.5cm点作垂线取4cm，由4cm点与前颈点连线，根据款式图的要求，画出前燕式领造型结构。

（7）绘制后片插肩袖结构。

①绘制三角形。以加宽后的新后肩端点分别作水平线10cm和垂直线10cm，并连线构成等腰直角三角形。必须注意三角形的水平线和垂直线要准确画出，水平线可用三角尺垂直于后中心线画出，如图4-92所示。

②衣身与衣袖公用分割线和后袖窿对位点的确定。在后领口线上设计出公用分割线的起点，其设计量是3～4cm，与腋下点连成圆顺公用分割线，在分割线上定出后袖窿对位点，如图4-92所示。

③袖中线的制图和制图角度的确定。将等腰直角三角形的斜边分两等份定出中点，再与三角形的直角点连线并向下延长。这条斜线是手臂与肩端点水平线构成45°角时的袖中线，如图4-92所示。

④袖长。袖长为55cm，由延长的肩端点向下沿袖中线量出，然后用直角线画出袖口线辅助线，如图4-92所示。

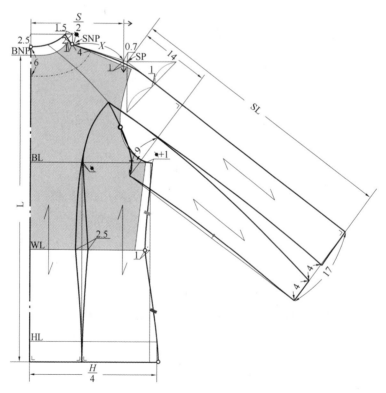

图4-92　插肩袖结构西服的后片结构图

⑤袖山高。在袖中线上由延长的肩端点向袖口方向取袖山高值14cm点，然后由该点做袖中线的垂线画出落山线，如图4-92所示。

⑥袖肥。将皮尺测量出的袖对位点与袖窿腋下点的长度，再以袖对位点交于落山线一点，使其长度等于袖对位点与袖窿腋下点的弧长。弧线与落山线的交点即为袖肥。

⑦后袖口宽辅助线。在后袖口线辅助线上定出袖口宽13cm，取17cm（包含4cm袖口省量大）定出后袖口宽辅助线，如图4-92所示。

⑧后袖底缝线辅助线。先将袖口宽和袖肥连接，如图4-92所示。

⑨后袖分割线和后袖口线。在落山线与腋下点的交点向袖中线方向量取9cm，由9cm点作后袖口宽的垂线，此垂线与后袖口宽线的交点向后袖底缝线辅助线量取4cm作为袖口省大，将袖口省大点与落山线上的9cm连线并延长至衣身与衣袖公用分割线上，分别在后袖口宽辅助线上画出后袖口宽线。

⑩后袖中线。由新的后肩端点至落山线、袖口宽点连成圆顺的后袖中线。

（8）后中心线。因后中心线上无胸腰比例分配，所以不作任何处理。直接由后颈点至下摆线作垂线，与胸围线和腰围线保持水平状态。

（9）后刀背线。按胸腰差的比例分配方法，在后腰线上取设计量值（5～6cm），取省大2.5cm，分别和后袖分割线、衣身公用分割线的交点连线，作出后片刀背线结构。

（10）绘制前片插肩袖结构。

①绘制三角形。由新的前肩端点分别作水平线10cm和垂直线10cm，并连线构成等腰直角三角形，如图4-93所示。

②衣身与衣袖公用分割线和后袖窿对位点的确定。在前领口线上设计出公用分割线的起点，其设计量是6～8cm，与腋下点连成圆顺公用分割线，在分割线上定出前袖窿对位点，如图4-93所示。

③袖中线的制图和制图角度的确定。将等腰直角三角形的斜边分两等份定出中点，再与三角形的直角点连线并向下延长。这条斜线是手臂与肩端点水平线构成45°角时的袖中线，如图4-93所示。

④袖长。袖长为55cm，由新的前肩端点向下沿袖中线量出，然后用直角线画出袖口线辅助线，如图4-93所示。

⑤袖山高。在袖中线上由新的前肩端点向袖口方向取袖山高值14cm点，然后由该点做袖中线的垂线画出落山线，如图4-93所示。

⑥袖肥。将皮尺测量出的袖对位点与袖窿腋下点的长度，再以袖对位点交于落山线一点，使其长度等于袖对位点与袖窿腋下点的弧长。弧线与落山线的交点即为袖肥。

⑦前袖口宽辅助线。在后袖口线辅助线上定出袖口宽12.5cm，取14.5cm（包含2cm袖口省量大）定出前袖口宽辅助线，如图4-93所示。

⑧前袖底缝线辅助线。先将袖口宽和袖肥连接，如图4-93所示。

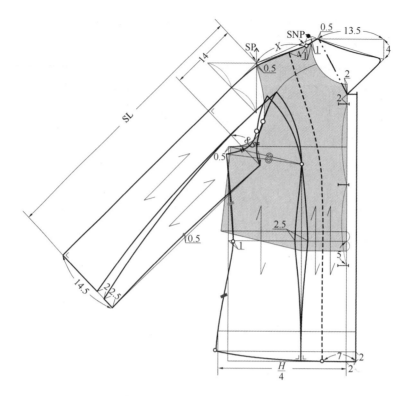

图4-93　插肩袖结构西服的前片结构图

⑨前袖分割线和前袖口线。在落山线与腋下点的交点向袖中线方向量取8.5cm，由8.5cm点作前袖口宽的垂线，此垂线与前袖口宽线的交点向前袖底缝线辅助线量取2cm作为袖口省大，将袖口省大点与落山线上的8.5cm连线并延长至衣身与衣袖公用分割线上，分别在前袖口宽辅助线上画出前袖口宽线。

⑩前袖中线。由新的前肩端点至落山线、袖口宽点连成圆顺的前袖中线。

（11）前刀背线。按胸腰差的比例分配方法，在前腰线上取设计量值（5~6cm），取省大2.5cm，再由前袖窿弧线上取任意一点连接刀背线省的中点作垂线画出前腰省，如图4-93所示。

（12）完成侧缝线。按胸腰差的比例分配方法，由腰线和胸围线的交点收腰省1cm，后侧缝线的状态要根据人体曲线设置，后侧缝线由两部分组成，如图4-93所示。

①腰线以上部分：后腋下点至腰节点的长度，画好并测量该长度。

②腰线以下部分：由腰节点经臀围点连线至底边线的长度，并测量腰节点至底边点的长度。

（13）完成底边线。在底边线上，为保证成衣制成之后下摆呈直角状态，底边线与后侧缝线要修正成直角状态，如图4-93所示。

（14）前止口线。前搭门宽2cm，与前中心线平行2cm绘制前止口线，并垂直画到底边线上，成为前止口线，如图4-93所示。

（15）作出贴边线。在肩线上由侧颈点向肩端点方向定出3～4cm，在底边线上由前门止口向侧缝方向取7～9cm，两点连线，如图4-93所示。

（16）纽扣位的确定。扣位在款式中首先要考虑的是设计因素，本款式纽扣位定为三粒，在前中心线上，第一粒扣位的确定是新前颈点向下摆方向量取2cm，取第三粒扣在腰围线下5cm，将两粒纽扣之间的距离平分确定出第二粒纽扣的位置，如图4-93所示。

第五节　对襟式省道结构西服设计实例

省道结构西服是常见女西服中的经典结构之一。本节主要介绍省道西服的结构设计原理，通过本节重点学习省道西服的直接结构制图法，以及省道西服撇胸量的解决方案和胸腰差的比例分配方法。

一、款式说明

本款服装为对襟式省道结构女西服，造型较合体。通过省道进行收腰处理；衣领为平驳翻领，但驳头的领翻折止点部分在前中片的分割线中被固定；肩型为自然肩型；前门襟处为对襟，并系有一条蝴蝶结丝带、圆底摆，领型结构和撇胸结构是本款女西服结构设计的重点，如图4-94所示。

面料采用羊毛等精纺毛织物及毛涤等混纺织物，也可使用化纤仿毛织物；里料为100%醋酸绸；并用黏合衬做成全衬里。

（1）衣身构成：采用的是在三片结构基础上分割线通达前衣片的五片衣身结构，分别做前后腰省收腰，此方法多用于秋冬套装中的上衣结构。衣长在臀围线以上5～10cm。

（2）衣襟搭门：对襟，下摆为圆摆。

（3）领：V形平驳头翻领。

（4）袖：两片袖，有袖开衩。

（5）垫肩：1cm厚的包肩垫肩。

图4-94　对襟式省道结构西服效果图

二、面料、里料、辅料的准备

1.面料

幅宽：144cm、150cm、165cm。

估算方法为：（衣长+缝份10cm）×2或衣长+袖长+10cm，（需要对花对格时适量追加用料）。

2.里料

幅宽：90cm或112cm。估算方法为：衣长×3。

3.辅料

（1）厚黏合衬。幅宽：90cm或112cm，用作前衣片、领底等。

（2）薄黏合衬。幅宽：90cm或120cm（零部件用），用于贴边、领面、后背、下摆、袖口以及领底和驳头的加强（衬）部位。

（3）黏合牵条。直丝牵条1.2cm宽，斜丝牵条1.2cm宽6°，半斜丝牵条0.6cm宽。

（4）垫肩。厚度：1～1.5cm；绱袖用1副。

（5）袖棉条。1副。

（6）纽扣。袖扣直径1.2cm，6个；蝴蝶结丝带长30cm，宽2cm，备2条（门襟处用）。

三、结构制图

对襟省道结构西服款式图如图4-95所示。

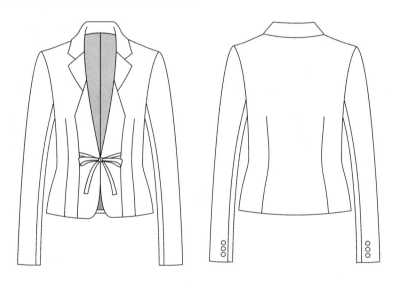

图4-95　对襟式省道结构西服款式图

1.制订成衣尺寸

成衣规格：160/84B，根据我国使用的女装号型标准GB/T 1335.2—2008《服装号型　女子》，基准测量部位以及参考尺寸见表4-7。

表4-7 成衣规格表

单位：cm

名称 规格	衣长	袖长	胸围	腰围	臀围	底边围	袖口	袖肥	肩宽
档差	±2	±1	±4	±4	±4	±4	±1	±2	±1
155/80（S）	48	55	96	83	100	94	25	34	39
160/84（M）	50	56	100	87	104	98	26	36	40
165/88（L）	52	57	104	91	108	102	27	38	41
170/92（XL）	54	58	108	95	112	106	28	40	42

2.制图步骤

省道结构西服属于三片结构套装典型基本纸样，在前面几个例子的制图中使用的是在原型的基础上进行结构制图，这样可以简化制图的步骤。一些初学者在掌握原型制图后往往忽视对人体基本数据的了解，会出现如果脱离了原型就不会制图的情况。本款式以人体数据尺寸为依据进行制图，通过一定的制图原则，先绘出服装的基型，然后再按原型的变化规律变化，逐一绘制结构图。简单易学，可使制图者熟悉基本板型的变化规律，学会脱离原型进行制图。

目前，平面结构制图的方法较多，较有代表性的方法有原型法、比例法和数学法三大类。它们往往是采用某一种公式制图，反映服装平面展开技术。由于服装属于多因素条件制约下的特殊种类，因此在特定的条件下，根据不同的观察角度，采用不同的总结方法，将会形成各种各样的平面制图方法。但是，如果对平面图不进行立体化定样、试穿，那么就初学者来说，他们对于制成后的服装形象就会缺乏应有的理解，在制图出样的过程中往往存在着一定的盲目性。要改变这种状况，可以通过定样、试穿、观察来修正，直至满意为止。目前，许多经验丰富的设计师，他们往往凭效果图就能判断服装平面制图的正确与否，这都是在长期的工作实践中所积累经验的反映。

在原型制图中习惯采用净体尺寸比例计算法，因此，我们在学习时一定要掌握净尺寸和加放量的关系。加放量是一个变化复杂的数据，不易掌握，可以采用在绘制结构图之前，直接确定成衣各部位尺寸，不再考虑净尺寸；在结合服装款式、人体结构特点的基础上，推算出与其相关或不易测量部位的尺寸，直接绘制结构图。认识服装与人体结构的客观规律、掌握服装与人体的比例关系，才能掌握结构制图的方法。

第一步 建立成衣的框架结构：确定胸凸量（横向），如图4-96所示。

（1）后中心线。由后颈点向下绘制，确定后中心线。

（2）前中心线。根据成品胸围尺寸加出5～10cm的间隙量，作后中心线的平行线为前中心线。

（3）衣长线。衣长按照制图方法以后中长为标准，由后颈点后中心线向下绘制后衣长。

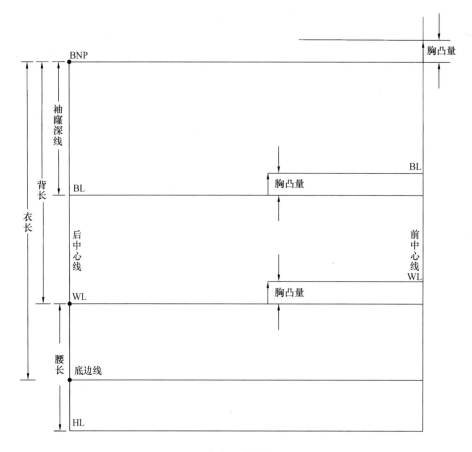

图4-96　对襟式省道结构西服框架图

（4）后上平辅助线。沿后颈点画一条垂直于后中心线的直线，作为后上平辅助线。

（5）底边线。沿衣长向下画一条垂直于后中心线的直线，作为底边线。

（6）后胸围线。袖窿深线可以看作是成衣的胸围线，袖窿深线是个灵活的尺寸，不与胸围成固定比例。袖窿深线与款式风格、袖窿弧长、面料有无弹力、肩斜度以及胸围放松量等相关。如同样胸围尺寸的西服，因款式风格不同，其袖窿弧长也不同，袖窿深就会有很大差距。现在市场上流行的弹力面料，弹力大则胸围放松量小一些；弹力小则胸围放松量大一些。胸围大小不同，袖窿深就不同，袖窿弧线弯度凹势也就不同，以上这些因素都会影响到袖窿深尺寸。

袖窿开深过大会影响到手臂抬升后胳膊的舒适度，通常在腋下会挖深，但在内着装少的情况下不挖深，在原型中袖窿深线为：

$$\frac{净胸围（84）}{6}+7=21cm$$

这是需要记住的数值。袖窿深的变化规律可查看第二章中的实际衣身原型造型，在后中心线上由后颈点向下取21cm左右，用直角尺画一条垂直于后中心线的直线，作为后胸围线。

（7）前胸围线。作平行于后胸围线的前胸围线，胸凸量采用3.5～3.8cm。

（8）前上平辅助线。作平行于后上平辅助线的前上平辅助线，胸凸量采用3.5cm。

（9）背长线。背长线确定的是后腰节线，通常背长是一个固定的数值，在板型制作中变化很小，为了适应大多数体型，有时会加0.5～1.5cm的松量。亚洲人的体型，背长约占身高23.5%（即身高为163cm，背长为38cm，身高为168cm，背长则为39cm，其档差比为5∶1），冬季服装由于内着装较厚，应调整背长为38cm+松量0.5cm。在制作欧美及其他国家或地区的体型板型时，先要参考其国家或地区的体型来制板，适当调整背长数据。此处由后颈点在后中心线上向下取37～38cm或37～38cm+0.5cm均可。

（10）后腰围线。在后中心线上由后颈点向下取37～38cm，用直角尺画一条垂直于后中心线的直线，作为后腰围线。

（11）前腰围线。作平行于后腰围线的前腰围线，胸凸量采用3.5cm。

（12）腰长。本款式的衣长较短，在臀围线以上，有经验的制板师可以直接制图，初学者需要使用臀围值来控制底边尺寸。腰长是指腰节线至臀围线的长度，是一个较固定的数值，通常采用18～20cm。腰长占身高的11%，身高为160cm，腰长为18.5cm，身高为168cm，腰长则为19cm。

（13）臀围线。在后中心线上从腰围线向下取18～20cm，用直角尺画一条垂直于后中心线的直线，作为后臀围线。三围线是平行状态。

第二步　局部制图，如图4-97所示。

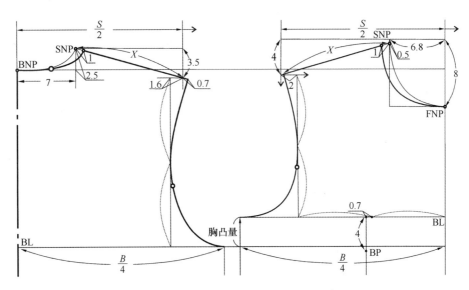

图4-97　对襟式省道结构西服前后领口弧线的画法

（1）设计后领宽。后领宽是决定领型穿着效果的关键，因此在设计领子前应分清领型穿着状况和领型条件，并根据条件（如穿着的层次、薄厚等）决定后领宽，原型制图中的尺寸为：$\dfrac{净胸围（84）}{20}+2.9=7.1cm$ 或 $\dfrac{净胸围}{12}=7cm$；在比例裁剪法中采用 $\dfrac{领围（40）}{5}-$

1.6=6.4cm等方法。可取经验值为7cm，在上平辅助线由后颈点向右量取后领宽7cm。

（2）设计后领深。在原型制图中后领宽的尺寸为：$\frac{后领宽}{3}\approx2.3cm$，在比例裁剪法中为$\frac{颈围（40）}{3.14}\div5\approx2.5cm$，为方便记忆，在上平辅助线上作后领宽点垂线向上取后领宽2.5cm，画出后领口弧线。

（3）设计前领宽。为使前领口贴身，前领宽通常比后领宽小0.2cm，前领宽在原型制图中的尺寸为：后领宽−0.2=6.8cm。在前上平辅助线上由前中心线交点向后取前领宽6.8cm。

（4）设计前领深。在前中心线上由前上平辅助线和前中心线的交点向下取：后领宽+1=7.8cm，可取经验值为8cm。画出前领口弧线。

（5）作出后肩宽。由后颈点向肩端方向取水平肩宽的一半（40÷2=20cm）。

（6）作出后肩斜线。由侧颈点作水平线与后肩宽的交点向下取3.5cm，含垫肩厚1cm，然后由后侧颈点连线画出后肩斜线，通常后片应该设计一个1.5~2cm的肩省，背部才贴身。为了板型美观，通常采用后肩吃缝的方法（即前肩斜线长小于后肩斜线长）解决肩省。前肩斜线长与后肩斜线长尺寸之差量不可过大，否则经车缝后小肩会出现波浪皱纹现象。薄面料差量宜小一些，厚面料差量宜大一些，一般在0.3~0.7cm。此处延长后肩斜线长0.7cm。

（7）作出前肩斜线。由侧颈点作水平线与前肩宽的交点向下取4cm，前肩斜在原型肩端点往上提高0.5cm的垫肩量，长度取后肩斜线长度，不含0.7cm肩胛省吃量。

（8）设计后领口弧线。先画原后领弧线，秋冬季服装在后肩斜线上由原侧颈点向肩点方向取1cm，画出新侧颈点和新后领口弧线。

（9）设计前领口弧线。先画好原前领弧线，在前肩斜线处由原侧颈点向肩点方向取1cm，画出新侧颈点，由原前颈点向下取2cm，画出新前颈点和新前领口弧线，如图4−97所示。

（10）后胸围线。在后胸围线上由后中心线交点向侧缝方向确定成衣胸围尺寸，较宽松的服装取成衣胸围尺寸的$\frac{1}{4}$即可，作胸围线的垂线至下摆线。合体服装为了保证手臂前屈的运动量，前片应让出0.25~0.5cm到后片。

（11）前胸围线。在前胸围线上由前中心线交点向侧缝方向取成衣胸围尺寸的$\frac{1}{4}$，确定前胸围尺寸，作胸围线的垂线至底边线。

（12）背宽线。为使袖型美观，通常背宽与胸宽要采用肩入量的方法，由后肩点向后中心线方向水平量入1.6cm，作后胸围线的垂线为背宽线。

（13）胸宽线。由前肩点向前中心线方向水平量入2cm，作前胸围线的垂线为胸宽线。

（14）后袖窿线。由新肩峰点至腋下胸围点画新袖窿曲线。

（15）后袖窿对位点。在袖窿线上由后肩点至胸围线的$\frac{1}{2}$处，向下取2.5～3cm，要注意袖窿对位点的标注，不能遗漏。

（16）前袖窿线。由新肩峰点至腋下胸围点画新袖窿曲线，新前袖窿曲线在春夏装中通常不追加胸宽的松量。

（17）前袖窿对位点。在袖窿线上由前肩点至胸围线的$\frac{1}{2}$处，向下取2.5～3cm，要注意袖窿对位点的标注，不能遗漏。

第三步　撇胸结构处理方法

本款为省道结构西服，腰省只能解决胸腰差量，无法解决胸凸量，这样的款式会造成穿着时前门止口在衣身上不平服，因此要通过撇胸进行结构设计，如图4-98所示。撇胸又称劈胸、劈门、劈势，属于服装行业中常用的术语，指服装造型中人体挺胸呈倾斜状，通过纸样处理，从而使服装达到平衡、合体、协调。

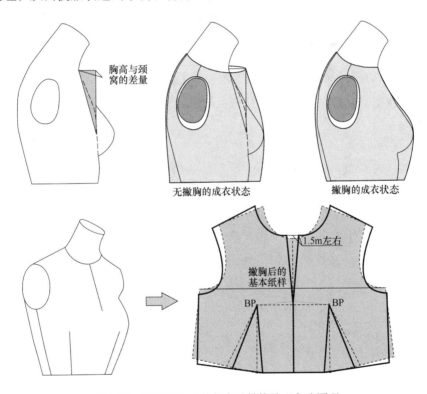

图4-98　撇胸量的着装状态及结构处理方法原理

撇胸量在原型纸样中也是全省量的一部分，形成前中心省。在进行一个完整纸样设计之前，首先要考虑全省的分配方法，即所要设计成衣的合身程度。按照全省的分解平衡原则，使用的省量越接近全省，越要作平衡分配处理。撇胸就是为胸部合体设计而从全省中分解的部分，它是为胸部至前颈窝所形成差量而设定的尺寸。由此可见，撇胸的结构只在胸部合体的平整造型中使用，它的主要作用是使前领口贴伏，胸部丰满。其使用量是通过胸省分解得到的，一般约为1.5cm。

撇胸的纸样处理方法：固定BP点，将基本纸样向后倒，使前颈点后移1.5cm，修正胸乳点以上的前中心线。从撇胸处理后的前中心线看，已经不是垂直线结构了，在一些前领口开深度较浅的设计中，前止口部分不能保证与布丝一致，特别是有条格图案的布料，出现了前中错条、错格的现象。这就需要保持前中心线垂直，使撇胸移至领口变为领口省，这种情况往往结合全省分解平衡的设计，把撇胸量和部分胸省合并成复合省。这种与撇胸合并的复合省，其撇胸作用已名存实亡了，成为事实上的省移设计，因此其省尖应向胸点偏移。为了解决类似的问题，省道结构西服在款式设计中可考虑设计公主线或刀背线结构的造型，将撇胸量通过分割线消化掉，可以保证前门止口与布丝一致；或者在面料的使用上注意，作撇胸处理可采用素色的面料。

在上身合体结构设计中，为了使造型达到最佳效果，通常把全省中不同作用的省加以分解设计，使造型结构线自然、不留痕迹。如图4-99所示的款式设计，就是将撇胸量、胸腰差量和乳凸量分解后而独立设计的合身结构。从表面上看似乎只作了一个胸腰省。在实际结构设计中，全省的一部分成为撇胸量，部分作为胸腰差量；胸凸量作 $\frac{1}{2}$ 处理，将这部分转移到领口上，有利于翻领覆盖。这样暴露的省缝只有胸腰省，造型既合体又整齐。当进行整体不同类型的设计时，全省的分解和设计量与整体纸样的放量和收缩的关系就显得非常重要了。

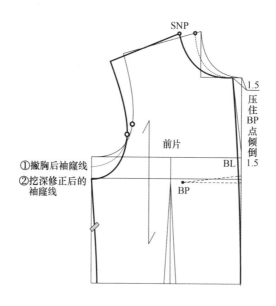

图4-99 对襟式省道结构西服的胸凸量解决方法

由BP点作前中心线的垂线，再固定BP点，并移动纸样，使新前颈点向侧缝方向偏移1.5cm。这样相当于把腰部全省量部分至前中心线，而这部分省量可以利用在前止口归拢的工艺处理掉。从图4-99中可以看出撇胸后的纸样，袖窿的胸凸量已减小。

第四步　建立成衣的框架结构：解决胸腰差比例分配（纵向）

根据款式要求解决胸腰差比例分配。本款式胸腰差为13cm，在构图中以 $\frac{1}{2}$ 状态分配为6.5cm。根据该款式需求，胸腰差通过四处分解，如图4-100所示。

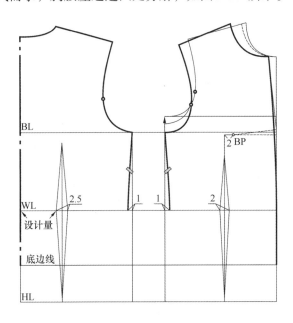

图4-100　对襟式省道结构西服胸腰差的比例分配

后腰省、后侧缝线、前侧缝线、前腰省的比例分配见表4-8。

表4-8　胸腰差比例分配　　　　　　　　　　　　　　　单位：cm

尺寸＼部位	后腰省	后侧缝线	前侧缝线	前腰省
胸腰差值	2.5	1	1	2
	3.5	0.5	0.5	2
	3	1	1	1.5
	3	0.5	0.5	2.5

（1）后腰省。后腰省尺寸要根据胸腰差来设计，同时还要考虑款式造型，如后中破开的款式，由于后中可以设暗省，后腰省尺寸可小些。一般胸腰差为18~20cm，后腰省尺寸采用2.5~3cm；胸腰差为13~16cm，后腰省尺寸采用2~2.5cm；后中破开的款式后中可以设暗省1cm左右，要适量减小后腰省尺寸。后腰省的省长是设计量，它与胸围线高低（袖窿深浅）无关，与省大小有关，省大则画长1~2cm；省小则画短1~2cm。上节省长通常在14cm左右，下节省长也一样，但省尖点距臀围线一般不能少于4cm。

在腰线上由后中心线向侧缝方向取设计量值确定后腰省的位置，取省大2.5cm。由省的中点向上作垂线取设计量省长，分别与两个省边连线，向下作垂线与臀围线连线。

（2）后侧缝线。按胸腰差的比例分配方法，由腰线和胸围线垂线的交点收腰省1cm，后侧缝线的状态要根据人体曲线设置，并测量其长度。

（3）前侧缝线。按胸腰差的比例分配方法，由腰线和胸围线的交点收腰省1cm，后侧缝线的状态要根据人体曲线设置，并测量其长度。

（4）前腰省。前腰省不宜过大，尽量不要超过3cm，通常在2cm。如果尺寸过大，胸部会出现不平顺的现象，特别是将胸省转到腰省的板型。

腰节线以上的省长距BP点一般不少于3cm，当前腰省尺寸偏大，距BP点可以少至2cm。下半节省长一般距臀围线不能少于5cm，当前腰省尺寸偏大，可以相应长一些。为了省线美观，通常偏向侧缝边1～2cm制板，不会正对BP点画腰省。

为使衣身适合体型，前腰省量要小于后腰省量。在腰线上过BP点向侧缝方向偏移2cm，作垂线至臀围线，确定前腰省的位置，取省大2cm。由BP点作一条水平线交与省中线，其交点向下取3cm左右作为前腰省的省尖位置，分别与两个省边连线；向下与臀围线连线。

第五步　完成衣身制图

（1）前后臀围线。在臀围线上从后中心线向前中心线量取臀围的必要尺寸 $\frac{H}{4}=$ 26cm；在臀围线上从前中心线向后中心线量取臀围的必要尺寸 $\frac{H}{4}=26cm$，如图4-101所示。

（2）侧缝线。

①腰线以上部分：腋下点至腰节点的长度，前后长度要一致。

②腰线以下部分：由腰节点经臀围点连线至底边线的长度，前后长度要一致。

（3）前止口线。由于本款为对襟式省道结构西服，在门襟处无须放出搭门量，前中心线即前止口线。根据撇胸后的前中心线，垂直画到底边，成为前止口线。

（4）底边线。为保证成衣下摆圆顺，底边线与侧缝线需修正成直角状态，底边线与前后省线需修正为直角状态。前片下摆处为圆形，绘制时要符合款式的要求；底边起翘量跟腰省大小和服装的造型有密切关系，起翘量不宜过大，一般采用0.3～0.5cm；侧缝起翘量一般采用0.5～1cm，如图4-101所示。

（5）贴边辅助线。在肩线上由新的侧颈点向肩点方向取2.5cm，在底边线上由前门止口向侧缝方向取7.5cm，两点用弧线连线。

（6）绘制前中片。先由腰围线与止口线的交点向上平线方向量取6cm作为蝴蝶结打结点；过此点与开宽后1cm的侧颈点相连绘制领翻折线；由贴边辅助线和胸围线的交点处（A点）分割至下摆，过A点量取9cm点（此处为设计量）相连领翻折线交于B点，然后将B点与蝴蝶结打结点连线，重新连接各点，即前中片和前贴边，如图4-101所示。

（7）绘制前片驳头。由于本款衣领为翻驳领，但驳头一部分在前中片的分割线中被固定；首先过新的侧颈点做领翻折线的平行线，向下延长与串口线的延长线相交，即C点；作领翻折线的垂线交于串口线，取驳头宽6cm（D点），按照款式要求，然后过D点做出驳头造型，并连接至E点、B点和A点，完成前片领口线的绘制，如图4-101所示。

（8）领口贴边线。由于领型的特殊造型，AB线将贴边分为两个部分，即领口贴边和前中片贴边。

（9）蝴蝶结位置的确定。蝴蝶结长30cm，宽2cm；过蝴蝶结打结点作水平线交于前中片的分割线上，即蝴蝶结的固定点，如图4-101所示。

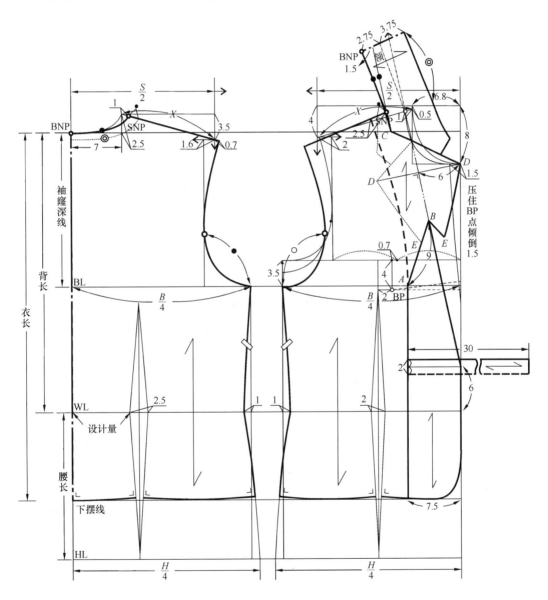

图4-101　对襟式省道结构西服的结构制图

第六步　领子作图（领子结构设计制图及分析）

翻驳领的制图步骤说明：

（1）领翻折线。在绘制前中片时已制出。

（2）前领造型。在前身领翻折线的内侧，预设驳头和领子的形状，此处有一定的经验值，要根据服装的款式需求设计。这就要求制图人员要仔细观察服装款式图领子的式样，设计串口线的高低，学会根据款式图的样式绘制结构制图，如图4-101所示。

（3）串口线。根据服装款式画出领串口。

（4）驳头宽。在领翻折线与串口线之间截取驳头宽，设计宽度为6cm（D点），驳头宽要垂直于领翻折线。

（5）驳头外口线。由驳头尖点与翻折止点连线，驳头外口线的造型可以是直线造型也可以是弧线造型，根据款式造型而定。

（6）领嘴造型。在串口线由驳头尖点沿串口线取3cm，确定绱领止点，过该点画前领嘴宽2.5cm左右，前领嘴宽角度为设计量值。

（7）前翻领外口弧线。在前肩线由侧颈点向肩点方向取2.5cm（设计量），由该点与前领嘴宽点连线，画出前翻领上的领外口弧线◎。

（8）画前领型。沿领翻折线向外对称翻转拓出前领型，把画好的前领型连同驳头一起沿领翻折线向外拓出（可以利用纸样沿领翻折线对折，再把领型拓在下一层，然后再打开纸样作出），如图4-101所示。

（9）后翻领外口弧线。在后肩线由侧颈点向肩点方向取设计量，确定翻领外口线与肩线的交点。在后颈点向下取0.5cm，该尺寸是由后翻领宽3.75cm减去底领宽2.75cm，再减去领翻折厚度的消减量0.5cm得出的。确定翻领外口线与后中心线的交点，画出后翻领外口弧线◎，可将前后肩线覆合检查领外口线的圆顺程度。

（10）翻领宽。设定：后翻领宽（领面）3.75cm，后底领宽（领座）2.75cm。

（11）画后翻领。

①向上延长领翻折线。

②以新的侧颈点向上作延长领翻折线的平行线，由侧颈点向上取领口弧线长（○），确定后颈点，成为后绱领辅助线，这条线比定出的后领脚线长，比实际的领口弧线尺寸稍短，绱领子时在颈侧点附近将领子稍微吃缝，如图4-101所示。

（12）领倒伏量。以侧颈点为圆心，以后领口弧线长为半径，旋转后绱领口线，展开领外口线到所需的尺寸。本款的倒伏量为1.5cm。在后中心线，与倒伏后的绱领辅助线垂直画线，取后底领宽2.75cm和后翻领宽3.75cm。

（13）修正后翻领型。将绱领口线和领翻折线、领外口线修正为圆顺的线条。注意：绱领口线修顺后与衣片有重叠的部分，在分离纸样时要注意正确处理。很多初学者经常把前衣片按照修正的前绱领口线剪掉，造成肩线长度不够、横领宽出错。

（14）西服领常用的制图方法及步骤。西服领常用制图方法有两种，第一种是在领口上直接绘制领子结构图，这需要制板人员有一定的制图经验，初学者不易掌握；另外一种是镜像法，初学者较易掌握，如图4-101所示。

第七步　袖子结构制图

袖子制图如图4-102所示。

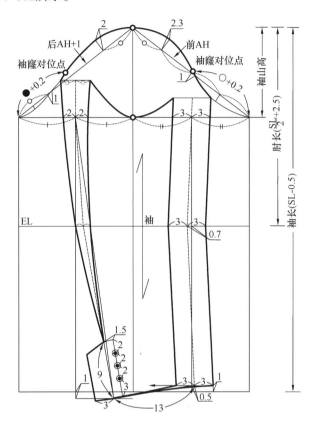

图4-102　对襟式省道结构西服袖子的结构制图

（1）袖中线。画一条直线，作为袖中线。

（2）袖肥线。用直角尺画出一条垂直袖中线的直线，作为袖肥线。

（3）设计袖山高。作出袖山高记号，袖山不能过高，过高会减小手臂活动量；袖山也不能过低，过低会使衣身胸部产生皱纹，影响袖型美观。本款式为较宽松结构，将卷尺竖着沿袖窿弧线测量衣身的袖窿弧线长（AH值），依其前后袖窿的尺寸设计袖山高度，由十字线的交点向上取袖山高值（设计量）14cm。

以160/84B标准人体计算，袖肥=28+8～10=36～38cm，只要在这个范围里，袖山高就可以根据肥瘦做相应调整的。也就是说，袖肥尺寸控制着袖山高值。从袖肥线向上14cm袖中线上作出袖山高点。

（4）袖长。由袖山高点向下减0.5cm量出，画平行于落山线的袖口辅助线。

（5）作出前后袖山斜线。由袖山点向落山线量取，后袖窿按后AH+0.7～1cm（吃势）定出，前袖窿按前AH值定出。袖肥合适后，根据前后袖山斜线定出的9个袖山基准点，然后用弧线分别连线画顺，测量袖窿弧线长，确定袖山的吃缝量（袖山弧线与衣身的袖窿弧长AH值的尺寸差），检查是否合适。本款式的吃缝量为3.5～4cm左右，吃缝量的大小要根据袖子的绱袖位置和角度以及布料的性能适量决定。

（6）确定前后袖窿对位点。在袖窿弧线长上由后腋下点向上取●+0.2cm，确定后袖窿对位点；在袖窿弧线长上由前腋下点向上取○+0.2cm，确定前袖窿对位点。

（7）确定袖子框架。

①肘长30cm，从袖山水平线向下30cm处作肘围线。

②将前后的袖肥分别两等分，并画出垂直线，确立好袖子框架。

（8）确定袖子形态。

①在肘线上，由前袖肥平分线的交点向袖中线方向取0.7cm，袖肘向里取值是为了塑造手臂弯曲造型。由袖口辅助线向上取1cm，画水平线，由交点向袖内缝方向取0.5cm，画出适应手臂形状的前偏袖线，即前袖宽中线。

②由前袖宽中线的底点，在袖口方向的交点，向后袖方向取袖口参数，即袖口的 $\frac{1}{2}$ 值13cm。制图时要依据手臂形态，前袖宽中线短，后袖宽中线长，后袖宽中线的底点要由袖口辅助线向下倾斜1cm。

③由后袖宽中线的底点与落山线上后袖肥的中点连接，再连接后袖宽中线辅助线。

④在后肘线上，将后袖肥中线与后袖宽中线辅助线之间的距离进行平分，画后偏袖线，即后袖宽中线，保证后袖宽中线与袖口线成直角状态。

⑤在后袖宽中线取开衩9cm。

（9）确定大小袖的内缝线。通过前袖宽中线在袖口辅助线交点、袖肘交点、袖肥线交点分别向两边各取设计量3cm，连接各交点，画向内弧的大袖内缝线、小袖内缝线，延长大袖内缝线至袖窿线，由交点向袖中线方向画水平线，与小袖内缝线延长线相交。

（10）确定袖子大小袖外缝线。通过后袖宽中线以袖开叉交点作为起点，袖口不取借量，在袖肥线交点向两边取设计量1cm，画向外弧的大袖外缝线、小袖外缝线，垂直延长大袖外缝线至袖窿线，由交点向袖中线方向画水平线，与小袖内缝线延长线相交。这里要说明的是，通常西服袖外轮廓上并无与面料纱线平行的地方，因此保证一段线与面料纱线平行有利于裁剪。

（11）小袖袖窿弧线。将小袖的袖窿线翻转对称，形成小袖袖窿弧线。

（12）画袖衩。本款西服为三粒袖口，袖衩为设计因素，画后袖宽中线的平行线1.5cm，在该线上由袖口向上取3cm，扣距2cm，距开衩顶点1.5cm。

四、修正纸样

1.完成结构处理图

完成对领面修正、对贴边修正、对成衣裁片的整合。

2.裁片的复核修正

凡是有缝合的部位均需复核修正，如领口弧线、袖窿、下摆、侧缝、袖缝等。

五、工业毛板的制作

本款对襟式省道结构女西服的工业样板，如图4-103～图4-109所示。

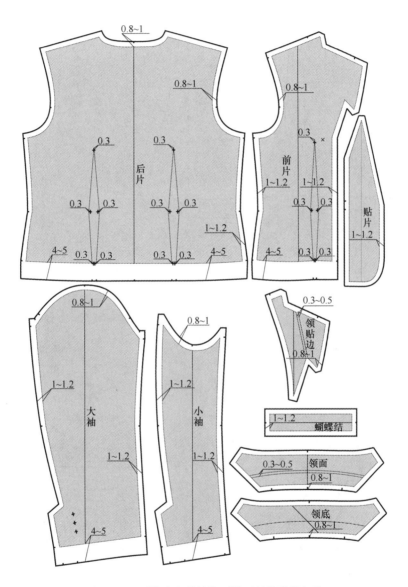

图4-103　对襟式省道结构西服面板的缝份加放

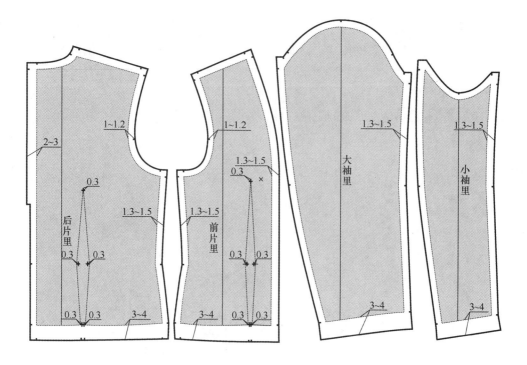

图4-104　对襟式省道结构西服里板的缝份加放

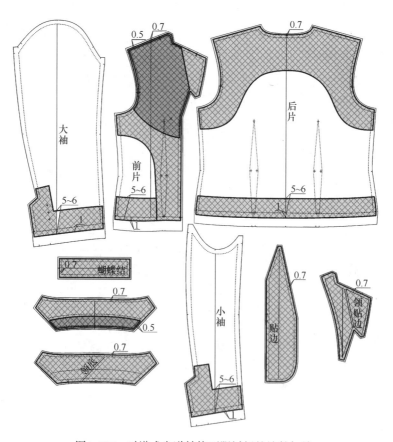

图4-105　对襟式省道结构西服衬板的缝份加放

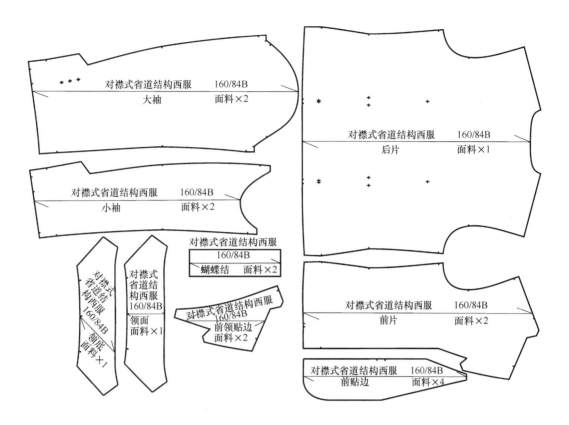

图4-106　对襟式省道结构西服工业板——面板

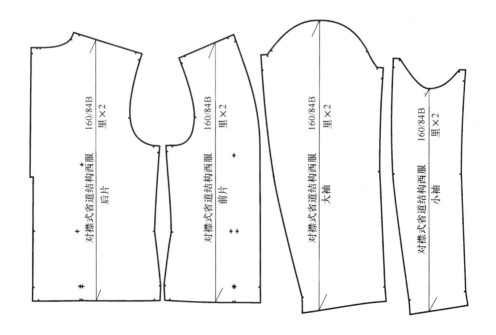

图4-107　对襟式省道结构西服工业板——里板

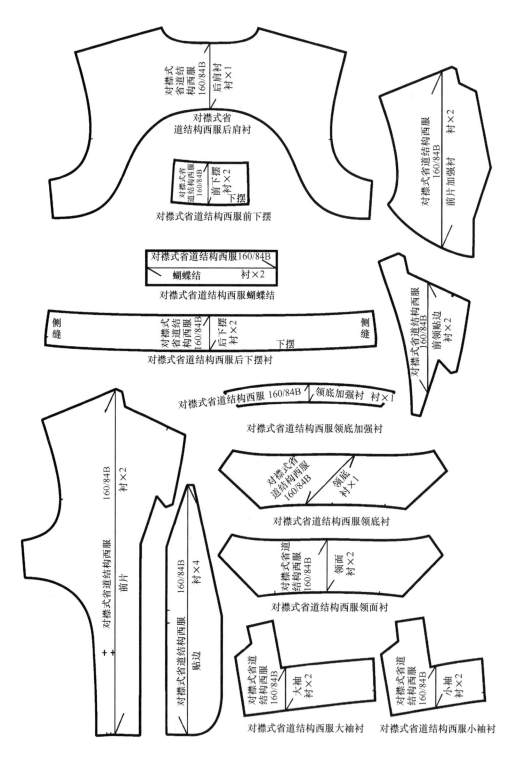

图4-108 对襟式省道结构西服工业板——衬板

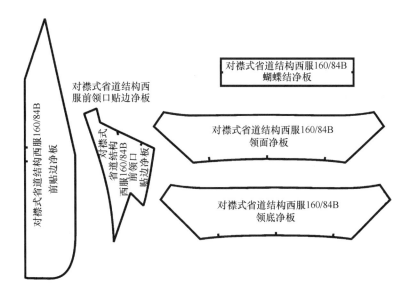

图4-109 对襟式省道结构西服工业板——净板

第六节 三开身结构西服设计实例

三开身双排扣结构西服是女西服的经典款式之一。本节主要介绍三开身双排扣结构西服的结构设计原理，通过本款西服重点学习三开身双排扣结构西服的制图法，以及通过领口省解决撇胸量的方案，通过双嵌线口袋的结构制图讲解口袋的制图原理和工艺要求，以及掌握青果领的制图方法。

一、款式说明

本款服装为三开身、双排六粒扣结构女西服，造型较为宽松，适合成熟女性穿着，可作为日常外出套装及职业套装。通过省道进行收腰处理；其衣长过臀，衣领为青果领，肩型为自然肩型，下摆为直摆，收前腰省，前衣片两侧各有一个双嵌线带袋盖式斜口袋。袖子为两片西服袖。口袋和双排扣的结构处理是本款设计的重点，如图4-110所示。

（1）衣身构成：在四片基础上通达袖窿的六片衣身结构，衣长在腰围线以下42cm。

（2）衣襟：双排六粒扣。

图4-110 三开身结构西服设计实例

（3）领：青果领型。

（4）袖：两片绱袖。

（5）垫肩：1～1.5cm厚的包肩垫肩，在内侧用线襻固定。

二、面料、里料、辅料的准备

1.面料

幅宽：144cm、150cm、165cm。

估算方法：（衣长+缝份10cm）×2或衣长+袖长+10cm（需要对花对格时适量追加用料）。

2.里料

幅宽：112cm、144cm或150cm。

估算方法：幅宽112cm，用料为衣长×2；幅宽144cm或150cm，用料为衣长+袖长。

3.辅料

（1）厚黏合衬。幅宽：90cm或112cm，用于前衣片、领底。

（2）薄黏合衬。幅宽：90cm或120cm（零部件用）。用于腋下片、贴边、领面、袖口以及领底和驳头的加强（衬）部位。

（3）黏合牵条。直丝牵条1.2cm宽，斜丝牵条1.2cm宽；半斜丝牵条为0.6cm宽。

（4）垫肩。厚度：1～1.5cm，绱袖用1副。

（5）袖棉条。1副。

（6）纽扣。直径2cm，6个（前搭门用）。

三、结构制图

三开身结构西服的款式图，如图4-111所示。

图4-111　三开身结构西服款式图

1.制订成衣尺寸

成衣规格：160/84A，根据我国使用的女装号型标准GB/T 1335.2—2008《服装号型 女子》，其基准测量部位以及参考尺寸见表4-9。

表4-9 成衣规格 单位：cm

名称 规格	衣长	袖长	胸围	腰围	臀围	底边围	袖口	肩宽
档差	± 2	± 1	± 4	± 4	± 4	± 4	± 1	± 1
155/80（S）	63	56	101	86	106	109	25	38
160/84（M）	65	57	105	90	108	113	26	39
165/88（L）	67	58	109	94	110	117	27	40
170/92（XL）	69	59	113	98	112	121	28	41
175/96（XXL）	71	60	117	102	114	125	29	42

2.制图步骤

本款三开身结构女西服属于六片结构套装的典型基本纸样，这里将根据图例进行制图步骤说明。

第一步 建立成衣的框架结构

本款为较宽松结构西服，采用常规西服的腰围线对位形式，按照前腰围线胸凸量的一半与后腰围线对位，如图4-112所示。

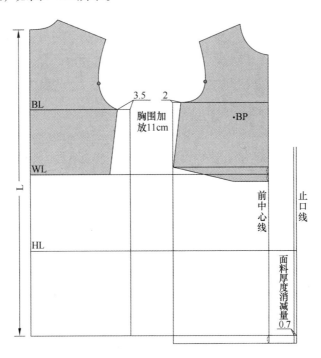

图4-112 建立三开身结构西服框架图

（1）衣长。从后中心线颈点处向下取背长值37～38cm，画水平线WL，即腰围辅助线。在腰围辅助线上放置后身原型，由原型的后颈点，在后中心线上向下取衣长，画水平线，即底边辅助线。

（2）胸围线。由原型前、后胸围线画出水平线，即胸围线。由于胸围放松量为21cm，在原型的基础上还需加放11cm，考虑到手臂前屈的运动需求，在围度上进行比例分配时，后胸围加放3.5cm、前胸围加放2cm，分别作胸围线的垂线至底边辅助线，即前、后侧缝辅助线。

（3）作出腰围线。由原型后腰围线画出水平线，即腰围线。

（4）作出臀围线。从腰围线向下取腰长尺寸画出水平线，即臀围线，三围线应处于平行状态。

（5）腰围线对位。本款采用的是常规西服的腰围线对位形式，将原型前片胸凸量的$\frac{1}{2}$处与腰围线复位在同一条线上，而剩余的$\frac{1}{2}$量放置前下摆；建立合理的三开身西服结构框架。

（6）解决胸凸量。由于本款较为宽松，在胸凸量的解决方案中分三个步骤进行：第一，挖深前袖窿；第二，通过绘制领口省并转移，解决撇胸量的处理，同时也处理了部分胸凸量；第三，将剩余的胸凸量从挖深之后的袖窿来解决，如图4-113所示。

（7）绘制前中心线。由原型前中心线延长至底边线作为本款的前中心线。

（8）绘制前片底边辅助线。由前中心线和后底边辅助线的交点沿前中心线向下延长胸凸量的$\frac{1}{2}$，绘制出前底边辅助线。

（9）绘制前止口线。作一条与前中心线平行的7cm搭门量，并垂直于前底边辅助线。由于考虑到面料的厚度，将止口线再向外偏移0.7cm作为较厚面料的厚度消减量，该量在缝制工艺过程中为防止前止口倒吐，会自然消减掉。在面料薄的情况下，则无需考虑。

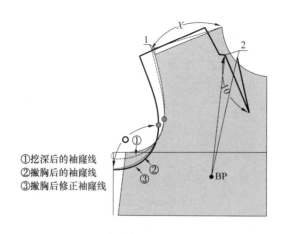

①挖深后的袖窿线
②撇胸后的袖窿线
③撇胸后修正袖窿线

图4-113　三开身结构西服的胸凸量解决方法

第二步 衣身制图

（1）衣长。由后颈点向下摆方向量取衣长80cm，或由原型自腰节线向下42cm，确定底边线的辅助线，如图4-114所示。

（2）前、后领口弧线。

①在前片原型基础上将横领宽开宽0.5cm，重新用弧线与前颈点相连，完成前领口弧线。

②在后片原型的基础上将横领宽开宽0.5cm，重新用弧线与后颈点相连，完成后领口弧线。

（3）后肩宽。由后颈点向肩端方向取水平肩宽的一半（39÷2=19.5cm）。

（4）前、后肩斜线的确定。

①在后肩斜线上由后肩端点垂直向上抬高1.5cm垫肩量，由后侧颈点连线作出后肩斜线X，并延长0.7cm作为肩胛吃量。

②在前肩斜线上由原型肩端点垂直向上抬高1cm垫肩量，由前侧颈点连线画出，前肩斜线长度取后肩斜线的长度值X，确定出新的前肩端点，如图4-114所示。

（5）新后中心线。按胸腰差的比例分配方法，在后中心线与后腰围线的交点处向侧缝方向偏进1cm，再与后颈点至胸围线的中点处连线用弧线画顺，并延长至后底边辅助线1cm点（后中心线与下摆辅助线的交点处向侧缝方向偏进1cm），即新后中心线，如图4-114所示。

（6）后袖窿曲线。由新的后肩端点至开深后的腋下胸围点作出新袖窿曲线。

（7）后袖窿对位点。要注意袖窿对位点的标注，不能遗漏。将皮尺竖起，测量后对位点至后腋下点的距离，并做好记录。

（8）后臀围线。在后臀围线上从新后中心线向侧缝方向量取臀围的必要尺寸$\frac{H}{4}$。

（9）前袖窿曲线。通过撇胸量的转移解决部分胸凸量，然后在其袖窿弧线基础上再进行挖深以修正解决前后差量，重新绘制前袖窿曲线，如图4-114所示。

（10）前袖窿对位点。要注意袖窿对位点的标注，不能遗漏，并将皮尺竖起测量该前对位点至前腋下点的距离，并做好记录。

（11）前臀围线。在臀围线上从前中心线向侧缝方向量取臀围的必要尺寸$\frac{H}{4}$。

（12）腋下片后侧缝线的确定。根据款式图分析，常见的三片衣身结构腋下无侧缝线，前、后片的侧缝线位置依据设计需求而定，但要设计在前后腋点以内，制成的成衣着装状态要尽量隐藏分割线，再将其整合为一个完整的腋下片，如图4-114所示。

首先，从原型后片的腋下点水平向后中心线方向取5cm作出一条垂直于胸围线的辅助线，交于后袖窿（A点）、腰围线上；按胸腰差的比例分配方法，在5cm线和腰围线的交点处向后中心线方向量取省大3cm，取省的中点作垂线交于臀围线和底边辅助线；由于腋下片最后要整合为一个完整的衣片，故在臀围线上多余的臀围量（□）要加到分割线中；根据款式的要求和臀腰差量，在下摆处要加放出10cm的量（前、后片侧缝处各加放5cm，一边2.5cm），在5cm线与底边辅助线的交点处向两边各量取1.25cm（共2.5cm）；然后由4点连接至省大的一边再至□量的一边和下摆1.25cm的点（靠近后中心），用弧线画顺完成腋下片后侧缝线。

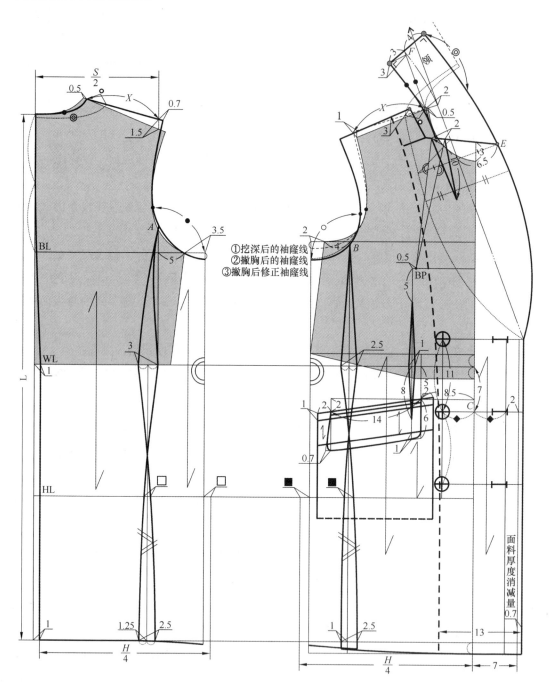

①挖深后的袖窿线
②撇胸后的袖窿线
③撇胸后修正袖窿线

图4-114 三开身结构西服衣身结构图

（13）后片侧缝线的确定。由4点连接至省大的一边再至□量的一边和下摆1.25cm点（靠近侧缝），用弧线画顺完成后片侧缝线。

（14）腋下片前侧缝线的确定。根据款式图分析，常见的三片衣身结构腋下常见无侧缝线设计，前、后片的侧缝线位置依据设计需求而定，但要设计在前后腋点以内，制成的成衣着装状态要尽量隐藏分割线，再将其整合为一个完整的腋下片，如图4-114所示。

首先从原型前片的腋下点水平向前中心线方向量取4cm作出一条垂直于胸围线的辅助线，交于前袖窿（B点）、腰围线、臀围线和底边辅助线；按胸腰差的比例分配方法，在4cm线和腰围线的交点处量取省大2.5cm（两边平分）；由于腋下片最后要整合为一个完整的腋下片，故在臀围线上多余的臀围量■要加到分割线中；根据款式的要求和臀腰差量，在底边处要加放出10cm量（前、后片侧缝处各加放5cm，一边2.5cm），在4cm线与底边辅助线的交点处向两边各量取1cm、1.5cm（共2.5cm）；然后由B点连接至省大的一边再至■量的一边和下摆1.5cm点（靠近前中心），用弧线画顺完成腋下片前侧缝线。

（15）前片侧缝线。由B点连接至省大的一边，再至■量的一边和底边1cm点（靠近侧缝），用弧线画顺完成前片侧缝线，如图4-114所示。

（16）完成底边线。为保证制成的成衣侧缝线圆顺，底边线与侧缝线要修正成直角状态，起翘量根据下摆展放量的大小而定，下摆放量越大起翘量越大。

（17）前片腰省。由BP点向侧缝方向0.5cm处作垂线交于腰围线并延长8cm，在腰围线相交处收省大1cm，再由0.5cm处沿此线向下量取5cm作为省尖，连接省大的两边和8cm点，即前片腰省。

（18）门襟的确定。首先确定止口线：绘制一条与前中心线平行的7cm搭门量，并垂直于前底边辅助线；由于考虑到面料的厚度，将止口线再向前侧缝反方向偏移0.7cm，作为面料厚度消减量，偏移之后的线即前止口线。在前中心线上由原型前片胸围线与前中心线的交点向下摆方向量取7cm（C点），再由C点向胸围线方向量取11cm作出水平线，确定第一排扣的位置，并交于止口线，即领翻折止点，如图4-115所示。

（19）领翻折线。

①由前侧颈点沿前肩斜线向前中心方向延长放出2cm（按后领座高-0.5~1cm），确定领翻折起点。

②连接领翻折起点、领翻折止点，画出领翻折线并向上延长。

（20）前领造型。在前身领翻折线的内侧，预设驳头

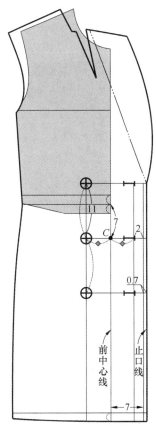

图4-115 门襟的结构制图

和领子的形状，要根据服装的款式需求设计，这个有一定的经验值在里面。这就要求制图人员要仔细观察服装款式图领子的式样，依据款式图设计串口线的高低，学会根据款式图的样式绘制结构制图。

（21）串口线。根据服装款式画出领串口。

（22）驳头宽。在领翻折线与串口线之间截取驳头宽，设计宽度为6.5cm（E点），驳头宽要垂直于领翻折线。

（23）领底弧线的确定。由新的侧颈点做领翻折线的平行线，以新的侧颈点为起点，量取后领弧线长（●）；然后以新的侧颈点为圆心，后领弧线长为半径画圆，本款取倒伏量3cm，在翻折线的平行线与圆的轮廓的交点处向逆时针方向量取3cm；倒伏量并不是一个固定的数据，它是随着翻领后领面的宽窄和翻折线下止口点的高低变化而决定的。领面越宽或者是翻折线下止口点越高，所形成的倒伏量就会越大。反之，翻折领的领面越窄或者是翻折线下止口点越低，所形成的倒伏量就会越小。将倒伏量3cm点与新的领口弧线相连，用弧线画顺，即底领弧线，如图4-114所示。

（24）翻领宽。设定后翻领宽（领面）4cm，后底领宽（领座）3cm，相交处为F点。

（25）后翻领外口弧线。在后肩线上由侧颈点向肩点方向取设计量，确定翻领外口线与肩线的交点。由后颈点向下摆方向取0.5cm，该尺寸是由后翻领宽4cm减去底领宽3cm，再减去领翻折厚度的消减量0.5cm得出的。确定翻领外口线与后中心线的交点，画出后翻领外口弧线◎，可将前后肩线覆合检查领外口线的圆顺程度，如图4-114所示。

（26）领外口弧线。过后翻领宽4cm点与领翻折线止点相连，根据款式要求画出领外口弧线。也可以利用镜像法先在衣身上绘制出青果领的造型，然后以领翻折线为中线对折过去，即为领外口弧线，如图4-114所示。

（27）重新修正领翻折线。过F点与领翻折线止点相连，用弧线画顺。

（28）修正后翻领型。将绱领口线和领翻折线、领外口线修正为圆顺的线条。注意：绱领口线修顺后与衣片有重叠的部分，在分离纸样时要注意正确处理。很多初学者经常把前衣片按照修正的前绱领口线剪掉，造成肩线长不够、横领宽出错。

（29）作出贴边线。在前肩斜线上由前侧颈点向肩点方向量取3cm，在底边线上由前门止口向侧缝方向取设计量13cm，两点连线，用弧线画顺，即前片贴边。本款青果领的贴边结构线有两种画法，具体绘制方法，如图4-116所示。

（30）纽扣位的确定。在工业生产制图中，纽扣位的画法又分为扣位和眼位两种画法。在结构制图中要准确标注是扣位还是眼位。纽扣位的确定在款式中首先要考虑的是设计因素，门襟的变化决定了纽扣位置的变化。

①先水平向侧缝方向作2.7cm（其中0.7cm的面料厚度消减量）的眼位线且平行于止口线，然后由原型前片下摆与前中心线的交点处沿前中心线向下摆方向延长7cm（C点）作水平线，确定中间一排扣位的位置，并交于2.7cm线和止口线。

②过C点到2.7cm线之间的距离用◆表示，确定扣眼位，再由C点向相反方向量取◆

量，确定中间一粒纽扣位；并过此点作腰围线的垂线，向上下各量取扣距11cm，作出扣位线，确定纽扣的位置，如图4-114所示。

③作平行于眼位线11cm的扣位线，保证扣位的间距与前中心两边相等。然后由2.7cm线往止口方向放取0.2～0.3cm，确定扣位的一边，再由扣位边向侧缝方向取扣眼大2.2～2.3cm，扣眼大小取决于扣子直径和扣子的厚度。

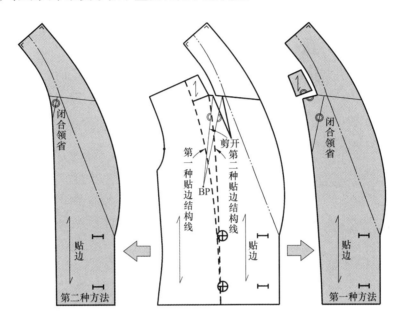

图4-116　三开身前片贴边的绘制方法和纸样处理

第三步　口袋结构设计的方法及分析

（1）口袋规格的确定。

口袋规格的确定是根据手的大小或服装与口袋的对比关系确定的。口袋的袋口大：测量手的宽度并增加3～5cm松度。口袋的深度：测量手指尖至腕部的长度再加2～3cm，如图4-117所示。

（2）口袋位置的确定。

女装上衣口袋的设计通常要考虑实用功能及流行因素两个方面，袋位的设计应与服装的整体造型相协调。上衣口袋袋位在结构制图中的位置要根据人体手臂插口袋的舒适度来确定，一般以腰节线为坐标线，中长上衣从腰节线下落5～8cm，长上衣一般下落量为9～10cm，但也可根据衣长向上调整。

在服装中，一般上装大袋的袋口高低以底边线为基准，由底边线向上测量确定，向上量取衣长的$\frac{1}{3}$减去1.5～2cm。由于服装长短比例不断变化，这种计算方法存在一定的局限

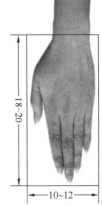

图4-117　手与口袋的设计关系

性，应该根据人体臂部的活动范围与活动规律来确定口袋的位置。由人体比例可知，当手臂自然下垂时，手指尖处于大腿的 $\frac{1}{2}$ 处，肘关节与腰节线位置平齐，随着臂部弯曲角度的不同，手的位置也不断变化。手的上限点，一般是在袖窿深线的位置。同时，随着手的位置变化，手的倾斜角度也在发生变化。根据这一原理，袋位变化的同时，袋口的斜度也要相应变化，原则上应根据手的活动角度来设计。手的位置越向下，袋口的斜度应越小，上装的下袋口一般处理成水平状态。

（3）本款的口袋制图步骤。

①本款口袋为双开线带盖式口袋，由袋盖、袋布、开线、垫袋布四部分组成。

②由前袋口点作平行于腰线的水平线，后袋点下落2cm，定出袋口长14cm、袋口宽6cm，作平行于袋口线上下各0.5cm的双开线。由上袋口线取5cm为垫袋布，取袋布宽18cm、长18cm，如图4-118所示。

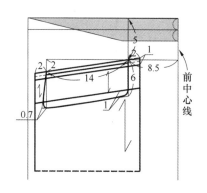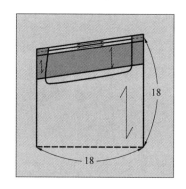

图4-118 三开身结构西服套装口袋的制图

第四步 袖子的结构制图

本款为宽松式西服，袖山高为16cm左右，袖肥为38～40cm，制图原理同刀背结构西服，其区别是该款式西服在结构设计上采用了大、小袖的前、后袖缝互借分割的处理方法，如图4-119所示。

（1）袖中线。画一条直线，作为袖中线。

（2）袖肥线。用直角尺画出一条垂直袖中线的直线，作为袖肥线。

（3）设计袖山高。作出袖山高记号，袖山不能过高，过高会减小手臂活动量；袖山也不能过低，过低会使衣身胸部产生皱纹，袖肥影响袖型美观。本款式为较宽松结构，将卷尺竖着沿袖窿弧线测量衣身的袖窿弧线长AH值，依据其前后袖窿的尺寸设计袖山高度，由十字线的交点向上取袖山高值设计量16cm。

（4）袖长。由袖山高点向下减0.5cm量出，画平行与落山线的袖口辅助线。

（5）作出前后袖山斜线。由袖山顶点向落山线量取，后袖山斜线按后AH+0.7cm～1cm（吃势）定出，前袖山斜线按前AH值定出。袖肥合适后，根据前后袖山斜线定出的9个袖山基准点，用弧线分别连线画顺。测量袖窿弧线长，确定袖山的吃缝量（袖山弧线与衣身的袖窿弧长AH的尺寸差），检查是否合适。本款式的吃缝量为3.5cm左右。吃缝量的大小要根据袖子的绱袖位置和角度以及布料的性能决定。

（6）确定前后袖山对位点。袖山弧线长由后腋下点向上取●+0.2cm，确定后袖山对位点；在袖山弧线长上由后腋下点向上取○+0.2cm，确定前袖山对位点。

（7）确定袖子框架。

①肘长31cm（袖长/2+2.5cm=31cm），在袖山水平线向下31cm处作肘围线。

②将前后的袖肥分别两等分，并画出垂直线，确立袖子框架。

（8）确定袖子形态。

①在肘线上，由前袖肥平分线的交点向袖中线方向取0.7cm，袖肘向里取是为了塑造手臂弯曲造型。由袖口辅助线向上取1cm，画水平线，由交点向袖内缝方向取0.5cm，画出适应手臂形状的前偏袖线，即前袖宽中线。

②由前袖宽中线的底点在袖口方向的交点，向后袖方向取袖口参数，即袖口的$\frac{1}{2}$值（13cm）。依据手臂形态，前袖宽中线短，后袖宽中线长，后袖宽中线的底点要由袖口辅助线向下倾斜1cm。

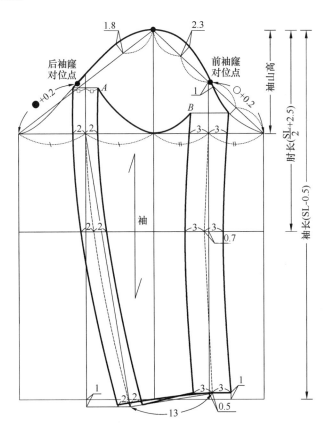

图4-119 三开身结构西服套装袖子结构图

③由后袖宽中线的底点与落山线上后袖肥的中点连接后袖宽中线辅助线。

④在后肘线上，将后袖肥中线与后袖宽中线辅助线之间的距离进行平分，画后偏袖线，即后袖宽中线，保证后袖宽中线与袖口线成直角状态。

（9）确定袖子的大小袖内缝线。通过前袖宽中线在袖口辅助线交点、袖肘交点、袖肥线交点分别向两边各取设计量3cm，连接各交点，画向内弧的大袖内缝线、小袖内缝线，延长大袖内缝线至袖山线，由交点向袖中线方向画水平线，与小袖内缝延长线相交。

（10）确定袖子的大小袖外缝线。通过后袖宽中线在袖肥、袖肘和袖口处各向两边互借设计量2cm，画出向外弧的大袖外缝线、小袖外缝线，并延长大袖外缝线至袖窿线，由交点向袖中线方向垂直画出水平线，与小袖内缝延长线相交。这里要说明的是，通常西服袖外轮廓上并无与面料纱线平行的地方，但保证一段轮廓线与面料纱线平行有利于裁剪。

（11）大、小袖袖山弧线。重新修顺大袖袖山弧线，将小袖的内缝线和外缝线上的A点和B点相连，并经过腋下点（袖中线和袖肥线的交点）用弧线画顺，形成小袖袖山弧线。

四、修正纸样

（1）修正整合腋下片。处理腋下片，前后腋下片拼合之后将下摆做圆顺处理，如图4-120所示。

（2）修正整合贴边，如图4-120所示。将贴边中的领口省闭合，用弧线做圆顺处理。

（3）处理好腋下片后修顺前后底边。需要注意的是，由于本款成衣下摆前短后长，因此要保证双排扣下摆重叠部分的平行状态，如图4-120所示。

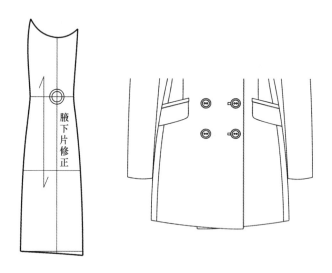

图4-120 腋下片的整合和双排扣下摆重叠部分未做平行处理的错误状态

思考题

1.结合所学的西服结构原理和技巧设计两款女式西服，要求以1∶1的比例制图，并完成全套工业样板，制作样衣，并根据样衣效果修正纸样。

2.课后进行市场调研，认识流行的西服款式和适用面料，认真研究近年来西服样板的变化与发展，自行设计五款流行的西服款式，要求以1∶5的比例制图，并完成全套工业样板。

3.针对西服的各个部位（领子、袖子、口袋、门襟等）进行结构设计，结合成衣分析各部位结构构成原理。

综合实训——

女衬衫结构设计

课题名称： 女衬衫结构设计

课题内容： 1. 女衬衫概述

2. 普通女式衬衫结构设计实例

课题时间： 4课时

教学目的： 本章选用女衬衫变化款式进行结构设计并进行较深入的分析研究，结构设计的重点是明门襟设计，通过学习能够掌握女衬衫的基本结构设计方法，也可以对不同款式女衬衫进行合理的结构设计。

教学方式： 讲授和实践

教学要求： 1. 熟练掌握紧身型、适体型、宽松型等衬衫的各种尺寸加放方法。

2. 掌握女衬衫门襟、领型、袖型、下摆的设计变化技巧。

3. 掌握女衬衫结构纸样中净板、毛板和衬板的处理方法。

4. 能根据衬衫具体款式进行制板，使其既符合款式要求，又符合生产需要。

课前准备： 准备A4（16k）297mm×210mm或A3（8k）420mm×297mm笔记本、皮尺、比例尺、三角板、彩色铅笔、剪刀、拷贝纸、规格为100～300g牛皮纸等制图工具。

第五章　女衬衫结构设计

女衬衫结构设计有很大的灵活性和设计空间，职业衬衫款式上保留了男式衬衫的特征，本章选用女衬衫变化款式进行结构设计并进行较深入的分析研究，其重点是明门襟设计。通过学习，要求既能掌握女衬衫的基本结构设计方法，也可以对不同款式的女衬衫进行合理的结构设计。

第一节　女衬衫概述

一、女衬衫的产生与发展

女衬衫又称"罩衫"，英文中用"blouse"特指女式衬衫，追本溯源，女衬衫是由两种服装形式演变而来的。一种是从妇女穿用的内衣中变化而来。15世纪，女衬衫多作为内衣穿着，可以从长袍的领口或袖开口处看到里层作为内衣穿着的白衬衣。另一种是由男衬衫演化而来的。最早的衬衫款式是无领子、袖子的束腰衣样式。14世纪衬衫出现了领子和袖头育克；16世纪欧洲衬衫的样式比较繁复，领子和前胸处有大量绣花，或是在领口、袖口、胸前装饰花边；18世纪末，出现了硬高领衬衫；在维多利亚女王时期，出现立翻领西式衬衫。女衬衫是在19世纪末出现的，现已成为女性内外皆可穿着的常用服装之一。

二、女衬衫的分类

女衬衫可以根据着装目的、外轮廓、门襟、穿着的效果以及细节分类。

1.按女衬衫的着装目的分类

按女衬衫的着装目的分类，可以分为礼仪衬衫、职业衬衫、休闲居家衬衫。礼仪衬衫是在重要的社交活动中穿着，如宴会、晚会、庆典等，衬衫质地精美，以黑色或白色为主；职业衬衫主要是在上班时穿着，选料、选型趋向舒适，这类衬衫精致、简洁；休闲居家衬衫是在居家、散步、游玩时穿着，这类衬衫一般采用舒适的纯棉面料，色彩图案偏个性化。

2.按女衬衫的外轮廓分类

按女衬衫的外轮廓分类，可以分为男衬衫式、短夹克式、罩衫式、马球衫式、裹襟式、露肩式。男衬衫式属于直线裁剪，领子、门襟和袖克夫都借用男衬衫的风格，比较具有动感；短夹克式的衬衫特征是上衣宽松，衣长过腰围线并适当延长，下摆处穿带子或绳子，后收腰或者下摆带有合体腰带；罩衫式的衬衫是一种下摆可以罩在裤子或裙子的外面来穿着的女衬衫，此类女衬衫虽然衣长不定，但下摆与衣长的平衡很关键；马球衫式衬衫是一种休闲风格的女衬衫，采用针织面料，开领，短开襟；裹襟式的衬衫前两片相互重叠，并在一侧打结，穿着舒适、大方；露肩式的衬衫类似于衬衣小背心、吊带衫的女衬衫，一般为贴合人体的设计。

3.按女衬衫门襟结构分类

按女衬衫门襟结构分类，可以分为暗门襟式、明门襟式。暗门襟式衬衫通常采用连裁设计，止口不裁开，也有考虑到排料和省料而做裁开设计的；明门襟式的衬衫设计方法很多，根据需要也有裁开设计、不裁开设计两种；裁开设计多用于单面印面料、衣身与门襟撞色、特殊拼接的款式设计；不裁开设计多用于条格面料及双面印面料。

4.按女衬衫的领子结构分类

按女衬衫的领子结构分类，可以分为关门领、带领座（底领）的衬衫领、传统暗扣领、浪漫"温莎"领、海军领、蝴蝶结领、荷叶边领等。关门领是最基本的领型，自然沿颈部一周，因领型较小，故有休闲、轻便的感觉；带领座（底领）的衬衫领，底领直立环绕颈部一周，翻领拼缝于领底之上，这种领型也叫男衬衫领；传统暗扣领是指左右领子上缝有提纽，领带从提纽上穿过，领部扣紧的衬衫领讲求严谨，强调领带结构的立体形象，穿着这种领型的衬衫必须打领带，通常打紧密的小结，领部才显得妥帖；浪漫"温莎"领的左右领角角度在120°~180°之间，这一领型又称敞角领；纽扣领是指运动型领尖以纽扣固定于衣身，原是运动衬衫，典型的美式风格，随意自然，部分商务衬衫也采用纽扣领，目的是固定领带，适合年轻人；海军领是指前领围呈V字形，而后领则呈四方形，并下垂为宽大坦领；蝴蝶结领是指领子呈长条、带状，可结成蝴蝶结。根据所采用的纱向（料纱、经纱）不同，蝴蝶结的视觉效果也不同；荷叶边领是指没有领座，使用斜裁布条卷住缝份缝在衣身上，领子抽缩成褶裥或皱裥后而形成的领。

第二节　普通女式衬衫结构设计实例

本节主要介绍女衬衫的结构设计原理和方法，通过本款主要学习女衬衫成衣规格的制订方法；女衬衫结构设计方法；明门襟的结构处理方法；女衬衫成衣纸样的制作及工业样板的绘制要求。

一、款式说明

本款衬衫是一款变化式的女衬衫，基本特征是衣身呈现T型轮廓，为体现宽松的着装状态，前片设计的腋下省量转移至肩部成为碎褶，以突出衣身轮廓造型。衣身长度适中，底摆为前短后长的圆摆，后衣摆在人体臀围线稍下的位置；领子是普通的一片小圆领，袖子为中袖，袖口设计了袖克夫和开衩；门襟是明门襟形式，它是本款女衬衫的重点设计，本款衬衫可以与裤子、裙子等组合，适合于休闲场合、职场穿着，如图5-1所示。

在这款衬衫的面料选择上，可以选用真丝、纯棉细布、斜纹布、牛仔布、麻、化纤类面料等，也可选择混合莱卡有一定弹性的面料制作。

（1）衣身构成：三片衣身结构设计，衣长在腰围线以下30~34cm。

（2）衣襟搭门：明门襟，单排扣，下摆为前短后长的圆摆。

（3）领：领子是一片小圆领构成。

（4）袖：插肩袖，有袖头，袖开衩为普通绲边形式。

二、面料、辅料

1.面料

幅宽：120cm或144cm。

估算方法：（衣长+缝份10cm）×2或衣长+袖长+10cm（需要对花对格时适量追加用料）。

图5-1　女衬衫效果图

2.辅料

（1）薄黏合衬。幅宽：90cm或120cm，用于翻领、袖头部位。

（2）纽扣。直径为0.5~1cm的纽扣准备7个，前搭门以及袖头处使用。

三、结构制图

准备好制图的工具和作图纸，制图线和符号要按照第一章节的制图说明正确画出。女衬衫结构款式，如图5-2所示。

图5-2　女衬衫结构款式图

1.确定成衣尺寸

成衣规格为160/84A，根据我国使用的女装号型GB/T 1335.2—2008《服装号型　女子》，其基准测量部位以及参考尺寸见表5-1。

表5-1　成衣规格表　　　　　　　　　　　　　　单位：cm

名称 规格	衣长	袖长	胸围	腰围	臀围	肩宽
档差	±2	±1	±4	±4	±4	±1
155/80(S)	68	31	110	110	102	50
160/84(M)	70	32	114	114	106	51
165/88(L)	72	33	118	118	110	52
170/92(XL)	74	34	122	122	114	53
175/96(XXL)	76	35	126	126	118	54

2.制图步骤

女衬衫结构属于三片结构的基本纸样，这里将根据图例进行制图分步骤说明。

第一步　建立衬衫的前、后片框架结构

（1）作出衣长。

①后衣长：由款式图分析该款式为宽松型女衬衫，在后中心线上向下取背长值37cm～38cm，画水平线，即腰围辅助线。在腰围辅助线上放置后身原型，由原型的后颈点在后中心线上向下取衣长70cm，画水平线即底边辅助线，如图5-3所示。

②前衣长：由后底边线向上3cm作水平线并交于前侧缝线，延长交于前止口，即前衣长。

（2）作出胸围线。

①由原型后胸围线作出水平线，在后片原型的胸围线上向侧缝外放出4cm，并作垂线至底边辅助线。

②在胸围线上由前中心线与胸围线的交点向侧缝外放出4cm确定成衣胸围尺寸，作前胸围线的垂线至底边线辅助线。

（3）腰围线。由原型后腰围线作出水平线，将前腰围线与后腰围线复位在同一条线上。

（4）臀围线。从腰围线向下取腰长32cm，作出水平线，成为臀围线，三围线是平行状态。

（5）绘制前止口线。与前中心线平行1.5cm绘制前止口线，并垂直画到底边线，成为前止口线。搭门的宽度一般取决于扣子的宽度和厚度，也可取决于款式设计的宽度。

（6）前后底边线辅助线。作后衣长水平线即为后片底边线辅助线；作前衣长水平线即为前底边辅助线。

（7）绘制胸凸量。根据前后侧缝差，绘制至胸点的腋下胸凸省量。

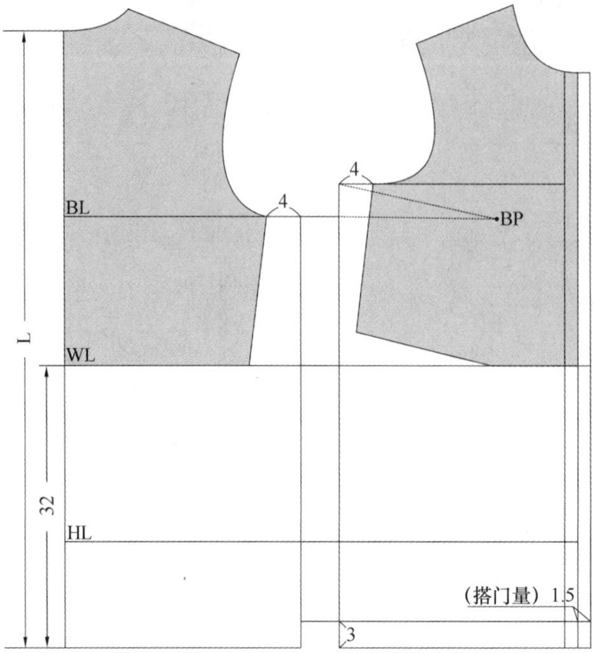

图5-3　建立衬衫结构框架图

第二步　衣身制图

（1）作出衣长。在腰围辅助线上放置后身原型，由原型的后颈点在后中心线上向下取衣长70cm，作出水平线（底边辅助线），如图5-4所示。

（2）胸围线。胸围的放松量一般是在原型的基础上追加放量的。本款衬衫以原型为基准，按照成衣胸围尺寸，胸围放松量不够，因此在前、后原型胸围的基础上各加入放松量4cm。

①在后片原型的胸围线上向前侧缝方向放出4cm，作垂线至底边，即后侧缝辅助线。

②在前片原型的胸围线上向后侧缝方向放出4cm，作垂线至底边，即前侧缝辅助线。

（3）腰围。本款衬衫属于宽松型造型，因此无须考虑腰围的加放量，均同衬衫的胸围一致即可，如图5-4所示。

（4）肩宽。

①后肩宽：从原型后中心线水平向延长之后的肩线量取肩宽（$\frac{S}{2}$=25.5cm），即为后肩宽。

②前肩宽：取后侧肩宽的实际长度等于前侧肩宽。肩部没有任何吃缝量，因此前侧肩宽长度取后侧肩宽长度。

（5）确定新的肩斜线。

①后肩斜线：在原型的侧颈点垂直向上量取1cm，在原型的后肩端点垂直向上量取

2.5cm，将1cm点与2.5cm点连线并延长5cm，确定新的后肩端点。在该线上，将横领宽开宽1.5cm，确定新的后侧颈点，两点间的距离为新的后肩斜线长"X"。

②前肩斜线：将原型的前横领宽开宽1.5cm，确定新的前侧颈点，在原型的前肩端点垂直向上量取1cm，将新的侧颈点与1cm点连线，取后肩宽的实际长度等于前肩宽，确定新的前肩端点，肩部没有任何吃缝量，因此前侧肩宽长度取后侧肩宽长度"X"等长。

（6）确定新的前、后领口弧线。

①后领口：将后颈点与新的后侧颈点画顺，确定新的后领口弧线。

②前领口：在前中心线上由前颈点向下摆方向量取7cm，与新的前侧颈点连线画顺，确定新的前领口弧线。

（7）后过肩的确定。在原型的后中心线上，由后颈点向下摆方向量取7cm，确定为点一，将点一与新的后肩端点连线画顺，如图5-4所示。

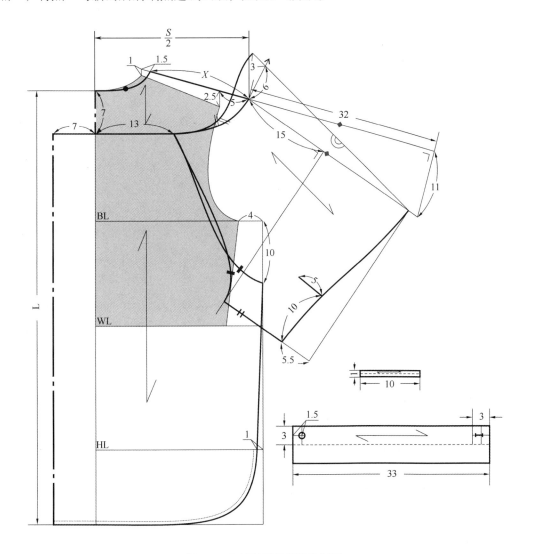

图5-4　女衬衫后衣身结构制图

（8）确定新的后中心线。在原型的后颈点向下摆方向量取的7cm点向后侧缝线的反方向水平量取7cm作垂线，垂直于底边线，成为新的后中心线。

（9）后衣身与后肩袖公用点的确定。在点一处向后侧缝方向量取13cm（设计值），确定衣身与肩袖的公用点。

（10）后衣身袖窿的确定。由后胸围线与后侧缝线的交点垂直向下量取10cm，将后袖窿开深，与公用点连接画顺。

（11）绘制后片插肩袖结构。

①绘制三角形。经过新的后肩端点作后肩斜线的延长线32cm，作后肩斜线延长线32cm的垂线11cm，将11cm点与新的后肩端点连线构成等腰直角三角形。必须注意：三角形的水平线和垂直线要准确画出，如图5-4所示。

②袖中线辅助线、袖长和袖山高的确定。将11cm点与新的后肩端点连线的这条线作为袖中线辅助线；在袖中线辅助线上量取袖长32cm；在袖中线辅助线上由新的后肩端点向袖口方向取袖山高值15cm点，然后由该点作袖中线的垂线画出落山线，如图5-4所示。

③袖肥的确定。将皮尺测量出的13cm（设计值）点与袖窿开深点的长度，再将13cm（设计值）点与落山线交于一点，使其长度等于13cm（设计值）点与袖窿开深点的弧长。弧线与落山线的交点即为袖肥。

④后袖山弧线。作后过肩曲线的延长线6cm，将6cm点与袖长32cm点连线，且向袖长32cm点的反方向作延长线3cm作为点二，再由后过肩13cm（设计值）点与点二画顺，将后袖山弧线画顺，如图5-4所示。

⑤后袖底缝线辅助线与后袖口宽辅助线的确定。作落山线的垂直线，确定后袖底缝线辅助线；作袖长32cm点的垂线与后袖底缝线辅助线交于一点，确定后袖口宽辅助线，如图5-4所示。

⑥后袖口线与后袖口开衩的确定。在后袖底缝线辅助线上由后袖口宽辅助线与后袖底缝线辅助线的交点向落山线方向量取5.5cm确定后袖口线的位置；由5.5cm点向袖中线方向量取10cm，确定开衩位置，开衩的长度为5cm，后袖口的造型根据款式设计的要求画出即可，如图5-4所示。

（12）前过肩。从新的前侧颈点在前领口弧线上量取11cm，且作水平线交于前袖窿处，在此水平线的基础上将11cm点与前肩端点连心画顺，确定前过肩线，如图5-5所示。

（13）前衣身与前肩袖公用点的确定。从新的前侧颈点在前领口弧线上量取11cm，且作水平线交于前袖窿处，再从此水平线上，由水平线与前袖窿的交点向前中心方向量取1cm确定为点三，此点确定为前衣身与前肩袖公用点，如图5-5所示。

（14）前衣身袖窿的确定。由前胸围线与前侧缝线的交点垂直向下量取10cm，将前袖窿开深，与点三连接画顺。

（15）胸凸量的确定。把胸凸量的省量转移至腋下省，合并转化到前过肩线处，将省转化为碎褶，前肩碎褶的处理会在后面图例中讲解。

（16）绘制前片插肩袖结构。

①绘制三角形。经过新的前肩端点作前肩斜线的延长线32cm，作前肩斜线延长线32cm的垂线11cm，将11cm点与新的前肩端点连线构成等腰直角三角形。必须注意三角形的水平线和垂直线要准确画出，如图5-5所示。

②袖中线辅助线、袖长和袖山高的确定。将11cm点与新的前肩端点连线的这条线作为袖中线辅助线；在袖中线辅助线上量取袖长32cm；在袖中线辅助线上由新的前肩端点向袖口方向取袖山高值15cm点，然后由该点作袖中线的垂线画出落山线，如图5-5所示。

③袖肥。将皮尺测量出的点三与袖窿开深点的长度，再将点三与落山线交于一点，使其长度等于点三与袖窿开深点的弧长。弧线与落山线的交点即为袖肥。

④前袖山弧线。作前过肩曲线的延长线4cm，将4cm点与袖长32cm点连线，且向袖长32cm点的反方向作延长线3cm作为点四，将前过肩点三与点四连接，画顺前袖山弧线，如图5-5所示。

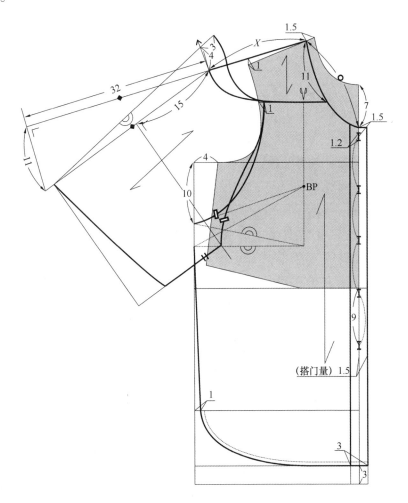

图5-5　女衬衫前片插肩袖结构制图

⑤前袖底缝线辅助线与前袖口宽辅助线的确定。作落山线的垂直线，确定前袖底缝线辅助线；作袖长32cm点的垂线与前袖底缝线辅助线交于一点，确定前袖口宽辅助线，如图5-5所示。

⑥前袖口线的确定。在前袖底缝线辅助线取后袖侧缝线的长度，前袖口的造型根据款式设计的要求画出即可，如图5-5所示。

（17）完成前、后侧缝线。由于本款衬衫属于宽松型，不涉及胸腰差的分配。

（18）绘制前、后底边。

①后底边的确定。在后臀围线与后侧缝的交点向后中心方向量取1cm，再与袖窿开深点、腰围线与后侧缝线的交点、后臀围线与侧缝线偏进1cm的点，将其连接画顺，确定后底边，底边曲线要平缓画顺，如图5-5所示。

②前底边的确定。在前臀围线与前侧缝的交点处向前中心方向量取1cm，再与袖窿开深点、腰围线与前侧缝线的交点、前臀围线与侧缝线偏进1cm的点，将其连接画顺，确定后底边，底边曲线要平缓画顺，如图5-5所示。

（19）明门襟线。设计明门襟宽3cm，即：前搭门宽为1.5cm，以前中心线为基准，绘制平行于前中心线1.5cm明门襟线，并垂直画到底边线，如图5-5所示。

（20）纽扣位。前门襟为五粒扣，第一粒扣是由前颈点向下7cm，最后一粒扣是前腰节向下9cm，剩余扣位则是第一粒扣与最后一粒扣作平分。

（21）眼位。衬衫前门襟的纽扣共五粒，眼位为竖眼，如图5-5所示。

（22）袖头的确定。袖头的长度为33cm，宽度为3cm。

（23）后袖开衩绲条的确定。后袖开衩绲条的长度是10cm，宽度是1cm。

第三步 一片翻领作图（领子结构设计制图及分析）

一片翻领的制图步骤说明如下：

设定后底领高为3cm，翻领高为4cm，前领面宽按照款式需求设计，如图5-6所示。

（1）确定前后衣片的领口弧线。确定后衣片的领口弧线长度●（后颈点至侧颈点），前衣片的领口弧线长度○（前颈点至侧颈点），并分别测量出它们的长度，如图5-6所示。

（2）作出直角线。以后颈点为坐标点画一直角线，垂线为后中心线。

（3）确定领底线的凹势。在后中心线上由后颈点向下量取1.5cm，确定领底线的凹势，作出水平线为领口辅助线。

（4）作出后领面宽。在后中心线上由后颈点向上量取3cm定出后领座高，作出水平线；接着向上量取4cm定出后领面宽，作水平线为领外口辅助线，如图5-6所示。

（5）确定领底线。领底线长=后领口弧线长度+前领口弧线长度=●+○，即取后领口弧线的长度与前领口弧线的长度。在后领座高水平线上由后颈点取后领口弧线长度●，再由该点向领口辅助线上量取前领口弧线长度○，确定前颈点，画顺前、后领底线。

（6）确定领外口线。在领外口辅助线上，由后中心线的交点与前缘领口点连接画顺。领外口的状态根据款式设计需要而定，如图5-6所示。

（7）确定领翻折线。由后领座高和后中心线的交点与前颈点连线。

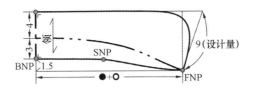

图5-6　女衬衫领子结构制图

四、纸样的制作

修正纸样，完成结构处理图。

基本造型纸样绘制之后，就要依据生产要求对纸样进行结构处理图的绘制。本款衬衣要介绍的是对前肩褶的整合、前片左右门襟的处理以及前后袖子的整合。

1.前肩褶的处理

前肩褶的处理如图5-7所示。

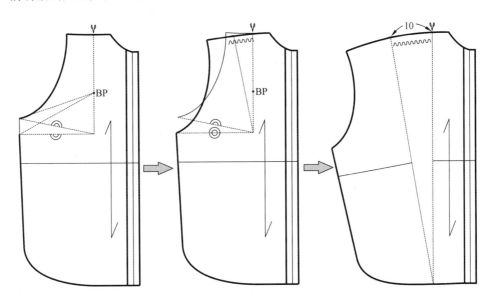

图5-7　肩褶处理的示意图

2.前片左右明门襟的处理

本款式的结构设计重点为前门襟明搭门的结构处理。明门襟的结构仅存在于右边，它的制图方法有很多，常见的是由内向外翻折，但这要保证面料的正反两面无明显差别；也可以采用单独裁剪明门襟条直接缝合，这样的搭配常用于异色的门襟和领子的款式变化中，但此种方法不适合应用于条格面料；再者可以将明门襟宽的这条分割线剪开，将明门襟双折扣烫，将做好的明门襟与明门襟线夹住缝合，但此方法同样也不适合应用于条格面料。

本款采用的是前片连裁的方法，避免了以上的问题。需要说明的是，此类衬衫仅右襟为明门设计，因此前衣片的左右片在处理上是不相同的。

（1）右门襟的整合处理。如图5-8所示，把明门襟宽线拉开推出1~1.2cm的褶裥量，再由前止口线向外放出3cm作为右前门襟的贴边线，将贴边线向反面折叠，再将褶裥量夹住门襟缉明线即可。

（2）左门襟的整合处理。如图5-8所示，由左片底襟的前止口线推出2.5cm作为贴边线，在此基础上再放出1cm缝份，将缝份向反面折叠扣净再将贴边宽向反面折叠，缉底襟明线固定即可。

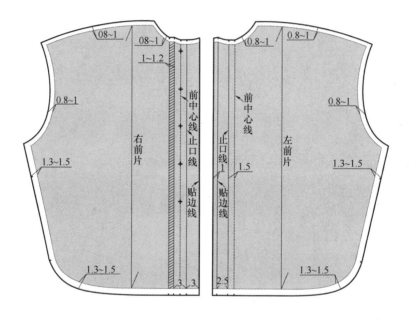

图5-8 前片左右门襟的结构处理

3.前后袖的整合

前后袖的整合如图5-9所示。

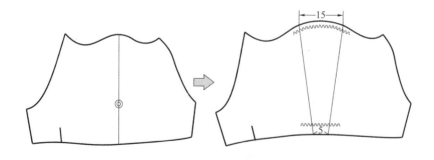

图5-9 前后袖的拼接示意图和袖子褶的处理图

五、工业样板

本款女衬衫工业样板的制作，如图5-10～图5-13所示。

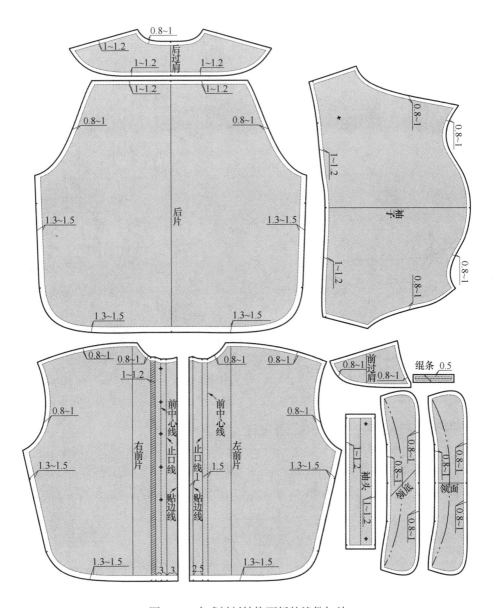

图5-10　女式衬衫结构面板的缝份加放

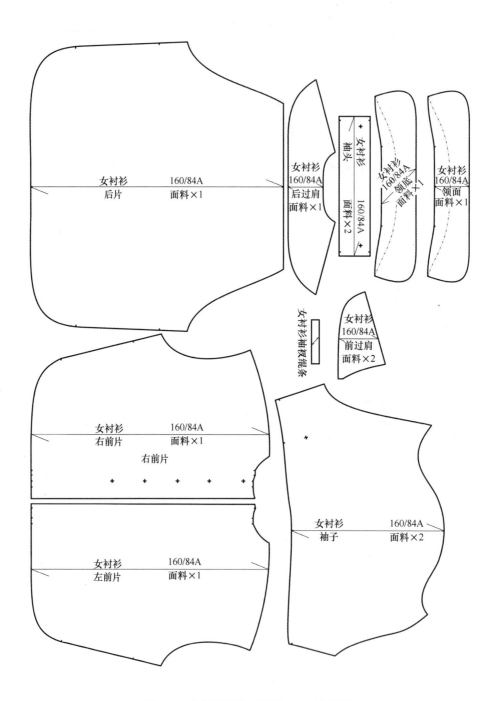

图5-11 女衬衫结构工业板——面料样板

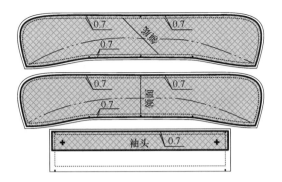

图5-12　女式衬衫结构衬板的缝份加放

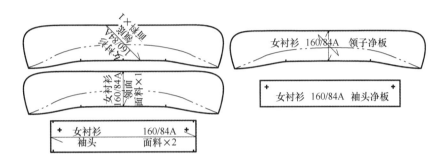

图5-13　女衬衫结构工业板——衬板、净板

思考题

1.绘制一款翻立领、明门襟、宽松直身、一片袖的衬衫结构图。

2.绘制一款单立领、刀背线、合体直身、一片袖的衬衫结构图。

绘图要求

构图严谨、规范，线条圆顺；标志准确；尺寸绘制准确；特殊符号使用正确；构图与款式图相吻合；比例1：5；作业整洁。

综合实训——

连衣裙结构设计

课题名称： 连衣裙结构设计

课题内容： 1. 连衣裙概述

2. 接腰型连衣裙结构设计实例

3. 连腰型连衣裙结构设计实例

课题时间： 8课时

教学目的： 本章选用两款有代表性的连衣裙进行结构设计并进行较深入的分析研究，通过学习能够掌握连衣裙的基本结构设计方法，也可以对不同款式连衣裙进行合理的结构设计。

教学方式： 讲授和实践

教学要求： 1. 熟练掌握连衣裙各部位尺寸加放和结构变化方法。

2. 掌握连腰型连衣裙和接腰型连衣裙基本造型设计和结构制板原理。

3. 掌握连衣裙结构纸样中净板、毛板和衬板的处理方法。

4. 能根据连衣裙具体款式进行制板和放板，既符合款式要求，又符合生产需要。

课前准备： 准备A4（16k）297mm×210mm或A3（8k）420mm×297mm笔记本、皮尺、比例尺、三角板、彩色铅笔、剪刀、拷贝纸、规格为100～300g牛皮纸等制图工具。

第六章　连衣裙结构设计

连衣裙深受大多数女性所喜爱，其款式种类多，造型丰富，常见款式在结构设计上的变化主要是廓型和腰节位置的变化。本章选用两款有代表性的连衣裙进行较深入的分析研究，通过掌握连衣裙的基本结构设计方法，达到对不同款式连衣裙可以进行合理结构设计的目的。

第一节　连衣裙概述

一、连衣裙的产生与发展

连衣裙又称作"连衫裙"、"布拉吉"，是一种将衣身与裙身拼接在一起的女性服装。连衣裙除了可以单件穿着外，还可以与夹克或背心等配套穿着。

连衣裙自古以来都是常用的服装款式之一，在中国古代，上衣与下裳相连的深衣可被看作它的前身，古埃及、古希腊及两河流域的束腰衣，也具有连衣裙的基本形制。古埃及时期的人们普遍穿着套头衫，这种衣服在前中处有开口，衣长过臂可以称为最早的连衣裙。到了文艺复兴时期，通过在裙片部位加入裙撑来塑造女裙造型。在巴洛克和洛可可时期，层层的衬裙取代了裙撑，出现了蓬松鼓起的袖子，并且采用大量奢华的装饰材料。到了19世纪末，出现了只在后腰处使用腰撑的状态。之后，裙装越来越趋于简洁化。第一次世界大战后，由于女性大量参与社会工作，着装逐渐男性化，低腰直筒型裙装开始流行，裙长变短，出现直身型。

连衣裙的变化过程为：古埃及时期（简单直身型）→文艺复兴时期（收腰、裙撑）→巴洛克时期（高腰线、圆锥形）→洛可可时期（人造撑架、裙后为设计点）→拿破仑时期（高腰线、合体、直线型、泡泡袖、大领口）→王政复古时期（收腰）→第二帝政时期（吊钟状、硬衬、宽底摆、塔袖、小领）→19世纪末（后腰撑）→新艺术时期（钟形、羊腿袖）→1910年左右（裙长离地）→装饰艺术时期（直筒型、裙长变短）→1930年左右（细长裙）→现今连衣裙样式越来越丰富，裙长、下摆等随着流行不停地在变化。

二、连衣裙的分类

连衣裙款式种类繁多，有各种不同的分类方法。

1.按连衣裙的外轮廓分类

按连衣裙的外轮廓进行划分，可分为直筒形、合体兼喇叭形、梯形、倒三角形等。在这些廓型的基础上通过改变分割线或细节部位，可以呈现不同的设计效果。通常分割线为水平方向或纵向，也有斜向的不对称分割。直筒型连衣裙外形较为宽松，不强调人体曲线，在下摆处略微收进，呈直线外轮廓造型，也可称为箱形轮廓；合体兼喇叭形连衣裙上身贴合人体，腰线以下呈喇叭状，是连衣裙的常规款式；梯形连衣裙肩部较窄，从胸部到底摆自然加入喇叭量，连衣裙下摆较大，整体呈梯形。倒三角形连衣裙上半身的肩部造型较宽，在下摆的方向衣身逐渐变窄，整体呈倒立的三角形，适合于肩宽较宽、臀部较窄的体型。

2.按连衣裙的分割线分类

连衣裙分割线分为两种，一种是按连衣裙水平方向的分割线进行划分，一种是按纵向分割线进行划分。

（1）按连衣裙水平方向的分割线进行划分。连衣裙中水平方向的分割线属于接腰型连衣裙，其中包括标准型、低腰型、高腰型，如图6-1所示。标准型连衣裙指连衣裙在腰部最细处进行分割，这种款式是连衣裙最基本的分割方式；高腰型连衣裙指在正常腰围线与胸围线之间进行分割，分割线以上是设计的重点；低腰型连衣裙指在正常腰围线以下进行分割，如果分割线的位置低至腰部以下、臀位线处，即为低腰造型的连衣裙。

图6-1 接腰型连衣裙

（2）按连衣裙的纵向分割线进行划分。连衣裙中纵向分割线的连衣裙属于直腰型（连腰型）连衣裙，其中包括贴身型、带公主线型、帐篷型，如图6-2所示。贴身型连衣裙是指紧身、合体的连衣裙，上部要以感觉出胸高为佳，从腰到臀部要自然合体，裙子的侧缝线是自然下落的直线形；公主线型连衣裙指从肩至底边并且通过胸高点的纵向分割线，更适合表现人体优美的曲线，造型优雅，适合于任何体型；帐篷型连衣裙指直接从上部就开始宽松、扩展的形状，也有从胸部以下向下摆扩展的形状。

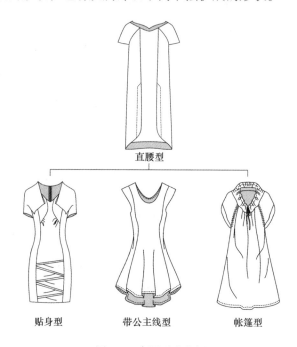

图6-2　直腰型连衣裙

三、连衣裙的面料、辅料

1.面料的分类

夏季的面料较轻薄，衣片常常采用斜纱，使面料比较容易出现柔软的感觉，此时需要考虑斜纱面料对悬垂性的影响。有些连衣裙的面料会选用棉、薄型毛料或化纤织物等材质。

2.辅料的分类

（1）里料分类。根据不同的服装形态会选用不同的里料来与之相配，醋酸纤维、涤纶、乔其纱、真丝、电力纺等为几种可供选择的里料。

（2）衬料分类。夏季的连衣裙需要考虑透气性，衬料的往往选用薄布衬、或薄纸衬，防止服装衣片出现拉长、下垂等变形现象。

（3）其他辅料。

①拉链：长50～60cm，后中缝用。长35～40cm，侧缝用。

②纽扣：直径为1~1.2cm（衣片用）。

除此之外还有很多装饰用的辅料，比如花边、蕾丝、丝带、珠片等。

第二节　接腰型连衣裙结构设计实例

一、款式说明

本款为接腰型连衣裙结构，圆形领口，适身高腰造型，并在腰处有拼接，高腰以下的裙片上有纵向分割结构，后中缝处装隐形拉链至腰部；为满足人体正常行走的需要，后片下摆处设计开衩处理；宽松短袖。该连衣裙长至膝盖以上，它的外形与结构完全符合人体的衣着要求和审美情趣，此款可搭配各类外套，修身的板型，凸显出诱人的好身材。高腰造型结构是本款接腰型连衣裙结构设计的重点，如图6-3所示。

高腰型连衣裙选料是很广泛的，面料一般采用棉布、棉混纺、棉纺绸及水洗布等有一定可热塑性的面料，要求手感柔软舒适，保形性优良，吸湿透气性良好等。

高腰型连衣裙是由上半身与裙子两个部分组成。无论是接腰型还是连腰型，它们对于机能性的要求没有差异。但由于连衣裙的应用范围很广，不同类型的连衣裙，因造型的差异很大，其对机能性的要求自然也不同。本款也可配里料，连衣裙里料为100%醋酸绸，应属高档类仿真丝面料，色泽艳丽，手感爽滑，不易起皱，不起静电，保形性能良好。

图6-3　接腰型连衣裙效果图

（1）衣身构成：在三片基础上分割腰部结构并分割前后裙片的十片衣身结构，裙长在腰围线以下55~60cm。

（2）领：前后领型为圆领型，由于本款后中装拉链，领口大小要根据颈部尺寸加上一定的活动量而定，最小要满足颈根围的尺寸（弹性面料除外）。

（3）袖：袖子为宽松短袖、一片绱袖，并在袖山高处捏一省量，以凸显高袖头的效果。

（4）腰：在前后高腰部位断开并做拼合处理，然后在上下衣片处进行收省解决胸凸量问题。

（5）下摆：下摆较宽松、圆滑，呈倒梯形，后中缝下摆处有开衩，开衩长度15cm，以满足人体在行走时的正常步距。

二、面料、里料、辅料的准备

1.面料

幅宽：144cm或150cm、165cm。

估算方法为：（衣长+缝份10cm）×2或衣长+袖长+10cm（对花对格时需要适量追加用料）。

2.里料

幅宽：90cm或112cm，估算方法为：衣长×2。

3.黏合衬

（1）薄黏合衬。幅宽：90cm或112cm，用于前后领口贴边和前后腰带宽。

（2）拉链。缝合于后中的隐形拉链，长度为50cm左右，颜色应与面料色彩相符。

三、结构制图

准备好制图的工具和作图纸，制图线和符号要按照要求正确画出，如图6-4所示。

图6-4　接腰型连衣裙款式图

1.制订成衣尺寸

成衣规格：160/84A，依据我国使用的女装号型GB/T 1335.2—2008《服装号型》，其基准测量部位以及参考尺寸见表6-1。

表6-1　成衣规格表　　　　　　　　　　　　　　单位：cm

名称\规格	衣长	袖长	胸围	腰围	臀围	袖口	肩宽
155/80（S）	90	22.5	90	74	94	30.5	37
160/84（M）	92	23.5	94	78	98	31.5	38
165/88（L）	94	24.5	98	82	102	32.5	39
170/92（XL）	96	25.5	102	86	106	33.5	40

2.制图步骤

接腰型连衣裙属于三片结构的基本纸样，可以根据上衣原型和A字裙按一定的机能性要求做出基本纸样，下面将根据图例分步骤进行制图说明。

第一步　建立成衣的框架结构，确定胸凸量（横向）

结构制图的第一步十分重要，要根据款式分析结构需求，大部分款式第一步均是解决胸凸量的问题。

（1）作出衣长。由款式图分析该款式为适身接腰型连衣裙，由后身原型的后颈点向下2.5cm作为本款连衣裙后领中心点，从中心点向下量取裙长，作出水平线，即底边辅助线，如图6-5所示。

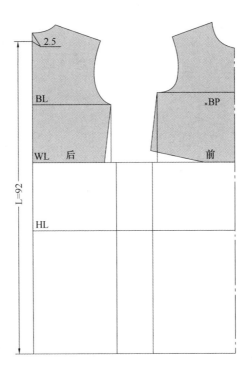

图6-5　接腰型连衣裙结构框架图

（2）作出胸围线。由原型后胸围线作出水平线BL，胸围的放松量为10cm。

（3）作出腰线。由原型后腰线作出水平线WL，将前腰线与后腰线复位在同一条线上。根据不同的款式要求，可以上下调节腰线。

（4）作出臀围线。从腰围线向下取腰长（18cm～20cm），作出水平线HL，成为臀围线，三围线是平行状态。

（5）腰线对位。腰围线放置前身原型，采用的是胸凸量转移的腰线对位方法。

（6）做出侧缝辅助线。腰线以上部分由原型的腋下点垂直向下画出；腰线以下部分在臀围线上取$\frac{H}{4}\pm0.5$cm画出，并垂直于底边辅助线和腰节线，即侧缝辅助线。

（7）绘制胸凸量。根据前后侧缝差，绘制至胸点的腋下胸凸省量。

（8）解决胸凸量。先由原型前、后片袖窿线向下开深，然后取前后侧缝等长的距离，多余的量将其转化为高腰分割线处的胸凸省量，如图6-6所示。

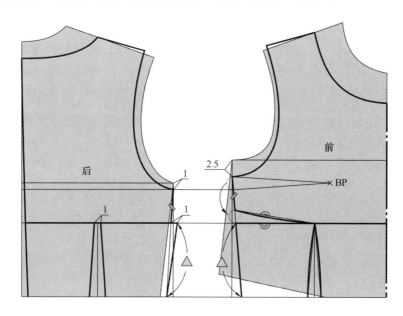

图6-6　接腰型连衣裙胸凸量解决方法

（9）绘制前中心线。由原型前中心延长至下摆线，成为新的前中心线。

第二步　衣身作图

（1）衣长。根据款式和穿着者喜好的不同，衣长应适量而定。该款式为适身接腰型连衣裙，由原型的后颈点向下2.5cm处作为本款连衣裙后领中心点（后颈点），从中心点向下取裙长92cm，即后衣长，并过此点作出下摆辅助线，如图6-7所示。

（2）胸围。根据款式和设计的要求，适当加放一定的松量，在本款中加放10cm的松量，与原型的胸围尺寸保持一致。

（3）臀围。考虑到该款式胸腰差较大，故在本款前后臀围处进行了互借处理，前臀围尺寸按照$\frac{H}{4}+0.5$cm=25cm量取，后臀围尺寸按照$\frac{H}{4}-0.5$cm=24cm量取。

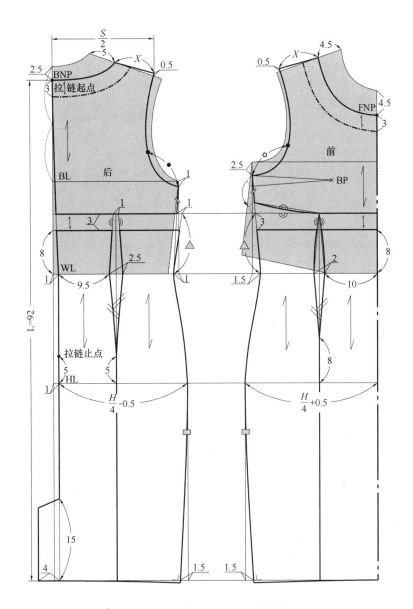

图6-7 接腰型连衣裙结构制图

（4）领口。领口根据不同的款式要求和穿着者的喜好而定，本款式为无领的结构设计，不能简单地认为是除去绱领，而应认识到这是以衣身领口线显示服装款式风格的设计方法。

领口线要根据款式的变化，掌握前领深的极限量。横开领点是服装中的着力点，其最大的开量不能超过肩端点，开深的尺寸范围是以不过分暴露为原则，在夏季连衣裙的设计中，通常控制在不要超过由前颈点向下取12cm的位置点，但后衣片领口开深范围较宽，最深可到腰线。

①后领口弧线：由于本款后中缝装拉链，领宽的大小至少要满足人体的颈根围尺寸，

在原型领的基础上，后横开领开宽5cm，后直开领开深2.5cm，连接两点用弧线画顺，即后领口弧线，如图6-7所示。

②前领口弧线：在原型领的基础上，前横开领开宽4.5cm，前直开领开深4.5cm，用弧线连接两点，即前领口弧线。

（5）后中心线。由于该款较为合身，按胸腰差的比例分配方法，在腰围线和后衣长的交点处、臀围线和后衣长的交点处、底边辅助线和后衣长的交点处向侧缝方向各收进1cm，再与后颈点至胸围线的中点处连线并用弧线画顺，该线要考虑人体背部状态，呈现女性S形背部曲线，在背部体现外弧状态，在腰节体现内弧状态，由腰节点至底边画垂线，即后中心线。

（6）前中心线。由前直开领开深的4.5cm点垂直向下延长至底边辅助线，即前中心线。

（7）后肩斜线。由后颈点向侧缝方向量取 $\frac{S}{2}$，并在肩端点处向上抬高0.5cm，将此点与新的后侧颈点相连，即为后肩斜线"X"。

（8）前肩斜线。由新的前侧颈点在原型肩线的基础上量取与后肩宽长度一致的量"X"，并在肩端点处向上抬高0.5cm，将此点与新的前侧颈点相连，即前肩斜线，保证前后肩线长度一致。

（9）后袖窿线。在原型袖窿的基础上，后片袖窿腋下处向下开深1cm，并由新肩峰点至腋下1cm点画出新后袖窿曲线。

（10）后袖窿对位点。要注意袖窿对位点的标注，不能遗漏。将皮尺竖起，测量后对位点至后腋下点的距离，并做好记录。

（11）前袖窿线。在原型袖窿的基础上，由前片袖窿腋下处向下开深2.5cm，以减少胸腰差量，并由新肩峰点至腋下2.5cm点画出新前袖窿曲线。

（12）前袖窿对位点。要注意袖窿对位点的标注，不能遗漏，并将皮尺竖起测量该前对位点至前腋下点的距离，并做好记录。

（13）高腰分割线。根据款式要求，本款为高腰型连衣裙，在原型腰围线基础上向上抬高8cm，再向上抬高3cm腰带宽，水平画出前后高腰分割线。

（14）腰围。按照接腰型连衣裙的成品腰围和胸腰差的比例分配，在裙子的前后片腰部分别收两个省，前省量大为2cm，后省量大为2.5cm，并在前、后侧缝辅助线与腰围线的交点处各收1cm和1.5cm。为了更加符合女性的体型特点，缝合要顺畅，腰围线也要对位。

（15）腰省。根据款式要求，本款前后裙片各有两条纵向省缝分割线，是由高腰处的省缝延长至底边的分割线。

①后腰省：在原型腰围线和后中心线的交点处向侧缝方向量取9.5cm（设计量），再量取2.5cm的省大并画出后省中线，分别延长至高腰分割线和底边辅助线处；后省中线与高腰分割线的交点处设省大1cm（省中线两边各0.5cm），通过0.5cm点连接至省大，再连

接至省端点（后省中线与臀围线的交点处向胸围线方向量取5cm作为省端点）；用弧线画顺并过省端点延长至底边，即后省缝分割线。

②前腰省：在原型腰围线和前中心线的交点处向侧缝方向量取10cm（设计量），再量取2cm的省大并画出后省中线，分别延长至高腰分割线和底边辅助线；后省中线与高腰分割线的交点作为省的第一个端点，通过省的第一个端点连接至省大（2cm），再连接至省端点（前省中线与臀围线的交点处向胸围线方向量取8cm作为省的第二个端点）；用弧线画顺并过省的第二个端点延长至底边，即前省缝分割线。

（16）后侧缝线。按胸腰差的比例分配方法，由后片的新腋下点向腰线作垂线并相交，过交点收腰省1cm，腰线以下部分的侧缝辅助线与底边辅助线的交点向后中心线方向偏进1.5cm，通过新的腋下点连接腰省1cm点再连接至臀大点和下摆偏进的1.5cm点用弧线连接画顺，并向下延长，保证裙侧缝和底边相交处为直角，即后侧缝线，侧缝线的状态要根据人体曲线进行绘制。

由于本款高腰连衣裙分为上衣和裙子两部分，在高腰分割线上有1cm的省量损失，为保证尺寸的准确性，所以要在高腰分割线与后片侧缝线的交点处延高腰分割线向外加出1cm量，再通过得到的1cm点与腰部相连，用弧线重新画顺。

（17）后片底边线。为保证成衣底边圆顺，底边线与侧缝线要修正成直角状态，起翘量根据下摆展放量的大小而定，下摆放量越大起翘量越大。

（18）后开衩。在后中心线与下摆线的交点处向上量取15cm，作为开衩止点，将底边线向侧缝相反方向水平延长4cm，过4cm点作后中线的平行线，长度为15cm，最后通过15cm点与开衩止点相连。

（19）前侧缝线。由前片的新腋下点向腰线作垂线并相交，过交点收腰省1.5cm，腰线以下部分的侧缝辅助线与底边辅助线的交点向前中心线方向偏进1.5cm，通过新的腋下点连接腰省1.5cm点，再连接至臀大点和底边偏进的1.5cm点用弧线连接画顺，并向下延长，保证裙侧缝和底边相交处为直角，即前侧缝线。

前片裙子部分的侧缝线要与后片裙子部分的侧缝线长度一致，即高腰分割线至底边线的距离要等长；而前片上衣部分的侧缝线同样要与后片上衣部分的侧缝线等长，从前片的新腋下点起，在前片侧缝辅助线上量取等长的距离，即上衣部分的侧缝线，然后与高腰分割线连线画顺；而剩余的量作为胸凸量隐藏在高腰分割线处。

（20）前片底边线。为保证成衣底边圆顺，底边线与侧缝线要修正成直角状态，起翘量根据下摆展放量的大小而定，下摆放量越大起翘量越大。从前后中心线作前后侧缝线的垂线并用弧线画顺，完成前后片的底边线。

（21）修正前片下摆。将展开后的底边用弧线画顺。

（22）绘制前后领口贴边线。需要说明的是贴边线在绘制时，要尽量保证减小曲度。

①后领贴边：在新生成的后领口中心点向下测量3~4cm宽作为后领口贴边的宽度，均匀画顺至后肩线，线条画顺、饱满。

②前领贴边：在新生成的前领口与前中心线的交点向下测量3～4cm宽，作为前片领口贴边的宽度，均匀画顺至前肩线，线条画顺，饱满。

第三步　袖子制图（一片袖结构设计制图及分析）

袖子的结构制图如图6-8所示，制图方法和步骤说明如下：

（1）基础线。先作一垂直十字基础线，水平线为落山线，垂直线为袖中线。

（2）袖山高。将卷尺竖起沿袖窿弧线测量衣身的袖窿弧线长（AH）值，根据前后袖窿的尺寸设计袖山高度，本款袖山高值为设计量16cm。

（3）袖长。袖长长度可以根据设计者的喜好和款式要求确定，本款袖长长度为23.5cm，由袖山高点向下量出23.5cm，画平行于落山线的袖口辅助线。

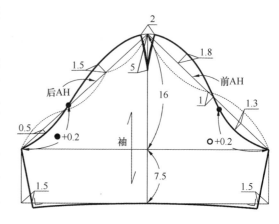

图6-8　接腰型连衣裙袖子结构制图

（4）前后袖山斜线。由于接腰型连衣裙是适身造型，袖子较合体，所以直接按照袖窿弧长来定袖山弧线，由袖山顶点向落山线量取前AH和后AH值。

（5）前后袖山弧线。前后袖山弧线都按AH定出，袖肥合适后，根据前后袖山斜线定出6个袖山基准点，然后用弧线分别连线画顺，并定出袖窿弧线对位点；吃缝量的大小要根据袖子的绱袖位置和角度，以及布料的性能适量决定。

（6）袖山省。在袖山弧线与袖中线的交点向两边量取2cm的省量，长度为5cm，连接并画顺，使袖子造型呈现高袖头的形态。

（7）确定袖口和袖缝线。过袖肥的两个端点作袖口辅助线的垂线，在其相交处向袖中线方向各量取1.5cm，过袖肥的两个端点再连接1.5cm点并略延长，画出袖口弧线；或者以袖山高点与袖口辅助线的交点为中点，向两边量出袖口一半的数值，得出袖口弧线，并连接袖口与袖肥的两个端点，即为前、后袖缝线，袖口尺寸可根据穿者喜好适量放松。

四、纸样的制作

1.完成结构处理图

基本造型纸样绘制之后，就要依据生产要求对纸样进行结构处理图的绘制，完成对前、后衣片腰带宽的修正，如图6-9所示。

2.裁片的复核修正

基本造型纸样绘制之后，就要依据

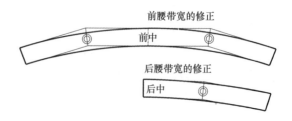

图6-9　接腰型连衣裙前、后衣片腰带宽的修正

生产要求对纸样进行结构处理图的绘制，凡是有缝合的部位均需复核修正，如领口、袖窿、底边、侧缝、袖缝等。

五、工业样板

本款接腰型连衣裙工业样板的制作如图6-10～图6-14所示。

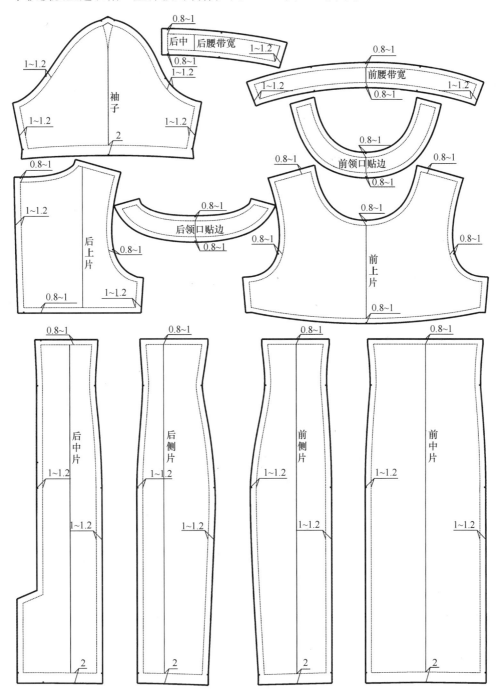

图6-10　接腰型连衣裙面板的缝份加放

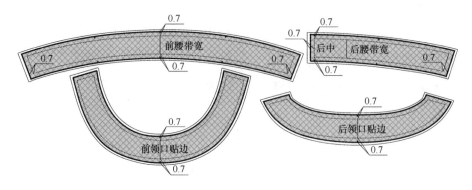

图6-11　接腰型连衣裙衬板的缝份加放

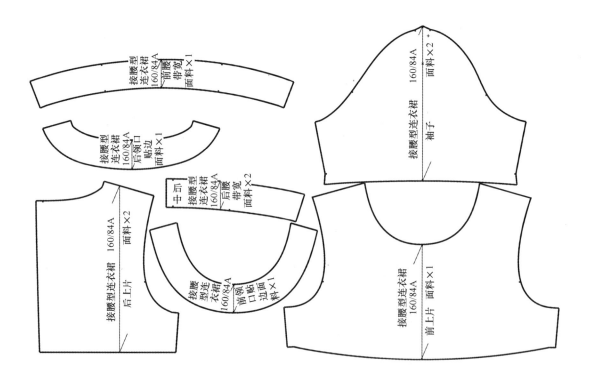

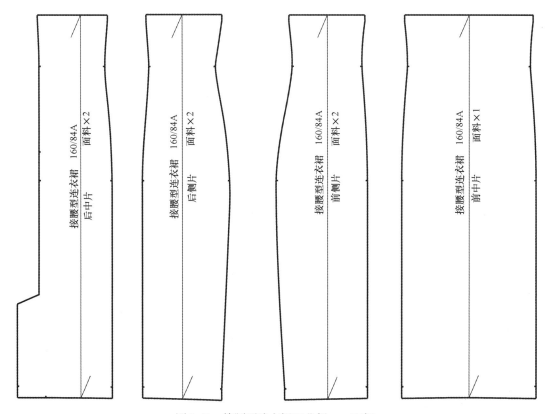

图6-12　接腰型连衣裙工业板——面板

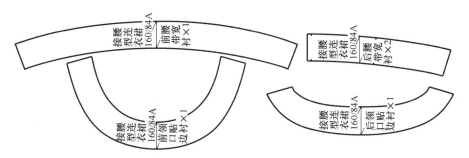

图6-13　接腰型连衣裙工业板——衬板

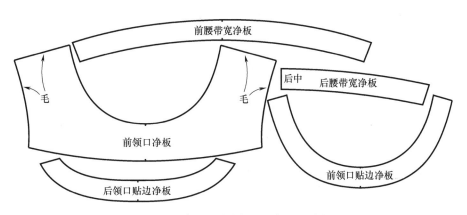

图6-14　接腰型连衣裙工业板——净板

第三节 连腰型连衣裙结构设计实例

一、款式说明

本款为连腰型连衣裙结构，造型简单大方，适身收腰；领口处为圆领型，宽松式连身短袖并过胸部以上横向分割前后衣片，在前片分割线上收两个活褶；前后裙片上各有两条纵向刀背分割线，塑造人体的曲线美，也起到装饰性的效果；后中缝装拉链，宽松式下摆，裙长至膝盖。宽松式连身短袖和胸前活褶是本款连腰型连衣裙结构设计的重点，如图6-15所示。

面料的选择范围很广，本款裙子自然活泼、富有动感，适合年轻女性穿着，因此可以选用悬垂性能好的材料，如化纤织物中的富春纺，毛织物中的薄型或棉纺绸及水洗布等有一定可热塑性的面料，要求手感柔软舒适、保形性和吸湿透气性良好等。

连腰连衣裙是把上衣原型和A字裙的结构连在一起，再按一定的机能性要求做出。本款连衣裙在胸部以上进行横向分割，并通过此分割结构线延展出袖子结构造型的连身袖效果。本款连衣裙的里料为100%醋酸绸，属高档类仿真丝面料，色泽艳丽，手感爽滑，不易起皱，不起静电，保形性良好。

（1）衣身构成：在三片基础上分割胸部结构并分割前后裙片的十片衣身结构，裙长在腰围线以下55~60cm。

（2）领：前、后领为圆领型，领口大小要根据头围尺寸加上一定的活动量而定，最少不小于头围尺寸（弹性面料除外）；前直开领不宜开的过深，否则会露出胸部，根据本款设计要求，不宜超过12cm，保证成衣后的着装效果。

（3）袖：袖子为宽松式荷叶边连身短袖，两片袖。

（4）腰：将腰省转移至胸前活褶来解决胸凸量的问题。

（5）下摆：下摆较宽松、圆滑，呈A字形。

（6）后中心线：以后颈点作为装拉链的起点，到臀围线向上5cm作为装拉链的终点，缝合拉链时要顺畅，自然。

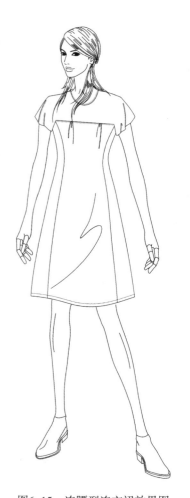

图6-15 连腰型连衣裙效果图

二、面料、里料、辅料

1.面料

幅宽：144cm或150cm、165cm。

估算方法为：（衣长+缝份10cm）×2或衣长+10cm（对花对格时需要适量追加用量）。

2.里料

幅宽：90cm或112cm。

估算方法为：衣长×2。

3.辅料

（1）薄黏合衬。幅宽：90cm或112cm，用于前后领口贴边。

（2）拉链。缝合于后中缝的隐形拉链，长度在53cm左右，颜色应与面料色彩相符。

三、结构制图

准备好制图的工具和作图纸，制图线和符号要按照制图说明正确画出，如图6-16所示。

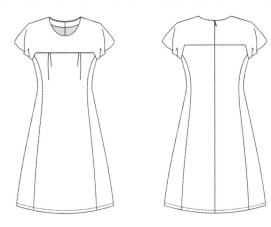

图6-16　连腰型连衣裙款式图

1.制订成衣尺寸

成衣规格：160/84A。根据我国使用的女装号型GB/T 1335.2—2008《服装号型》，基准测量部位以及参考尺寸见表6-2。

表6-2　成衣规格表　　　　　　　　　　　　　单位：cm

名称 \ 规格	衣长	袖长	胸围	（腰围）	（臀围）	下摆大	袖口大	肩宽
155/80（S）	90	11	94	79	98	122	39.5	37
160/84（M）	92	12	98	83	102	126	40.5	38
165/88（L）	94	13	102	87	106	130	41.5	39
170/92（XL）	96	14	106	91	110	134	42.5	40
175/96（XXL）	98	15	110	95	114	138	43.5	41

2.制图步骤

连腰型连衣裙属于三片结构的基本纸样，这是应用上衣原型和A字裙按一定的机能性要求做出的连腰型连衣裙基本型纸样，这里将根据图例分步骤进行制图说明。

第一步　建立成衣的框架结构，确定胸凸量（横向）

结构制图的第一步十分重要，要根据款式分析结构需求，无论是什么款式第一步均是解决胸凸量的问题。

（1）作出衣长。由款式图分析该款式为适身连腰型连衣裙，放置后身原型，由原型的后颈点向下0.5cm作为本款连衣裙新的后颈点，从新的后颈点向下量取裙长，作出水平线，即后衣长，如图6-17所示。

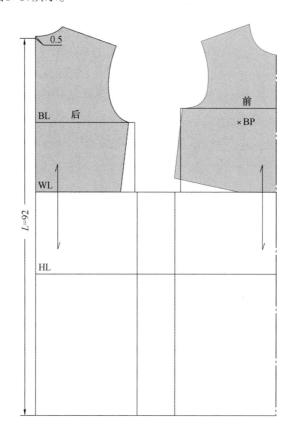

图6-17　连腰型连衣裙结构框架图

（2）作出胸围线。由原型后胸围线作出水平线BL，胸围的放松量为14cm。

（3）作出腰围线。由原型后腰线作出水平线WL，将前腰围线与后腰围线复位在同一条线上。可以根据不同的款式要求上下调节腰线。

（4）作出臀围线。从腰围线向下取腰长（18cm～20cm），作出水平线HL，即臀围线，三围线是平行状态。

（5）腰围线对位。腰围线放置前身原型，采用的是胸凸量转移的腰围线对位方法。

（6）绘制胸凸量。根据前后侧缝差绘制至胸点的腋下胸凸省量。

（7）解决胸凸量。先过BP点做一条垂直于胸部分割线和腰围线的直线，即A点和B点；然后将腋下胸凸省量转移至腰省；最后从A点处剪开至B点，再将腰省进行捏合，胸凸量转移至胸前作为活褶处理，如图6-18所示。

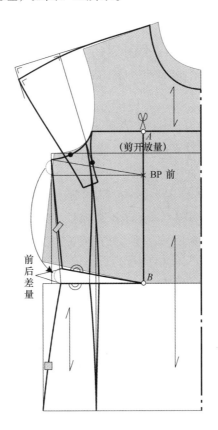

图6-18　连腰型连衣裙胸凸量解决方法

（8）绘制前中心线。由原型前中心点A点延长至底边线成为新的前中心线。

第二步　衣身作图

（1）衣长。根据款式设计和穿着者喜好的不同，衣长应适量而定。该款式为适身连腰型连衣裙，由原型的后颈点向下0.5cm作为本款连衣裙后领中心点（后颈点），从中心点垂直向下量取裙长92cm画出，即后衣长，并过此点作出底边辅助线，如图6-19所示。

（2）胸围。根据款式和设计的要求，本款较为宽松，在本款中加放14cm的松量，在原型胸围尺寸的基础上，前胸围向侧缝处开宽0.5cm（前片的新腋下点）；而后胸围向侧缝处开宽1.5cm（后片的新腋下点），以保证成衣的胸围尺寸。

（3）腰围。根据款式的要求，按照连腰型连衣裙的成品腰围和胸腰差的比例分配，在裙子的前后片腰部分别收两个省，前省量大为1.5cm，后省量大为2cm，并在侧缝线与腰围线的交点处各收1.5cm。为了更加符合女性的体型特点，后腰处也收进1cm；缝合时要顺畅，腰围线也要对位。

（4）臀围。在臀围线上各量取前、后臀围尺寸 $\frac{H}{4}$ =25.5cm，并做出前、后裙片侧缝辅助线。

（5）领口。领口根据不同的款式要求和穿着者的喜好而定，本款式为无领的结构设计；领口线要根据款式的变化，掌握前领深的极限量。横开领点是服装中的着力点，其最大的开量不能超过肩端点，开深的尺寸范围是以不过分暴露为原则，在夏季连衣裙的设计中，通常控制在不要超过由前颈点向下取12cm的位置点，但后衣片领口开深范围较宽，最深可到腰线。

①后领口弧线：由于本款后中缝装拉链，领宽的大小至少要满足人体的颈根围尺寸，在原型领的基础上，后横开领开宽2cm（新的后侧颈点），后直开领开深0.5cm，连接两点用弧线画顺，即后领口弧线，如图6-19所示。

②前领口弧线：在原型领的基础上，前横开领开宽1.5cm（新的前侧颈点），前直开领开深3cm，连接两点用弧线画顺，即前领口弧线。

（6）后中心线。由于该款较为收腰，按胸腰差的比例分配方法，在腰围线和后衣长的交点处向侧缝方向收进1cm，再与后颈点至胸围线的中点处连线并用弧线画顺，即后中心线；该线要考虑人体背部状态，呈现女性S形背部曲线。

（7）前中心线。由前直开领开深的3cm点垂直向下延长至下摆辅助线，即前中心线。

（8）肩宽。后肩宽：从原型后中心线水平向原型肩线量取肩宽（ $\frac{S}{2}$ =19cm），即为后肩宽。

（9）后肩斜线。在后片原型肩端点的基础上向上抬高0.5cm松量，由新的后侧颈点连接此点，即为后肩斜线，用"X"表示。

（10）前肩斜线。在前片原型肩端点的基础上向上抬高0.5cm松量，由新的前侧颈点连接此点，在肩线上量取与后肩宽"X"长度一致，即前肩斜线。

（11）后背分割线。由新的后颈点延后中心线向下量取11cm，过此点作后中心线的垂线，与原型袖窿弧线相交，并向侧缝方向再延长0.3cm，即后背分割线。

（12）后袖窿弧线。由后背分割线延长出的0.3cm点和后上片侧缝辅助线与胸围线的交点相连，用弧线画顺，即后袖窿弧线。

（13）后连身袖外弧线。先过新的肩端点沿后肩斜线量取袖长12cm，并过此点作一条垂线，在相交处向胸围线方向量取1.5cm下落量（C点）；再过新的肩端点延后肩斜线量取4.5cm的落肩量（袖山高），过此点也作一条垂线；然后通过新的肩端点与1.5cm的下落量相连，用弧线画顺，即后连身袖外弧线。

（14）后连身袖山弧线。以0.3cm点为圆心，以袖窿弧线长为半径画圆，与袖山高线相交（E点），并连接画顺。

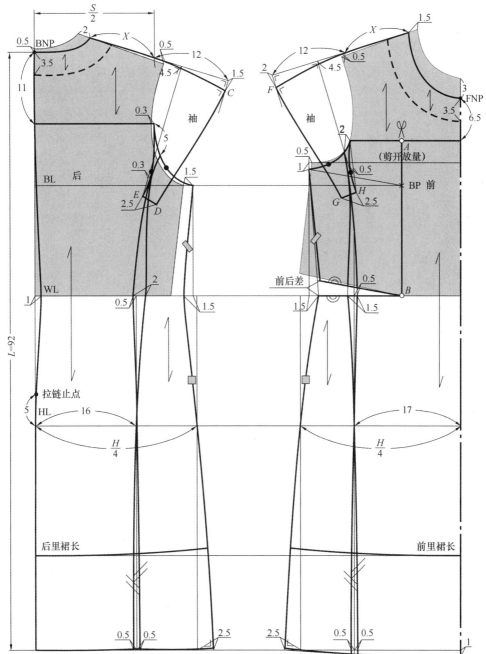

图6-19 连腰型连衣裙衣身结构制图

（15）后连身袖内缝线。过E点作袖山高线的垂线，取内缝线长度2.5cm。

（16）后连身袖口线。过D点与1.5cm下落量（C点）相连，确保相交的角度为直角，用弧线画顺，即后连身袖口线。

（17）前胸分割线。由新的前颈点延前中心线向下量取6.5cm，过此点作前中心线的垂线，与原型袖窿弧线相交，即前胸分割线。

（18）前袖窿弧线。由前胸分割线与原型袖窿线的交点和前袖窿开深1cm点相连，用弧线画顺，即前袖窿弧线。

（19）前连身袖外弧线。先过新的肩端点延前肩斜线量取袖长12cm，并过此点作一垂线，在相交处向胸围线方向量取2cm下落量（F点）；再过新的肩端点延前肩斜线量取4.5cm的落肩量（袖山高），过此点也作一条垂线；然后通过新的肩端点与2cm的下落量相连，用弧线画顺，即前连身袖外弧线。

（20）前连身袖山弧线。以前胸分割线与原型袖窿线的交点为圆心，以袖窿弧线长为半径画圆，与袖山高线相交（H点），并连接画顺。

（21）前连身袖内缝线。过H点作袖山高线的垂线，取内缝线长度2.5cm（G点）。

（22）前连身袖口线。过G点与2cm下落量（F点）相连，确保相交的角度为直角，用弧线画顺，即前连身袖口线。

（23）后侧缝线。按胸腰差的比例分配方法，由后片的新腋下点向腰线作垂线并相交，过交点收腰省1.5cm，腰线以下部分的侧缝辅助线与下摆辅助线的交点向后中心线相反的方向量取2.5cm，通过新的腋下点连接腰省1.5cm点再连接至臀大点和底边偏进的2.5cm点用弧线连接画顺，即后侧缝线，侧缝线的状态要根据人体曲线进行绘制。

（24）后底边线。为保证成衣底边圆顺，裙侧缝和底边相交处要修正成直角状态，起翘量根据下摆展放量的大小而定，下摆放量越大起翘量越大。

（25）后腰省。在后中心线和臀围线的交点处向侧缝方向量取16cm（设计量），过此点作出一条垂直于腰围线和底边线的直线作为省中线，在与腰围线的交点处量取2cm的省大。

（26）后刀背结构线。在后背分割线与后袖窿弧线的交点处延后袖窿弧线量取5cm点作为后刀背结构线的起点，过起点连接至省大、省中线与臀围线的交点、省中线与底边线的交点，并在省中线与底边线的交点处向两边各加放出0.5cm的裙摆量，重新连接画顺。

（27）修正后片底边线。刀背结构分割线与底边线的交点处修正成直角状态，以确保成衣底边的圆顺。

（28）前侧缝线。由前片的新腋下点向腰线作垂线并相交，过交点收腰省1.5cm，腰线以下部分的侧缝辅助线与底边辅助线的交点向前中心线相反的方向偏进2.5cm，通过新的腋下点连接腰省1.5cm点，再连接至臀大点和底边偏进的2.5cm点，用弧线连接画顺，即前侧缝线。

（29）前底边线。为保证成衣底边圆顺，前中心线与底边辅助线的交点处向下延长1cm的长度和前侧缝线与底边辅助线的交点处连接画顺，并在相交处修正成直角状态，起翘量根据下摆展放量的大小而定，下摆放量越大起翘量越大。

（30）前腰省。在前中心线和臀围线的交点处向侧缝方向量取17cm（设计量），过此点作出一条垂直于腰围线和下摆线的直线作为省中线，在与腰围线的交点处量取1.5cm

的省大。

（31）前刀背结构线。在前胸分割线与前袖窿弧线的交点处延前袖窿弧线量取2cm点作为前刀背结构线的起点，过起点连接至省大、省中线与臀围线的交点、省中线与底边线的交点，并在省中线与下摆线的交点处向两边各加放出0.5cm的裙摆量，重新连接画顺。

（32）修正前片底边线。刀背结构分割线与底边线的交点处修正成直角状态，以确保成衣底边的圆顺。

（33）绘制前后领口贴边线。需要说明的是，贴边线在绘制时，要尽量保证减小曲度。

①后领贴边：在新生成的后领口中心点向下测量3～4cm宽，作为后领口贴边的宽度，均匀画顺至后肩线，线条画顺、饱满。

②前领贴边：在新生成的前领口与前中心线的交点向下测量3～4cm宽，作为前片领口贴边的宽度，均匀画顺至前肩线，线条画顺，饱满。

（34）作出里裙底边线。从裙子腰线向下测量出里裙的长度，作出水平线，再从前后中心线与里裙长辅助线的交点作侧缝线的垂直线，并用弧线画顺，即里裙底边线。

第三步　袖子制图（两片连身袖结构设计制图及分析）

袖子的结构制图如图6-20所示，制图方法和步骤说明在衣身结构制图中已作说明。

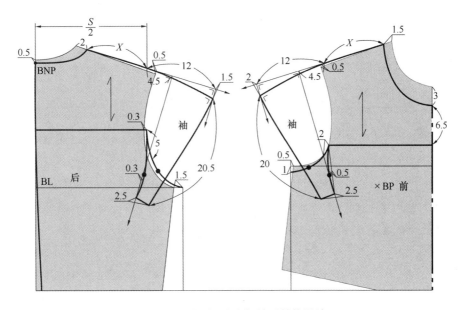

图6-20　连腰型连衣裙袖子结构设计

四、纸样的制作

1.完成结构处理图

基本造型纸样绘制之后，就要依据生产要求对纸样进行结构处理图的绘制，完成对前衣片腋下省的修正，如图6-21所示。

2.裁片的复核修正

基本造型纸样绘制之后，就要依据生产要求对纸样进行结构处理图的绘制，凡是有缝合的部位均需复核修正，如领口、袖窿、底边、侧缝、袖缝等。

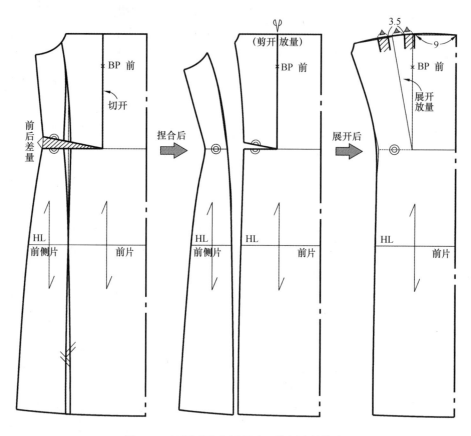

图6-21 连腰型连衣裙前片、前侧片的修正

思考题

1.选择一款接腰型连衣裙造型进行设计和结构制图。

2.选择一款连腰型连衣裙造型进行设计和结构制图。

绘图要求

构图严谨、规范，线条圆顺；标志准确；尺寸绘制准确；特殊符号使用正确；构图与款式图相吻合；比例1：5；作业整洁。

综合实训——

夹克衫结构设计

课题名称： 夹克衫结构设计

课题内容： 1. 夹克衫概述

　　　　　　2. 夹克衫结构设计实例

课题时间： 8课时

教学目的： 本章选用有代表性的夹克款式进行结构设计并进行较深入的分析研究，通过学习，能够掌握夹克的基本结构设计方法，也可以对不同款式夹克进行合理的结构设计。

教学方式： 讲授和实践

教学要求： 1. 掌握夹克衫各部位尺寸设计要求。

　　　　　　2. 掌握夹克衫的设计规律及变化技巧。

　　　　　　3. 掌握夹克衫结构纸样的处理方法。

　　　　　　4. 能根据夹克衫具体款式进行制板。

课前准备： 准备A4（16k）297mm×210mm或A3（8k）420mm×297mm笔记本、皮尺、比例尺、三角板、彩色铅笔、剪刀、拷贝纸、规格为100～300g牛皮纸等制图工具。

第七章　夹克衫结构设计

　　女夹克在款式上沿袭了男装夹克的特征，由工作服逐渐演变成了带有时尚元素的"夹克"，因其实用性而深受青睐。在结构设计上腰身放宽、下摆及腰，具有贴身舒适、防寒保暖的功能性特点。夹克的结构设计方法有很大灵活性，本章选取有代表性的夹克款式进行结构设计并进行较深入的分析研究，通过学习能够掌握夹克的基本结构设计方法，也可以对不同款式夹克进行合理的结构设计。

第一节　夹克衫概述

一、夹克衫的产生与发展

　　夹克衫是指衣长较短，胸围尺寸较大，袖口和下摆收紧的一种上衣样式。它是从欧洲中世纪男子穿的粗布紧身短上衣演变而来的。14世纪末期，与波旁服合用，披在波旁服上作为外衣。后来，又有一种用皮子做的男短上衣，也有无袖的，至今在英国北部还可以见到，当时叫作"茄垦"，形成最早的夹克衫雏形。法国大革命时期，士兵们穿一种前开门襟、短的红色马甲，高翻领，带有背心口袋，钉金属纽扣，面料为红色纯羊毛呢绒，当时取名为"卡尔马尼天尔"。到了18世纪末，法国妇女流行穿一种叫作"堪兹"的夹克衫，宽松无袖，像披肩，有圆翻领，襟缘缀饰花边，用上等麻和棉织成的斜纹粗布制作。与此同时，英国伊顿公学的男学生穿了一种制服，大翻领，前襟敞怀，棉布制作，曾取名叫伊顿夹克衫。夹克衫自形成以来，款式演变千姿百态，不同的时代，不同的政治、经济环境，不同的场合、人物、年龄、职业等，对夹克衫的造型都有很大影响。

　　夹克衫的形式最早是为工作服而设计的。起初人们为了便于工作和劳动，不得不利用带子或松紧带把上衣的下摆和袖口系扎起来，因而也就逐渐形成了这种专门用克夫边或松紧带把衣身下摆和袖口收紧的服装。这种服装不仅便于工作，而且具有良好的机能性，因此，其造型的形式被广泛应用在各种职业装的设计中，包括产业工人装、运动装、军装及一些特殊职业装等。由于夹克衫具有穿着舒适、轻便、易于活动等特点，加上其独特的造型设计风格，除了被用作工作服外，也被人们作为一种日常便装穿用，逐渐成为人们追求时尚的休闲服装。

二、夹克衫的分类

夹克衫与严谨、礼仪场合穿用的套装截然不同，它所体现的是轻松、随便、休闲的风格，在结构设计上比较宽松，胸围的放松量较大，而底摆又要收紧，故夹克衫都为椭圆形或倒梯形轮廓，须具备运动机能，袖子大多采用落肩式的衬衫袖或插肩袖。

1.按夹克衫的廓型分类

按廓型分，可分为宽松蝙蝠夹克衫、倒梯形夹克衫、方形夹克衫、长方形夹克衫四类。宽松蝙蝠夹克衫是适宜女子穿着的时尚款式，其袖口和底摆为紧身型，可用针织罗纹配边，突出宽松的衣身。有些在身、袖之间还有明、暗褶裥和各种装饰配件。倒梯形夹克衫是指衣长在腰节线附近的夹克衫，由于肩部比腰部宽，使其衣身外形构成倒梯形状。方形夹克衫是指衣长在臀围线附近的夹克衫，衣身造型比例似正方形，这也是夹克衫的基本造型，多用于春秋夹克衫。长方形夹克衫是指衣长在横档线下方的夹克衫，由于衣长较长，造型似长方形，多用于冬季外套型的夹克衫。无论是何种款式夹克衫，外形轮廓都要适当夸张肩宽，外部给人以上宽下窄的"T"字体型。

2.按夹克衫的门襟变化分类

夹克衫的门襟常装拉链。若用纽扣，夹克衫可分为主要有单排扣、双排扣、斜门襟、暗门襟等。

3.按夹克衫的衣长变化分类

夹克衫的衣长一般较短，常用臀围线以上位置。根据不同款式，衣长可以从腰围线下10～22cm分出不同的长度款式。

4.按胸围放松量的大小分类

按胸围放松量，夹克衫可分为宽松型、合体型、普通型三类。宽松型是指胸围放松量为30cm以上的款式。合体型是指胸围放松量为10～20cm，结构上有一定立体感，分割线条较多，通常会采用分割线、省道等来达到合体效果的款式。普通型是指胸围放松量为20～30cm，这是夹克衫中最常用的尺寸。

5.按夹克衫的用途分类

夹克衫根据不同用途可分旅游夹克衫、滑雪夹克衫、猎装夹克衫三类。旅游夹克衫可用薄型纯毛呢绒制作，小开领，开襟用纽扣或拉链连接，襟两侧上为贴袋，下为暗插袋，衣长至臀，腰部用腰带束紧；滑雪夹克衫是用纯白涤棉防水卡其布制作，可单可夹，平翻领，身长在腰下，门襟用单扣或双扣连接，下摆用松紧紧束，袖口缀纽扣；猎装夹克衫常选用皮革为面，羔羊毛皮为衬，衣身较短，配有宽肩襻和袖襻，北爱尔兰式不翻领，衣领、袖口翻出盖羊毛皮为装饰，门襟无纽扣，敞怀，利用在下摆处串带式腰带束紧，左右襟搭接。宽松袖，属于高档女式夹克衫，造型取材于英国飞行夹克衫。

6.按服装面料与制作工艺等分类

按面料与制作工艺，可分为毛皮夹克衫、呢绒夹克衫、丝绸夹克衫、棉布夹克衫、针织夹克衫、羽绒夹克衫、中式夹克衫、西式夹克衫等。

三、夹克衫的面、辅料

（一）面料分类

1.根据穿用目的进行夹克衫面料选择

选择工作服夹克衫面料要注意其功能性，对于高温环境作业和室外热辐射环境作业应选择热防护类织物；对于消防、炼钢、电焊等行业应选择耐热阻燃防护材料；对于石油、化工、电子、煤矿等导电行业应选择抗静电织物。

2.根据季节不同进行夹克衫面料选择

便装夹克衫所用面料根据季节有所不同，主要以天然环保面料为主，追求舒适，春夏季夹克衫常用面料有：纯棉细平布、府绸、纯麻细纺、夏布、绢丝、真丝、丝光羊毛、天丝、竹纤维织物、涤纶仿丝绸、锦纶塔夫绸、涤棉混纺织物等。秋冬季夹克衫常用面料有卡其、棉平绒、灯芯绒、华达呢、哔叽、花呢、法兰绒、涤毛混纺呢等。礼服夹克衫所用面料根据夹克衫风格的不同而不同。例如，仿军服夹克衫多选用质地坚牢耐磨的华达呢、斜纹布等，高腰短夹克衫多选用丝绸和羊毛织物等，宴会夹克衫采用缎类等闪光面料。

（二）辅料分类

1.夹克衫的里料

女夹克衫使用里料可方便穿脱、增厚保温、强化面料风格、掩饰棉布里侧缝份。女夹克衫里料常选用棉型细纺、美丽绸、电力纺、涤丝纺、羽纱等。

2.夹克衫的衬料

女夹克衫材料的作用是使面料的造型能力增强，增厚面料，并且能改善面料的可缝性。女夹克衫衬料常选用黏合衬、布衬、毛衬等。

3.其他辅料

女夹克衫还会常用到各类纽扣、拉链、扣襻、罗纹口、皮带扣、子母扣等辅料以及在夹克衫的衣片上做的刺绣、印花，或缝上一些文字、字母、标志、商标、毛边，或钉上一些金属扣、装饰牌等，使其产生一些独特的装饰效果。

第二节　夹克衫结构设计实例

夹克衫是女装中常见的宽松款式经典结构之一。本节主要介绍夹克衫的结构设计原理和方法，学习夹克衫成衣规格的制订方法；掌握夹克衫结构设计方法和拉链、帽子的制图方法；熟悉成衣纸样的制作及工业样板的绘制要求。

一、款式说明

本款女士夹克衫整体结构较为宽松，穿着舒适、大方、易于活动，加上其独特的造型设计风格，除了被用作工作服外，也被人们作为一种日常便装穿用。在该款夹克的下摆处和袖口处装有罗纹口；前门襟处装拉链，并在前门襟的基础上装有前风挡，起到挡风、御寒的功能性效果；而且前风挡上有绗缝和三粒纽扣，同时也起到了装饰性效果。领子为一片式翻领，在领子的下面还装有帽子，帽子的边缘有穿带；前、后片肩部有过肩，前片两侧各有一个装饰贴袋；在后片袖窿附近处还设有功能性的风琴褶，如图7-1所示。

夹克的穿用不受性别、年龄及季节的限制，因而其面料的选择范围很大。丝绸、棉麻、化纤、牛仔布、呢绒、针织布、皮革等都可被用来制作夹克，这就使得夹克这种服装，可以适合每一个人的不同需要，也使其成为了人们除正式场合之外、日常穿用最为广泛的一种休闲便装。

（1）衣身构成：本款夹克是在三片基础上分割肩部和后片的七片衣身结构，衣长在腰围线以下20～25cm。

（2）衣襟搭门：门襟处装拉链，单排四合扣三粒，并装有前风挡。

图7-1　女夹克衫效果图

（3）下摆：前、后下摆为育克形式，采用针织罗纹面料。

（4）领：普通关门翻领，并在领下装有帽子。

（5）袖：在一片造型袖基础上分割的两片结构袖，袖头处采用针织罗纹面料。

（6）衣袋：装饰贴袋，斜插袋有袋盖，袋盖上各有一粒纽扣。

二、面料、里料、辅料

1.面料

幅宽：144cm或150cm、165cm。

估算方法为：衣长+袖长+10cm或衣长×2+10cm（对花对格时需要适量追加用量）。

2.里料

幅宽：90cm或112cm，估算方法为：衣长×2。

3.黏合衬

（1）薄黏合衬。幅宽：90cm或120cm幅宽（零部件用），用于贴边、领面以及袋盖部位。

（2）纽扣。直径1.5cm，1粒（前风挡领口处用）；直径1cm，4粒（前风挡下摆处和袋盖用）。

（3）罗纹。由于罗纹布的拉伸性，很难考核单件用量，企业一般确定每平方米的干燥重量，然后，计算每件成品耗用各种罗纹坯布的长度及重量。

估算方法为：

下摆的罗纹长度=（下摆罗纹规格+0.75cm缝耗+0.75cm扩张回缩）×2（层数），

袖口的罗纹长度=（袖口罗纹规格+0.75cm缝耗+0.75cm扩张回缩）×2（层数）。

三、结构制图

准备好制图的工具和作图纸，制图线和符号要按照制图说明正确画出，如图7-2所示。

图7-2 女夹克衫款式图

1.制订成衣尺寸

成衣规格：160/84A。根据我国使用的女装号型GB/T 1335.2—2008《服装号型 女子》，基准测量部位以及参考尺寸如下表7-1所示。

表7-1 成衣规格表 单位：cm

名称\规格	衣长	袖长	胸围	（臀围）	下摆大	袖口	袖肥	肩宽
档差	±2	±1	±4	±4	±4	±1	±1	±1
155/80（S）	58	51	102	102	91	19	38	38
160/84（M）	60	52	106	106	95	20	39	39
165/88（L）	62	53	110	110	99	21	40	39
170/92（XL）	64	54	114	114	103	22	41	40

2.制图步骤

本款女夹克衫纸样设计是在三片结构基础上分割肩部和后片的七片衣身结构，这里将根据图例分步骤进行制图说明。

第一步　建立成衣的框架结构

结构制图的第一步十分重要，要根据款式结构分析的需求绘制夹克成衣结构框架；由款式图分析该款为倒梯形夹克。

（1）作出衣长。首先放置后身原型，由原型的后颈点向下量取衣长，作出水平线，即（育克）底边辅助线，如图7-3所示。

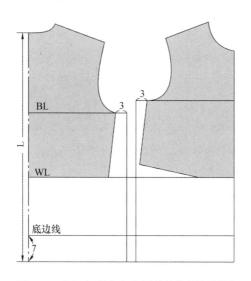

图7-3　建立合理女夹克衫的结构框架制图

（2）作出胸围线。由原型后胸围线作出水平线并确定成衣胸围尺寸；该款胸围加放量为22cm，在原型基础上前、后胸围各加放出3cm。

（3）作出腰线。由原型后腰线作出水平线，将前腰线与后腰线复位在同一条线上。

（4）作出衣片底边辅助线。由（育克）底边辅助线平行向腰围线方向量取7cm的育克宽，即衣片底边辅助线。

（5）腰线对位。在腰围线放置前身原型。由于本款为较宽松款，采用宽松型服装胸凸量的纸样解决方案，详见第三章第二节。

（6）前、后侧缝辅助线。由前、后胸围各加放出的3cm点作垂线，垂直于底边辅助线和腰节线，即前、后侧缝辅助线。

（7）绘制前中心线。由原型前颈点延长至底边线，成为新的前中心线。

第二步　衣身作图

（1）衣长。由后中心线经后颈点向下量取衣长60cm，或由原型自腰节线向下22cm。确定底边线位置，如图7-4所示。

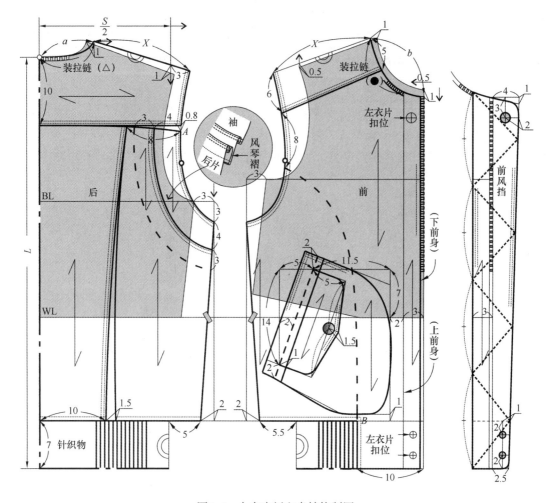

图7-4 女夹克衫衣身结构制图

（2）领口。因领口要绱翻领，所以要考虑领口的开宽和加深。

①后领口弧线：在原型领口的基础上，后颈点不变，后横开领开宽1cm，确定新的后侧颈点；连接两点用弧线画顺，即后领口弧线。

②前领口弧线：在原型领口的基础上，前横开领开宽1cm，确定新的前侧颈点；前直开领开深1cm，确定新的前颈点；连接两点用弧线画顺，即前领口弧线。

（3）肩宽。由后颈点向肩端方向取水平肩宽的一半（39÷2=19.5cm）。

（4）肩斜线。

①后肩斜线：在原型后肩斜线与水平肩宽的一半的交点处向上抬高1cm，由新的后侧颈点连线作出后肩斜线"X"，并延长2.5~3.5cm的落肩量，该量在制成成衣后保证手臂有足够的运动量。

②前肩斜线：前肩斜是在原型肩端点处向上抬高0.5cm的纵向宽松量，然后由新的前侧颈点连线画出，长度要与后肩斜线长度"X"保持一致。

（5）后袖窿弧线。在原型袖窿的基础上，后片袖窿腋下处向下开深3cm，并由新肩峰点至腋下3cm点画出后袖窿弧线。

（6）后侧缝线。由新的后腋下点与后下摆偏进2cm点相连，画出后侧缝线。

（7）后过肩。由后颈点在后中心线上向下10cm作水平线并交于后袖窿线上，过肩线与袖窿线的交点向下0.8cm（A点），重新与过肩线连续用弧线画顺，作出袖窿省。

（8）后片分割线。为了符合夹克上宽下窄的箱型式结构，由袖窿省偏进设计量8cm作为分割线的起点，定为点一；由后中心线与后衣片底边辅助线的交点向侧缝线方向取10cm，定为点二，由点二向侧缝作腰省，省大1.5cm，定为点三，连接点一和点二，绘制后中片分割线；连接点一和点三，绘制后侧片分割线；把各线用直线和曲线连接画顺，完成后片分割线的绘制。

（9）后片风琴褶。风琴褶作为夹克中常见的设计方式，不仅起到了装饰效果，而且满足了人体运动时背部的活动量。由A点至腋下点的后片袖窿弧线向后中心线方向平行偏移4cm，作为风琴褶的分割线。

（10）后片风琴褶的贴边。由后片风琴褶的分割线向后中心线方向再平行偏移3cm，作为后片风琴褶的贴边。

（11）后衣片底边线。在后衣片底边辅助线的基础上重新修顺后衣片底边线。

（12）作出后腰育克。该款育克为针织面料，运用时要考虑到面料的弹性大小。宽度为设计量7cm，由后衣片底边线的侧缝交点向后中心线方向回收5cm确定后腰育克罗纹长度。

（13）前袖窿弧线。在原型袖窿的基础上，由前片袖窿腋下处向下挖深前后差量，保证前后侧缝长短一致，并由新肩峰点至腋下点画出前袖窿弧线。

（14）前侧缝线。由新的前腋下点与前下摆偏进2cm点相连，画出前侧缝线。

（15）前止口线。本款前止口处为拉链，前中心线即为前止口线；而拉链宽度为1cm，所以在前中心线的基础上向侧缝方向偏进0.5cm，重新绘制0.5cm线且平行于前中心线，延长交于领口线和（育克）底边辅助线。

（16）前衣片底边线。从款式图中可以看出前衣片与前腰育克有一部分是相连的，剩余的一部分育克为针织罗纹面料。由前中心线与（育克）底边辅助线的交点向侧缝方向量取10cm点，再过此点作衣片底边辅助线的垂线交于B点，最后再连接前侧缝线与衣片底边辅助线的交点，即完成前衣片下摆线。

（17）作出前腰育克。前腰育克有一部分是和衣身相连，罗纹宽度为设计量7cm，长度的确定由前衣片底边线的侧缝交点向前中心线方向回收5.5cm。

（18）前过肩。由新的前肩端点沿袖窿弧线向下量取6cm点，确定点一；再由新的前侧颈点沿领口弧线向下量取5cm点，确定点二；连接点一和点二，完成前过肩分割线；将该裁片与前过肩对位整合成为后过肩裁片。

（19）前风挡线。向侧缝方向作前中心线的平行线3cm宽，与领口弧线和前片底边线相交，即前风挡线。

（20）前风挡止口线绘制。过前颈点向侧缝相反方向水平量取4cm，确定点一；前中心线与前片底边线的交点向侧缝相反方向水平量取2.5cm，确定点二；连接两点，并在相交处修成小圆角，即完成前风挡止口线的绘制。本款前风挡上有明线绗缝，将前风挡线分为四等份，按照款式设计将其进行连线。

（21）袋盖位。前风挡线和腰围线的交点处向侧缝方向量取2cm（贴袋辅助线），过此点作腰围线的垂线并向胸围线方向量取7cm，再过7cm点向侧缝方向作水平线，量取11.5cm（袋口大点一）和5cm；最后过5cm点向下作该线的垂线，并量取14cm（袋口大点二），将袋口大点一与袋口大点二连线，即为袋口大。

过袋口大两点分别作袋口大的垂线，量取袋盖宽5cm并连线，再取中点作1.5cm的垂线，相交处有一粒纽扣；最后将5cm点与1.5cm点连线，连接处为小圆角，并在袋盖中间相交形成尖角的袋盖样式。

（22）袋盖嵌线。该款袋盖为单嵌线形式，由袋盖大向前中心线方向平行量取1cm的嵌线宽度。

（23）绘制贴袋。首先由衣片底边辅助线向上1cm作水平线，然后在袋口大的基础上向两边各延长出2cm的宽度，作袋盖宽线的平行线，以及向侧缝方向平行量取2cm的宽度与袋盖宽线的平行线相交，并延长至贴袋辅助线；按照款式设计的要求，绘制出贴袋大。

（24）纽扣位的确定。本款前门为3粒二合扣，第一粒扣较大，采用直径为1.5cm的大扣，第二粒和第三粒在前片的下摆处，采用直径为1cm的小扣。在前风挡片上，将前中心线至前风挡止口线之间两等分，作出中线交于领口弧线上，从此交点沿中线向下量取3cm确定第一粒纽扣的位置；然后在前片下摆位置由前风挡止口线向侧缝方向量取1cm平行线，由下摆线交点向育克下摆线方向量取2cm确定第一粒纽扣的位置；由育克底边线交点向底边线方向量取2cm确定最后二粒纽扣的位置；衣身上的纽扣位按照前风挡扣位在左衣片上对应确定即可，如图7-4所示。

（25）作出贴边线。前过肩线和前袖窿弧线的交点处沿袖窿弧线向胸围线方向量取8cm点，确定贴边线的起点；在前中心线和衣片下摆线的交点处向侧缝方向量取10cm点，确定贴边线的终点，两点连线，用弧线画顺，即完成贴边线。需要说明的是，在绘制贴边线时，要尽量减小曲度。

第三步　帽子制图

（1）绘制帽子框架。首先绘制一个帽长42cm、帽宽28cm的长方形框架，如图7-5所示。

（2）帽口线。由帽宽线和帽长线的交点处O点向帽顶方向量取7.5cm（F点），过F点从新连线至帽顶，确定帽口线。

（3）帽领口线。帽领口线由两部分组成：其一，无须和衣身领口缝合的帽领；由O点向后帽中线辅助线方向量取6.5cm（G点），将F点与G点相连，用弧线画顺，即完成帽领口线的前一部分；其二，由帽宽线和后帽中线辅助线的交点沿后帽中线辅助线向帽顶方向量取9cm，过此点水平作后帽中线辅助线的垂线，然后再从G点向此线段量取后领口弧线长（△）+部分前领口弧线长（●）的长度并相交于H点，将此线用弧线画顺，即完成帽领口线的后一部分，也就是缝制拉链的部位。

（4）帽止口线。由帽口线水平向后帽中线辅助线相反的方向量取2cm的翻边宽量且平行于帽口线，上端交于帽顶辅助线，下端以帽口线为中线翻折过去修正下端部位。

（5）后帽中线。将帽顶辅助线与后帽中线辅助线的交点至9cm点之间平分为三等份，把上$\frac{1}{3}$点与H点相连，用弧线连接画顺。

（6）帽顶弧线。首先过帽顶辅助线与后帽中线辅助线的交点处做该直角的平分线，在平分线上量取3.5cm点，然后由帽止口线与帽顶辅助线的交点为起点连接至3.5cm点，再连接至后帽中线，用弧线连接画顺，即完成帽顶弧线。

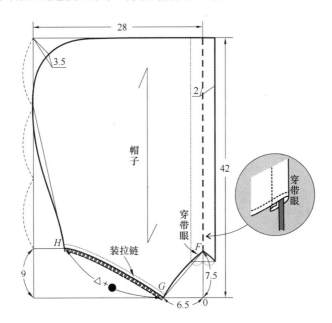

图7-5　女夹克衫帽子结构制图

第四步　领子制图

领子为翻领，设计后领面宽5cm，后领座高4cm，前领面宽按照款式需求设计，如图7-6所示。

（1）确定前后衣片的领口弧线。确定后衣片的领口弧线长度（a）和前衣片的领口弧线长度（b），并分别测量出它们的长度。

（2）画直角线。以后颈点为坐标点画出横纵两条直角线，纵向线为后领中线。

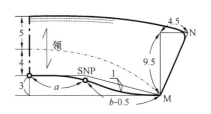

图7-6　女夹克衫领子结构制图

（3）领底线的凹势。在后领中线上由后颈点向上量取3cm，确定领底线的凹势，领底线的凹势量针对翻领中不同的造型设计，变化也是非常大的。

（4）领底弧线。由领底线的凹势3cm作出水平线，长度为后领弧长（a）；过此点连接横向直线（交于M点），长度为后领弧长（b-0.5cm）；用弧线连接画顺领底弧线。

（5）后领宽。在后领中线上由3cm点向上4cm定出后领座高，再向上5cm定出后领面宽，画水平线为领外口辅助线。

（6）前领口造型。过M点作横向直线的垂线，取长度9.5cm，再过此点作垂线4.5cm（N点），连接M点和N点，确定前领口造型。

（7）领外口弧线：在领外口辅助线上，由后领中线上的后领面宽点与N点连线，用弧线画顺，并在领角处修正为小圆角。

（8）领翻折线：以M点为起点连线至后领座高4cm点，用弧线画顺。

第五步　袖子制图

制图方法和步骤如图7-7所示。

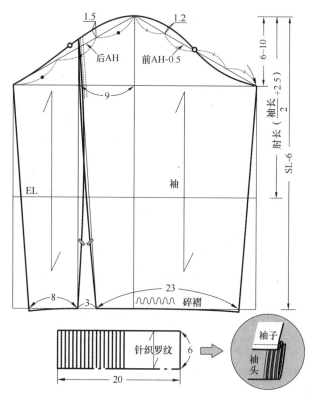

图7-7　女夹克衫袖子结构制图

（1）基础线。先作一垂直十字基础线，水平线为落山线，垂直线为袖中线。

（2）袖山高。由于本款夹克为宽松型，袖山高应略低些，使穿着者穿着后更加宽松和舒适；由十字线的交点向上取袖山高值设计量6～10cm或$\frac{AH}{4}$定出。

（3）袖长。袖长52cm-6cm（袖头宽）=46cm，作出袖口辅助线。

（4）袖口辅助线。过袖长作水平线且垂直于袖中线，即袖口辅助线。

（5）肘长。从袖山顶点向袖口辅助线方向量取$\frac{袖长}{2}$+2.5cm=28.5cm。

（6）测量衣身袖窿弧线长并作记录，作袖山斜线绘制弧线，保证弧线长与衣身的袖窿弧线长相等。

（7）前后袖山斜线。由袖山顶点向落山线上量取前、后袖窿弧线长（前AH-0.5cm）和（后AH），确定袖山斜线。

（8）袖山弧线。由袖肥的两个端点并经袖山顶点用弧线画顺，确定袖山弧线。

（9）绘制前后袖缝辅助线。由袖肥的两个端点连接至袖口辅助线，平行于袖中线。

（10）确定袖子形态。

①袖中线将袖肥分为前袖肥和后袖肥两段，由十字线的交点向后袖肥方向量取9cm，作后袖肥的分割线，垂直于袖口辅助线，并交于袖山弧线上。

②在后袖肥的分割线与袖口辅助线的交点处向袖中线方向量取3cm的省量，使袖子形态更加符合人体胳膊的造型。

③确定袖子大小袖外缝线。后袖肥分割线与袖山弧线的交点连接袖口省大3cm的两个端点，并用弧线画顺，确定大小袖外缝线。

④确定袖口大小。由袖口辅助线与大小袖外缝线的交点处向两边量各取袖口大（20cm+11cm的自然收褶量=31cm），其中向前袖缝方向量取23cm，向后袖缝方向量取8cm。

⑤确定袖子大小袖内缝线。由袖山弧线与袖肥的两个端点与袖口大点连线，并用弧线画顺。

（11）确定袖口线。为保证袖口平顺，将大小袖外缝线向下延长，在交叉处为直角状态，重新画顺袖口线。

（12）袖头（罗纹口）：宽度6cm，长度按照手腕围16cm+4cm（松量）=20cm定出，如图7-7所示。

四、纸样的制作

1.完成结构处理图

基本造型纸样绘制之后，就要依据生产要求对纸样进行结构处理图的绘制，完成对后过肩的修正，如图7-8所示。

2.裁片的复核修正

基本造型纸样绘制之后，就要依据生产要求对纸样进行结构处理图的绘制，凡是有缝合的部位均需复核修正，如领口、袖窿、下摆、侧缝、袖缝等。

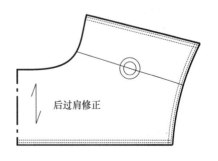

图7-8　女夹克衫后过肩的修正

五、工业样板

本款女夹克工业样板的制作如图7-9、图7-10所示。

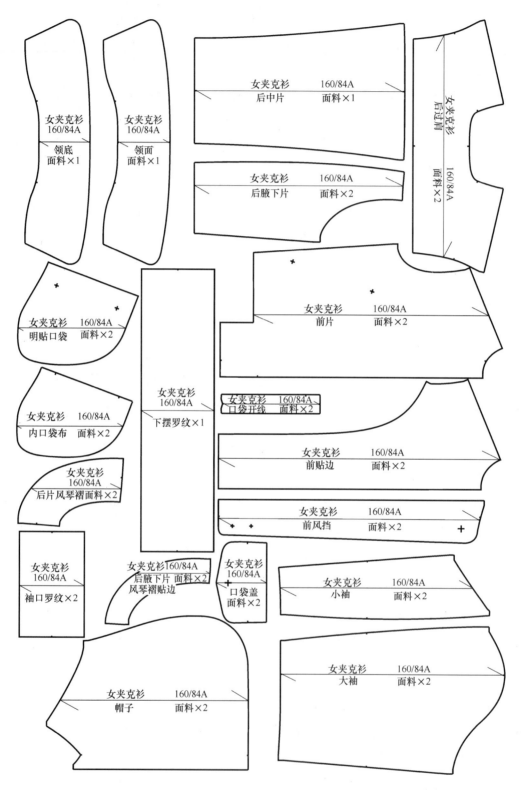

图7-9　女夹克衫工业板——面板

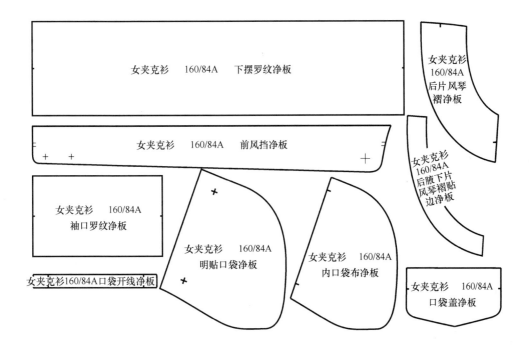

图7-10　女夹克衫工业板——净板

思考题

1.便装女夹克衫造型设计和结构制图一款。

2.工装女夹克衫造型设计和结构制图一款。

绘图要求

构图严谨、规范，线条圆顺；标志准确；尺寸绘制准确；特殊符号使用正确；构图与款式图相吻合；比例1：5；作业整洁。

女大衣结构设计

课题名称： 女大衣结构设计

课题内容： 1. 女大衣概述

2. 暗门襟结构大衣设计实例

课题时间： 8课时

教学目的： 本章选用有代表性的大衣款式进行结构设计并进行较深入的分析研究，通过学习能够掌握女大衣的基本结构设计方法，也可以对不同款式女大衣进行合理的结构设计。

教学方式： 讲授和实践

教学要求： 1. 掌握女大衣的分类方法。

2. 掌握紧身/适体/宽松各类型女大衣结构设计中围度尺寸的加放方法。

3. 掌握女大衣结构纸样中净板、毛板和衬板的处理方法。

4. 能根据衬衫具体款式进行制板，使其既符合款式要求，又符合生产需要。

课前准备： 准备A4（16k）297mm×210mm或A3（8k）420mm×297mm笔记本、皮尺、比例尺、三角板、彩色铅笔、剪刀、拷贝纸、规格为100～300g牛皮纸等制图工具。

第八章　女大衣结构设计

　　大衣是穿在最外层的衣服，也叫作外套。随着流行的变化其款式会有不同的设计处理，主要目的是用于防寒、防雨及防尘，另外还可作礼服以及装饰等。女大衣在款式上沿袭了男装大衣的特征，早期的大衣在结构设计上一般在腰部横向剪接，腰围合体，当时称礼服大衣或长大衣。现代男式大衣大多为直形的宽腰式，款式主要在领、袖、门襟、袋等部位变化，女式大衣随流行趋势无固定样式。大衣就其性质而言更强调实用性，要具有防寒保暖功能，具有实用性强的功能性特点，材料的选择亦根据不同季节、气候而有所不同。本章选用有代表性的大衣款式进行结构设计并进行较深入的分析研究，通过学习能够掌握女大衣的基本结构设计方法，也可以对不同款式女大衣进行合理的结构设计。

第一节　女大衣概述

一、女大衣的产生与发展

1.女大衣的起源

　　现代女大衣款式廓型的变化基本上来源于男装。18世纪初欧洲上层社会出现男式大衣，19世纪20年代大衣成为日常生活服装，衣长至膝盖略下，大翻领，收腰式，襟式有单排纽、双排纽。19世纪末，大衣长度又变为齐膝，腰部无接缝，翻领缩小，衣领缀以丝绒或毛皮，以贴袋为主，多用粗呢面料制作。女式大衣约于19世纪末出现，是在女式羊毛长外衣的基础上发展而成，衣身较长，大翻领，收腰式，大多以天鹅绒作为面料。第二次世界大战前，人们认为，只要是正式外出，即使是夏天，也要穿着镂空或极薄的外套。现今，随着人们生活和工作环境的改善，大衣不仅具有实用性，而且更注重审美性的开发。

2.女大衣款式的变化

　　女大衣在造型结构上，以实用功能为基础，因此，大衣的廓型以较宽松的箱型（H型）结构为主，但礼仪性较强的大衣常采用有腰身的X型。长度也根据季节和用途有所不同，一般以膝关节以下的长度作为大衣的基本长度，如图8-1所示。

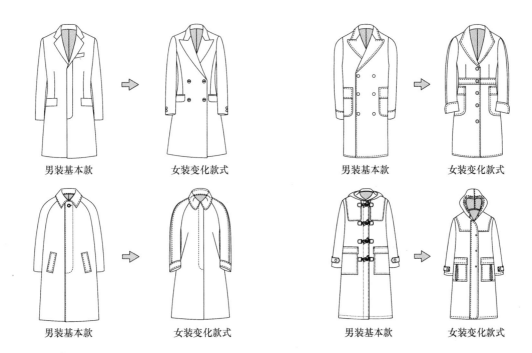

图8-1　大衣的款式

女大衣廓型的变化是受肩部造型结构制约的。大体上分为上袖、插肩袖和半插肩袖形式。上袖结构多用在X型大衣上，更强调工艺和造型的功能性；插肩袖和半插肩袖结构适合在箱型（H型）和宽松大衣上使用，因为它具有良好的活动性、防寒性和防水性的功能。

大衣的局部设计与套装相比更富有变化，这是大衣强调实用的功能性所决定的，因此，袖型、领型、口袋、搭门、袖襻以及配服的组合形式都较灵活。尽管如此，在适合穿大衣的场合中，不同等级的礼仪规范仍有大衣的不同穿着形式。

二、女大衣的分类

女大衣的分类方法有多种，但主要有以下几种。

1.按长度分类

根据大衣长度可分为短大衣、半长大衣、大衣、长大衣四类。短大衣是指衣长到臀围线以下的大衣；半长大衣是指衣长到膝关节以上位置的大衣；大衣是指衣长到膝关节位置的大衣；长大衣是指衣长到膝关节以下位置，小腿肚附近的大衣，如图8-2所示。

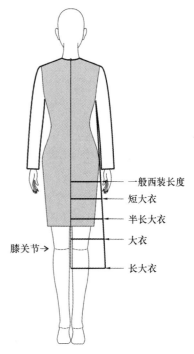

图8-2　女大衣按长度分类

2.按廓型分类

按廓型大衣可分为收腰型女大衣、箱型女大衣、A型女大衣三类。收腰型女大衣又称为X型女大衣，是典型传统风格的大衣，结构比较严谨，各部位尺寸比套装要更加宽松些（有时和套装放松量趋同），同时还需要根据选用面料的质地、厚薄来确定放松量，质地松而较厚的织物放松量要适当增大。收腰型外套由于采用合体结构分片，使用省的机会较多，趋向套装式合体结构。箱型女大衣又称H型大衣，结构较宽松，放松量较大，多采用无省直线造型，而且局部设计灵活，较少受礼仪和程式习惯的影响，但更强调实用功能的设计。A型女大衣是指大衣廓型从上到下渐渐张开的，它的结构宽松，结构线少，表现出现代休闲的服装风格，由于它下摆宽松，上小下大，因此也称为帐篷形大衣。女大衣按廓型分类如图8-3所示。

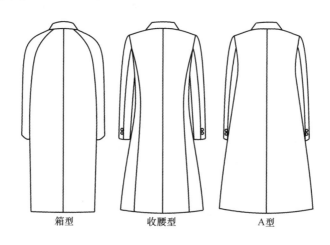

箱型　　　　　　收腰型　　　　　　A型

图8-3　女大衣按廓型分类

3.按形态分类

按大衣的形态可以分为合体型大衣、直身型大衣、公主线大衣、斗篷型大衣、筒型大衣、双排扣大衣、披肩大衣、连帽大衣、卷缠式大衣、衬衫型大衣、束带大衣、坎肩型大衣、开襟型大衣等。

按大衣的面料分类，可分为轻薄型大衣、毯绒大衣、针织大衣、羽绒大衣、皮大衣等。

三、女大衣面料、辅料

1.面料的选择

女大衣包括春秋季大衣、冬季大衣和风雨衣。它的主要功能从适应户外防风御寒逐渐转变为装饰功能。现在着装意识发生了变化，通常采用较高价值的材料与加工手段，对面料的外观与性能要求甚高，不同的用途有着不同的面料选择。由于本书未涉及特殊功能性大衣和礼服用大衣，因此在此不做解释说明。

（1）春秋大衣的面料。春秋外套代表性面料有法兰绒、钢花呢、花式大衣呢等传统的粗纺花呢，也有诸如灯芯绒、麂皮绒等表面起毛的面料。此外，还大量使用化纤、棉、麻或其他混纺织物，使服装具有易洗涤保管或防皱保形的功能。

（2）冬季大衣的面料。冬季大衣面料通常以羊毛、羊绒等蓬松、柔软且保暖性较强的天然纤维为原料，由早期的粗格呢、马海毛、磨砂呢、麦尔登呢发展到后来的羊绒、驼绒、卷绒等高级毛料。代表性的冬季大衣一般采用诸如各类大衣呢、麦尔登、双面呢等厚重类面料和诸如羊羔皮、长毛绒等表面起毛、手感温暖的蓬松类面料，皮革、皮草也成了时尚的大衣面料。

2.辅料的选择

女大衣辅料主要包括服装里料、服装衬料、服装垫料等，选配时必须结合款式设计图，考虑各种服装面料的缩水率、色泽、厚薄、牢度、耐热、价格等是否和辅料相配合。

（1）里料的选择。春秋大衣和冬季大衣一般选择醋酯、黏胶类交织里料，如闪色里子绸等。

（2）衬料的选择。衬料的选用可以更好地烘托出服装的形，根据不同的款式可以通过衬料增加硬挺度，防止服装衣片出现拉长、下垂等变形现象。由于女大衣面料较厚重，所以可以相应采用厚衬料。如果是起绒面料或经防油、防水处理的面料，由于对热和压力敏感，应采用非热熔衬。

（3）袖口纽扣的选择。现在更多纽扣的作用已经由以前的实用功能转变为装饰功能，也有通过调节襻调节袖口大小。

（4）垫肩的选择。垫肩是大衣造型的重要辅料，对于塑造衣身造型有着重要的作用。一般的装袖女大衣采用针刺垫肩。普通针刺垫肩因价格适中而得到了广泛应用，而纯棉针刺绗缝垫肩属较高档次的肩垫。插肩女大衣和风衣主要采用定型垫肩。此类肩垫富有弹性并易于造型，具有较好的耐洗性能。

（5）袖棉条的选择。大衣袖棉条的选择原则同西服。

四、女大衣里子的样式

大衣里子一般为活里，是指里子和衣片的下摆折边是分开的，不固定缝合，靠线襻固定，如图8-4所示。

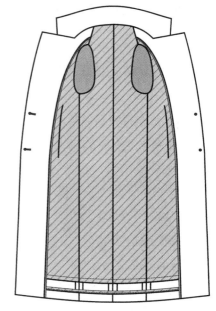

图8-4 大衣里子的样式

第二节 暗门襟结构大衣设计实例

一、款式说明

本款式服装为厚面料宽松型暗门襟结构造型的秋冬女大衣，适合多数人穿着，款式经典不受流行左右。服装前开口为暗门襟，缉明线，并与斜插袋进行组合搭配，领子为分裁翻领，袖子是两片缭袖，袖口做扣襻，大衣整体缉明线，如图8-5所示。这是适合各个年龄段女性穿用的款式，面料常采用质地柔软的法兰绒、麦尔登呢、磨砂呢、粗花呢等。

（1）衣身构成：宽松A型大衣，衣长在腰围线以下72cm。

（2）衣襟搭门：暗门襟，单排扣。

（3）领：翻领，领子采用分裁的结构设计。

（4）袖：两片缭袖，袖口有扣襻作装饰。

（5）垫肩：1~1.5cm厚的龟背垫肩，在内侧用线襻固定。

二、面料、里料、辅料的准备

图8-5 暗门襟结构大衣效果图

1.面料

幅宽：144cm或150cm；

估算方法：衣长×2+领宽，约2.5~3m（对花对格时需适量追加用料）。

2.里料

幅宽：90cm、112cm、144cm、150cm。

幅宽90cm估算方法为：衣长×3。

幅宽112cm估算方法：衣长×2。

幅宽144cm或150cm估算方法为：衣长+袖长。

3.辅料

（1）厚黏合衬。幅宽90cm或112cm，用于前衣片、领底。

（2）薄黏合衬。幅宽90cm或120cm幅宽，用于贴边、领面、口袋、下摆、袖口以及领底的加强部位。

（3）黏合牵条。直纱牵条宽1.2cm；斜纱牵条宽1.2cm，斜6°；宽半斜纱牵条宽0.6cm。

（4）垫肩。厚度为1~1.5cm，绱袖用1副。

（5）纽扣。直径为2cm的7个（前搭门暗门襟用5个，袖口襻处用2个）；直径为2.5cm的1个（明扣）；直径为1cm的1个（垫扣）。

三、结构制图

准备好制图的工具、作图纸，制图线和符号要按照制图说明正确画出，款式图如图8-6所示。

图8-6　暗门襟结构大衣款式图

1.制订成衣尺寸

成衣规格为160/84A，根据我国使用的女装号型标准GB/T 1335.2—2008《服装号型　女子》，其基准测量部位以及参考尺寸见表8-1。

表8-1　成衣规格　　　　　　　　　　　　单位：cm

规格＼名称	衣长	袖长	胸围	底边围	袖口	肩宽
档差	±2	±1.5	±4	±4	±1	±1
155/80（S）	108	59	106	134	31	39
160/84（M）	110	60	110	138	32	40
165/88（L）	112	61	114	142	33	41
170/92（XL）	114	62	118	146	34	42
175/96（XXL）	116	63	122	150	35	43

2.成衣制图

结构制图的第一步十分重要，要根据款式分析结构需求制图，第一步解决胸凸量。

本款式属于宽松型服装，由于是关门领结构大衣，在结构设计上必须解决撇胸量，因此，可采用较宽松型服装胸凸量的纸样解决方案。首先绘制后衣片原型，将前片腰线放在与后腰线同一条水平线上，如图8-7所示。暗门襟结构大衣是在四片结构基本纸样的基础上分割后背的五片衣身结构，首先要确定胸围的放量位置，建立成衣的框架结构。该款胸围加放量为26cm，考虑到原型放量已有10cm，还需追加16cm，在$\frac{1}{2}$结构制图中追加8cm，追加量的分配在后中心线、前中心线、前后侧缝线，分配方法见表8-2。

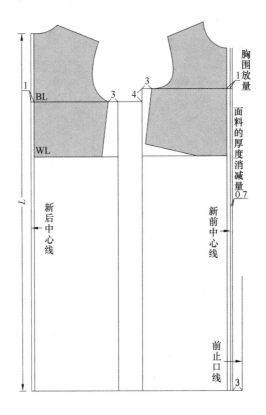

图8-7 暗门襟大衣框架图

表8-2 胸围尺寸加放比例分配 单位：cm

部位 尺寸	后中心线	后侧缝线	前侧缝线	前中心线
胸围放量	1	3	3	1
	1	3.5	2.5	1
	1.5	2.5	2.5	1.5
	1.5	3	2	1.5

后中心线、前中心线的追加量可以使胸围的追加量值分配得较合理，同时在大衣结构设计中，要解决由于内着装的加厚而在结构设计上要开宽横领宽的问题，宽松结构围度的加放可以采用前后放量一致的方法。本款式加放采用后中心线、前中心线各加放1cm，作前后中心线的平行线为新前后中心线，前、后侧缝线各放3cm的制图方法，如图8-7所示。该款式为宽松型秋冬装，不考虑臀围值，要根据款式需求决定下摆大小的变化。

第一步 衣身制图

（1）确定新的后中心线。根据以上的放量分配方法，由后中心线向外放1cm作平行线，确定新的后中心线位置。

（2）确定新前中心线和止口线。根据以上的放量分配方法，由前中心线向外放1cm，作为胸围的加放量，再加放0.7～1cm为面料厚度消减量，并作平行线，确定新的前中心线位置。在前衣片下摆处由新前中心线向外取搭门量3cm，作出前止口线。

（3）作出衣长。由后中心线经后颈点往下取衣长110cm，或由原型自腰节线往下70cm左右，确定底边辅助线。

（4）作出胸围线。由原型后胸围线画水平线，在后侧缝线由后腋下点向外加放松量3cm，作垂线交于底边线，确定后侧缝线辅助线；在前侧缝线由前腋下点向外加放松度量3cm，作垂线交于底边线，确定前侧缝线辅助线。

（5）解决撇胸量。根据前后侧缝差，绘制腋下胸凸省量。通过三个步骤完成胸凸量的转移，在挖深前领口之后，按住BP点旋转完成撇胸，剩余的胸凸量通过挖深袖窿来解决，如图8-8所示。

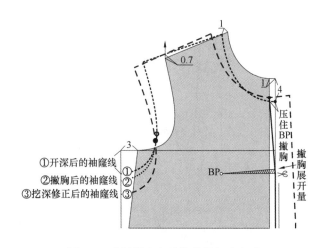

图8-8 暗门襟大衣的胸凸量解决方法

（6）前、后领口弧线。本款大衣属于秋冬装，内着装层次较多，需要考虑领宽的开宽和加深，如图8-9所示。

①在前片原型的基础上领宽开宽1cm，开深4cm，重新用弧线连接两点完成前领口弧线。

②在后片原型的基础上领宽开宽1cm，过原型后颈点水平延长至新的后中心线上，即

新的后颈点，重新用弧线连接两点完成后领口弧线。

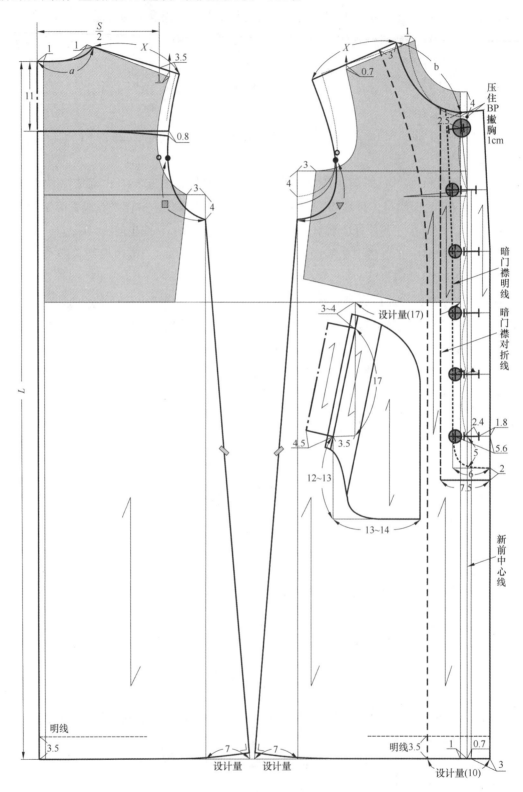

图8-9　暗门襟大衣衣身结构图

（7）后肩宽。由新的后颈点向肩端方向取水平肩宽的一半（40÷2=20cm）。

（8）后肩斜线。在原型的后肩端点向上垂直抬升1cm，作为垫肩的厚度量，然后由新的后侧颈点与此点相连并延长，过水平肩宽的一半（20cm点）延长3.5cm的落肩量，确定后肩斜线"X"。

（9）后袖窿曲线。由新的后肩端点至开深后的腋下胸围点作出新袖窿曲线。

（10）后袖窿对位点。要注意袖窿对位点的标注，不能遗漏。将皮尺竖起，测量后对位点至后腋下点的距离，并做好记录。

（11）后过肩。由后颈点向下量取设计量11cm作水平线交于后袖窿线上，过肩线与袖窿线的交点向下0.8cm作出袖窿省，重新画顺后过肩分割线。

（12）前肩斜线。在原型的前肩端点上向上垂直抬升0.7cm，作为垫肩的厚度量，然后由新的前侧颈点与此点相连并延长，取后肩斜线"X"一致的长度，确定前肩斜线。

（13）前袖窿曲线。通过撇胸量的转移解决一部分胸凸量，然后在其袖窿弧线基础上再进行挖深修正解决前后差，重新绘制前袖窿曲线。

（14）前袖窿对位点。要注意袖窿对位点的标注，不能遗漏，并将皮尺竖起测量该前对位点至前腋下点的距离，并做好记录。

（15）前、后侧缝辅助线。在下摆线上，为保证成衣造型，在前、后下摆处各加放出设计量7cm，根据不同款式会有不同的加放量。由新的腋下点连接至7cm点，绘制出前、后侧缝辅助线。

（16）前、后底边线。为保证成衣底边圆顺，底边线与侧缝线要修正成直角状态，起翘量根据下摆展放量的大小而定，下摆放量越大起翘量越大。从前、后中心线作前、后侧缝辅助线的垂线并用弧线画顺，完成前、后片的底边线。在大衣的制作中，下摆工艺制作方法与西服不同，并不是将下摆与里料缝合，而是单独制作，再用线襻相连，如图8-10所示。

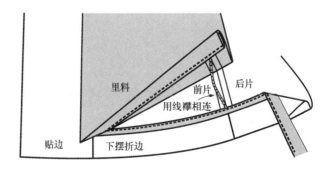

图8-10 大衣下摆的处理方法

（17）修正前、后侧缝线。从新的腋下点重新连接至底边线与侧缝辅助线的交点，完成前、后侧缝线。

（18）作出贴边线。在肩线上由侧颈点向肩点方向取3~5cm，在底边线上由前门止口向侧缝方向取设计量（10cm），两点连线。

（19）作出暗门襟明线。由于大衣的面料较厚，前衣片又是与贴边缝合，双层的大衣面料，使前门襟更厚。前门襟不易锁眼，因此通常采用暗门襟工艺，前门襟做双层暗门襟，由明线固定，扣系在贴边上，领口的第一粒扣可以是装饰扣，装饰扣反面贴边处可以缝反系扣，也可以是实用功能纽扣。暗门襟结构大衣的第二至第五粒扣都藏在双层贴边里面，所以用虚线进行标识。双层暗门襟的长短依据服装的款式而定，不同衣长服装会有不同长短的暗门襟明线。

在这款暗门襟结构大衣中，暗门襟明线从最后一粒扣位向下5cm，前门襟止口向侧缝方向量取6cm，过此点作平行于前中心线交于领口的线，如图8-11所示。

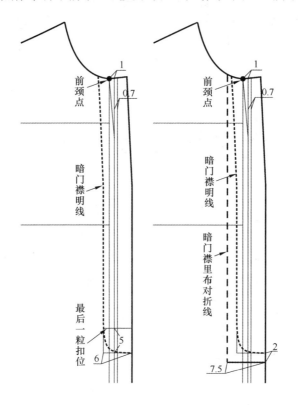

图8-11 暗门襟大衣明线部位和里布部位

（20）作出暗门襟里布。暗门襟里布从暗门襟明线底部向下2cm，前门襟止口向侧缝方向量取7.5cm，过此点作垂线交于领口。

（21）纽扣位的确定。本款式纽扣位六个，其中第一粒扣为明扣，稍大一些，剩余五粒扣由于是暗门襟而采用直径为2cm的小扣，取前颈点向下2.5cm确定第一粒扣（明扣位置），腰围线向下取21cm确定最后一粒纽扣，将第一粒扣至最后一粒扣进行五等分，确定扣距，如图8-12所示。纽扣的横向位置距止口5.6cm（由于搭门量为3cm，面料厚度消减量0.7cm，扣眼距止口距离为1.8cm，并与新前中心线相交，扣眼的起点到交点的距离为3.7cm-1.8cm=1.9cm，通过新前中心线做等距离的位置，用"▲"表示（故3+0.7+1.9=5.6cm）。

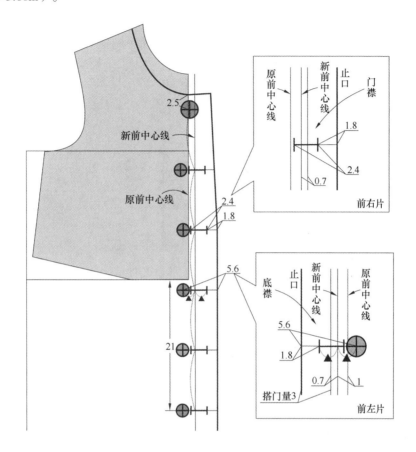

图8-12　暗门襟大衣纽扣位的确定

（22）眼位的画法。由于大衣的搭门量较大，又是暗门襟设计，扣位的位置如果放在前中心线上，系扣会很不方便，因此暗门襟的扣位较靠近止口，由前门止口向内取1.8~2cm，确定扣位的一边，再由扣位边向侧缝方向取扣眼大2.4cm，扣眼大小取决于扣子直径和扣子的厚度。

第二步　口袋制图

本款大衣口袋作图，如图8-13所示。斜插袋位的设计一般应与服装的整体造型相协调，要考虑到使整件服装保持平衡。由于大衣较长，可以根据需要适当下降，可定在腰节线下9~10cm的位置，袋口的前后位置为设计因素，以前胸宽线向前1.5~3cm为中心来定也可。

（1）在腰线与前中心线的交点，向侧缝方向取设计量值17cm，向下取3~4cm，确定袋口位点一，再向下取17cm，向侧缝方向取3.5cm，确定袋口位点二，连接点一点二为开袋口线。

（2）作出板兜盖，由点一、点二作开袋口线垂线，取板兜盖宽4.5cm，连接成板兜。

（3）作出袋布，由开袋口线分别向袋口上下两边取2cm，画小袋布袋口，作小袋布袋口1～1.5cm平行线确定大袋布袋口，袋深12～13cm，袋宽13～14cm。

（4）作出垫袋，由大袋布袋口作平行线3～4cm，确定垫袋宽。

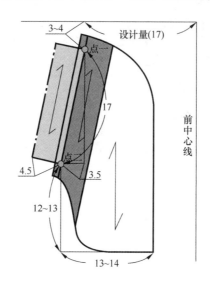

图8-13　暗门襟大衣口袋作图

第三步　领子作图（领子结构设计制图及分析）

翻领的领子结构制图可以采用一片结构，也可以采用分裁结构设计，两种设计的区别在于：一片结构的领型结构设计、工艺设计均比较简单，但领子并不抱脖，而分裁结构设计的领型结构设计、工艺设计比较复杂，但领子抱脖。

一片结构设计的领子结构制图方法同关门领西服，如图8-14方法一所示。

分裁结构设计的领子制图步骤如下，如图8-14方法二和方法三所示。

（1）确定前后衣片的领口弧线。确定后衣片的领口弧线长度a（后颈点至侧颈点），前衣片的领口弧线长度b（前颈点至侧颈点），并分别测量出它们的长度。

（2）画直角线。以后颈点为坐标点画一直角线，水平线为领口辅助线，垂线为后中心线。

（3）领底线的凹势。在后中心线上由后颈点往上取3.5cm，确定领底线的凹势。

（4）作后领面宽。在后中心线上由后颈点往上取4cm定出后领座高，画水平线；向上5cm定出后领面宽，画水平线为出领外口辅助线。

（5）作出领底线。领底线长●=后领口弧线长度+前领口弧线长度=a+b。

在后领座高水平线上由后颈点取后领口弧线长度a，再由该点向领口辅助线上量取前领口弧线长度b，确定前颈点，画顺领底线。

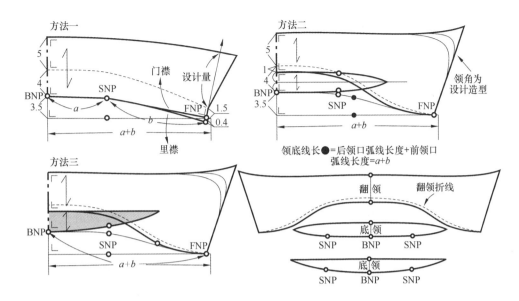

图8-14 暗门襟大衣领子结构制图

（6）作出领外口线。在领外口辅助线上由后中心线交点与设计的前领角形态连线，画顺。

（7）翻领的分裁设计。为防止领子分割线外露，在领后中心线上由领翻折线向下取1cm，与领角连线画出领翻折线，画出翻领的领下口线，完成后翻领的制图。

（8）底领的分裁设计。

方法一：在领后中心线将剩余底领平分为两等分，画水平线，取剩余领底线弧度向上作弧线，形成向上弯折的领底线弧度，重新将底领的领上口弧度修顺，这样底领领上口线会比翻领的领下口线短，合缝时要将翻领的领下口线吃缝在底领领上口线领子上，如图8-14方法二所示。

方法二：由底领的领上口线画水平线，取剩余领底线弧度向上作弧线，形成向上弯折的领底线弧度，重新将底领的领上口弧度修顺，这样会造成底领领上口线更短，形成的领子造型更加贴近颈部，如图8-14方法三所示。

第四步 袖子制图（袖子结构设计制图及分析）

制图方法和步骤如图8-15所示。

（1）基础线。先作一垂直十字基础线，水平线为落山线，垂直线为袖中线。

（2）袖山高。由十字线的交点向上取袖山高值（设计量）15cm。

（3）袖长。取袖长60cm，作袖口辅助线。

（4）肘长。从袖山顶点向袖口方向量取 $\frac{袖长}{2}+2.5\text{cm}=32.5\text{cm}$ 。

（5）测量衣身袖窿弧线长并做记录，作袖山斜线（由袖山点向落山线量取，前袖窿按前AH23cm定出，后袖窿按后AH25.5cm定出）并绘制弧线，保证弧线长度与衣身的袖窿弧线长相等。

（6）确定前后袖窿对位点。

（7）确定袖子形态。

①袖中线将袖肥分为前袖肥和后袖肥两段，再将前袖肥和后袖肥两段各自平分；然后过后袖肥的中点作袖口辅助线的垂线，并交于袖山弧线上。

②在后袖肥中线与袖口辅助线的交点处向两边各量取2cm、3cm的省量，使袖子形态更加符合人体胳膊的造型。

③确定袖子大小袖外缝线。后袖肥中线与袖山弧线的交点连接袖口省大2cm点和3cm点，并用弧线画顺。

④确定袖口大小。由袖口辅助线与大小袖外缝线的交点处向两边量取袖口大（32cm），其中向前袖缝方向量取24cm，向后袖缝方向量取8cm。

⑤确定袖子大小袖内缝线。由袖山弧线与袖肥的两个端点与袖口大点连线，并用弧线画顺。

（8）确定袖口线。为保证袖口平顺，将大小袖外缝线向下延长，在交叉处为直角状态，重新画顺袖口线。

（9）袖襻。根据款式要求，在大袖外缝线与袖口线的交点处向上量取6cm点，再量取4cm袖襻的宽度，过两点作袖口线的平行线，如图8-15所示。

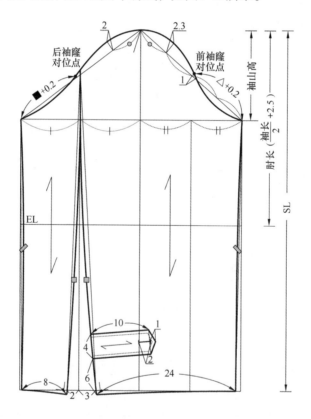

图8-15 暗门襟大衣袖子结构制图

四、纸样的制作

1.完成结构处理图

基本造型纸样绘制之后，就要依据生产要求对纸样进行结构处理图的绘制。完成对领面、贴边的修正以及对成衣裁片的整合。

2.裁片的复核修正

基本造型纸样绘制之后，就要依据生产要求对纸样进行结构处理图的绘制，凡是有缝合的部位均需复核修正，如领口、下摆、侧缝、袖缝等。

五、工业样板

本款暗门襟大衣工业样板的制作如图8-16~图8-19所示。

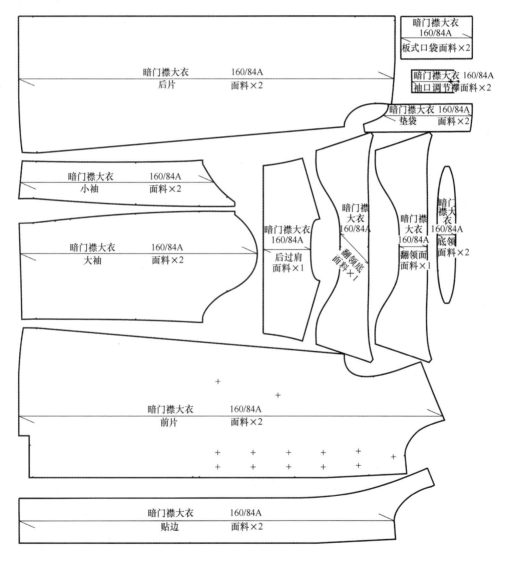

图8-16 暗门襟大衣工业板——面板

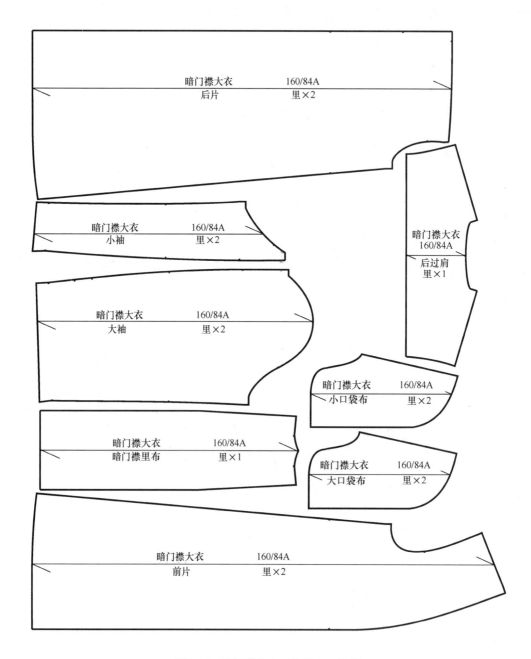

图8-17 暗门襟大衣工业板——里板

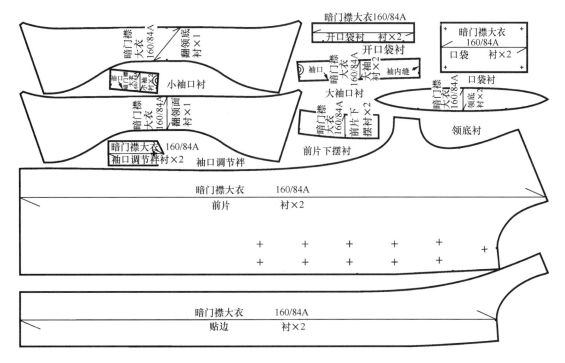

图8-18 暗门襟大衣工业板——衬板

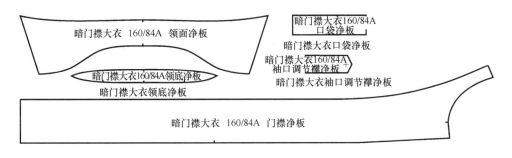

图8-19 暗门襟大衣工业板——净板

思考题

1.结合所学的大衣结构原理和技巧设计一款大衣，要求以1：1的比例制图，并完成全套工业样板。

2.课后进行市场调研，了解流行的大衣款式和面料，认真研究近年来大衣样板的变化与发展，选取2款流行的大衣样式，要求以1：5的比例制图，并完成全套工业样板。

绘图要求

服装尺寸设定合理；制图结构合理；款式设计创意感强；构图严谨、规范，线条圆顺；标识使用准确；尺寸绘制准确；特殊符号使用正确；结构图与款式图相吻合；毛净板齐全，分类准确；作业整洁。

综合实训——

旗袍结构设计

课题名称： 旗袍结构设计

课题内容： 1. 旗袍概述

2. 旗袍结构设计实例

课题时间： 8课时

教学目的： 本章选用有时尚性的旗袍款式进行结构设计，并进行较深入的分析研究。通过学习能够掌握旗袍的基本结构设计方法，也可以对不同款式旗袍进行合理的结构设计。

教学方式： 讲授和实践

教学要求： 1. 了解旗袍的演变及常用材料的选择。

2. 掌握紧身型旗袍的尺寸加放要求及设计方法。

3. 掌握旗袍的设计规律及变化技巧。

4. 掌握旗袍结构纸样中净板、毛板和衬板的处理方法。

5. 能根据衬衫具体款式进行制板，使其既符合款式要求，又符合生产需要。

课前准备： 准备A4（16k）297mm×210mm或A3（8k）420mm×297mm笔记本、皮尺、比例尺、三角板、彩色铅笔、剪刀、拷贝纸、规格为100~300g牛皮纸等制图工具。

第九章　旗袍结构设计

　　旗袍承载着百年来中国女性对美的追求和诠释，20世纪后中西方服饰文化的相互碰撞与交流使旗袍从古代宽衣文化逐渐向窄衣文化转变，旗袍的样式也从以平面造型、直线裁剪、复杂的工艺装饰为特色的老式审美向以立体造型、曲线裁剪、传统和时尚相结合的现代审美方向发展。旗袍的传统款式是右衽大襟开襟或半开襟形式，立领，侧开衩，盘纽，收腰，合体袖。本章选用有时尚特征的旗袍款式进行结构设计，并展开较深入的分析，通过学习能够掌握旗袍的基本结构设计方法，也可以对不同款式的旗袍进行合理的结构设计。

第一节　旗袍概述

一、旗袍的产生与发展

　　旗袍最初为我国满族人的服饰，两侧不开衩，袖长八寸至一尺，其整体为平面结构，面料多选用丝绸，制作工艺上采用了中国传统服装制作手法，将盘、绲、镶、嵌融于一身。随着满汉生活的融合和统一，旗袍不断进行革新，20世纪20年代在上海流行开来，盛行于30～40年代。由于上海一直崇尚海派的西式生活方式，因此后来出现了"改良旗袍"，从遮掩身体的曲线到显现玲珑突兀的女性曲线美，使旗袍彻底摆脱了旧有模式，成为中国女性独具民族特色的时装之一。此时的旗袍吸收了西方女装元素，旗袍变短，身长仅过膝，袖口缩小，绲边变窄。20世纪30年代中期，旗袍又渐渐变长，两边的衩开得很高，里面衬马甲，腰身变得极窄、贴体，更显出女性的曲线。20世纪30年代后期出现的改良旗袍又在结构上吸取西式裁剪方法，使袍身更为合体。20世纪40年代，旗袍再度缩短，袖子则短到直至全部取消，衣身更加轻便适体，变成流线型，旗袍已成为兼具中西服饰特色的近代中国女子的标准服装。近年来，旗袍款式又有新的变化，在传统与现代的思想潮流碰撞中，越来越贴近时代、贴近生活，出现了很多具有当代开放气息的新款式。

二、旗袍的分类

　　旗袍的样式很丰富，按照旗袍的派别、衣襟以及下摆摆型可以划分为不同的类型：

1.按旗袍的派别分类

按派别分为京派与海派两类，京派与海派代表着艺术、文化上的两种风格。海派风格以吸收西方艺术为特点，标新且灵活多样，商业气息浓厚；京派风格则带有官派作风，显得矜持凝练。

2.按旗袍的衣襟分类

按衣襟分为单衽和双衽两类。单衽门襟又有圆衽和直衽之别。开襟处分为如意襟、琵琶襟、斜襟、双襟等。

3.按旗袍的领型分类

按领型分为高领、低领、无领、凤仙领、水滴领、马蹄领等。

4.按旗袍的袖型分类

按袖型分为无袖、短袖、七分袖、八分袖、长袖、喇叭袖、马蹄袖等。

5.按旗袍的下摆摆型分类

按下摆分为宽摆、直摆、A字摆、礼服摆、鱼尾摆、前短后长、锯齿摆等。

三、旗袍的面料、辅料

1.面料分类

（1）丝织物。丝织物主要有绫类、罗类、缎类、绢类等。

（2）棉织物。棉织物主要有提花布、纯棉印花细布等。

2.辅料分类

（1）里料分类。旗袍使用的里料主要是绸类材料，一般市场常见的绸类织物有美丽绸、斜纹绸、尼龙绸等。美丽绸多是纯人造丝产品，它的绸面色泽鲜艳，斜纹的纹路清晰，手感平滑，主要用途是作高档服装的里绸。里料材质的组织纹路有平纹、斜纹、缎纹等。里料的幅宽以92cm为主，也有112cm和122cm。

（2）衬料分类。根据旗袍款式、面料的不同，决定了粘接部位和衬里使用的不同。黏合衬是一种非常重要的服装辅料，它的应用可以更好的烘托出服装的形，根据不同的款式可以通过衬料增加面料的硬挺度，防止服装衣片出现拉长、下垂等变形现象。

（3）盘扣。盘扣，也称为盘纽、盘花扣，是古老中国结的一种，也是中国人对服装认识演变的缩影。我国古代用长长的衣带来束缚宽松的衣服，元明以后渐渐用盘扣来连接衣襟，用布条盘织成各种花样，称为盘花。盘花的题材都选取具有浓郁民族情趣和吉祥意义的图案，花式种类丰富，有模仿动植物的菊花盘扣、梅花扣、金鱼扣，也有盘结成文字的吉字扣、寿字扣、囍字扣等，还有几何图形的，如一字扣、波形扣、三角形扣等。

盘花扣分两边，有对称的，有不对称的，常见的有直盘扣和花型扣两种。直盘扣也称一字扣，是最简单的盘扣，用一根襻条编结成球状的扣坨，另一根对折成扣带，扣坨和扣带缝在衣襟两侧并相对。花型扣有琵琶扣，扣两边形似琵琶。另外还有四方扣、凤凰扣、花篮扣、树枝扣、花蕾扣、双耳口、树叶扣、菊花扣、蝴蝶扣、蜜蜂扣等。盘花扣的作用在中国服饰的演化中逐渐改变，它不仅有连接衣襟的功能，更可称为装饰服装的点睛之笔，生动地表现着中国服饰重意蕴、重内涵、重主题的装饰趣味。

第二节　旗袍结构设计实例

旗袍是女装中紧身结构经典款式之一。本节介绍旗袍的结构设计原理和方法，通过本款旗袍主要学习旗袍成衣规格的制订方法；旗袍结构设计方法；旗袍成衣纸样的制作及工业样板的绘制要求。

一、款式说明

本款旗袍为紧身收腰造型、立领、圆摆，两侧缝开衩、连身盖袖，前上身为对襟式前肩拼接，在前颈点处有一粒盘扣；侧缝开衩处、外领口线、盖袖袖口和前肩拼接门襟处绲边；前身收侧胸省和胸腰省，后身收腰省；后中心线处装隐形拉链。本款旗袍结构造型符合中国人的衣着要求和审美情趣，给人一种端庄、典雅之感，很好地体现了女性婀娜多姿的体态。对襟式前肩拼接和开衩，以及立领的造型是本款旗袍结构设计的重点，如图9-1所示。

旗袍一般采用丝绸类织物，如蚕丝、织锦缎等，手感柔软舒适，吸湿透气性好。也可使用化纤织物，保形性优良，并且易洗快干、免熨烫。里料为100%醋酸绸，属高档仿真丝面料，色泽艳丽，手感爽滑，不易起皱，保形性良好。

（1）衣身构成：二片结构基础上分割线从前领口通达侧缝，对襟式结构的三片衣身结构，衣长在腰围线以下90~95cm。

（2）衣襟：对襟式衣襟。

（3）领：立领，领外口绲边。

（4）袖：连身盖袖，袖口绲边。

（5）下摆：圆摆，从开衩到底边绲边。

（6）侧缝：开衩，从腰围向下38~40cm为开衩起点，从开衩起点到脚踝骨为开衩距离。

图9-1　旗袍结构效果图

二、面料、里料、辅料的准备

1.面料

幅宽：144cm或150cm、165cm。

估算方法：（衣长+缝份10cm）×2或衣长+袖长+10cm（需要对花对格时适量追加用料）。

2.里料

幅宽：90cm或112cm，144cm或150cm。

幅宽为90cm的估算方法为：衣长×3。

幅宽为112cm的估算方法为：衣长×2。

幅宽为144cm或150cm的估算方法为：衣长+袖长。

3.辅料

（1）厚黏合衬。幅宽：90cm或112cm，用于领底和领面。

（2）薄黏合衬。幅宽：90cm或120cm幅宽（零部件用），用于前领口、后领口、对襟、贴边。

（3）黏合牵条。直丝牵条：1.2cm宽；斜丝牵条：1.2cm宽，斜6°；半斜丝牵条：0.6cm宽。

（4）纽扣。盘扣长度为4cm的盘扣1个，用于对襟。

（5）绲条。宽度为3cm，用于对襟处、外领口弧线、袖口及开叉和底摆。

三、结构制图

制图线和符号要按照制图说明正确画出，如图9-2所示。

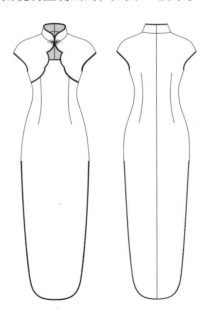

图9-2　旗袍款式图

1.确定成衣尺寸

成衣规格：160/84A，根据我国使用的女装号型GB/T 1335.2—2008《服装号型 女子》，其基准测量部位以及参考尺寸见表9-1。

表9-1 成衣规格表

单位：cm

名称 规格	衣长	胸围	腰围	臀围	底边围	肩宽
档差	±2	±4	±4	±4	±4	±1
155/80（S）	128	85.5	68	90	64	37
160/84（M）	130	89.5	72	94	68	38
165/88（L）	132	93.5	76	98	72	39
170/92（XL）	134	97.5	80	102	76	40
175/96（XXL）	136	101.5	84	106	80	41

2.制图步骤

旗袍结构设计属于三片结构的典型基本纸样，这里将根据图例分步骤进行制图说明。

第一步 建立成衣的框架结构：确定胸凸量

旗袍属于紧身结构，为满足正常的呼吸和行动的要求，胸围、腰围、臀围三处均在净尺寸基础上加放少量的松量。

结构制图的第一步十分重要，要根据款式分析结构需求。

（1）作出衣长。首先放置后身原型，由原型的后颈点在后中心线上向下量取衣长，作出水平线，即底边辅助线，如图9-3所示。

（2）作出胸围线。由原型后胸围线作出水平线。

（3）作出腰线。由原型后腰线作出水平线，将前腰线与后腰线复位在同一条线上，并向胸围线方向量取2cm，抬高腰线，把人的视线拉长，使人体在视觉上基本达到七个半头长。

（4）作出臀围线。从腰围线向下取臀长，作出水平线，成为臀围线，三围线是平行状态。

（5）腰线对位。腰围线上放置前身原型，采用的是胸凸量转移的腰线对位方法，详见第三章第二节。

（6）作出侧缝辅助线。腰线以上部分由原型的前腋下点向前中心线方向量取0.5cm，由原型的后腋下点向后中心线方向量取1.75cm，垂直向下画出，交于腰线；腰线以下部分在臀围线上取 $\frac{H}{4}$ ±0.5cm画出，并垂直于底边辅助线和腰节线，即前、后侧缝辅助线。

（7）绘制胸凸量。根据前后侧缝差，绘制至胸点的腋下胸凸省量。

（8）解决胸凸量。由侧缝绘制腋下省，并剪开到BP点，合并腋下胸凸省量，如图9-4所示。

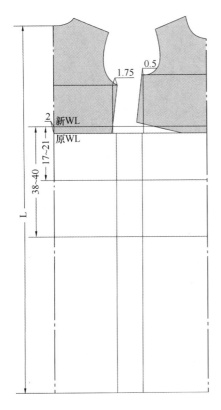

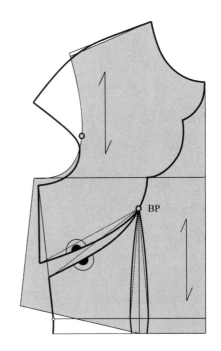

图9-3 旗袍结构框架图　　　　图9-4 腋下省的胸凸量解决方法

第二步 衣身作图

（1）衣长。由后中心线经后颈点往下取衣长130cm，或由原型自腰节线往下量取90～95cm，确定底边线位置，如图9-5所示。

（2）胸围。由款式图分析该款式为紧身型旗袍，放松量为5.5cm，原型的胸围放量为10cm，故在原型胸围的基础上收4.5cm。如果还按照正常侧缝去处理，不仅会出现侧缝向前偏移，还会影响视觉外观。为了更好地体现女性的体型特点，在前胸围收0.5cm，后胸围收1.75cm，这样可以更好的适合人体，展现女性的曲线美。

（3）领口。旗袍立领较服帖颈部，因为内着装一般较少，可以不考虑横领宽的开宽，保持领口不变。

（4）后肩宽。由后中点向肩端方向取水平肩宽的一半（38÷2=19cm）。

（5）后肩斜线。后肩斜在后肩端点提高1cm，然后由后侧颈点连线作出后肩斜线"X"，由水平肩宽交点延长0.7cm的肩胛松量，该量在制作后保证后肩胛部分的凸起造型。

（6）后连身袖缝。首先过0.7cm的肩胛松量做等腰直角三角形（腰长10cm），平分直角交于斜边并延长1cm；然后由后侧颈点与1cm点相连，用弧线画顺，即后连身袖缝。

（7）后袖窿弧线。由后连身袖缝的端点至后胸围线上回收的1.75cm点作出后袖窿弧线。通常在无袖服装中，为防止暴露应适当提高袖窿开深，此款可以忽略这一点。

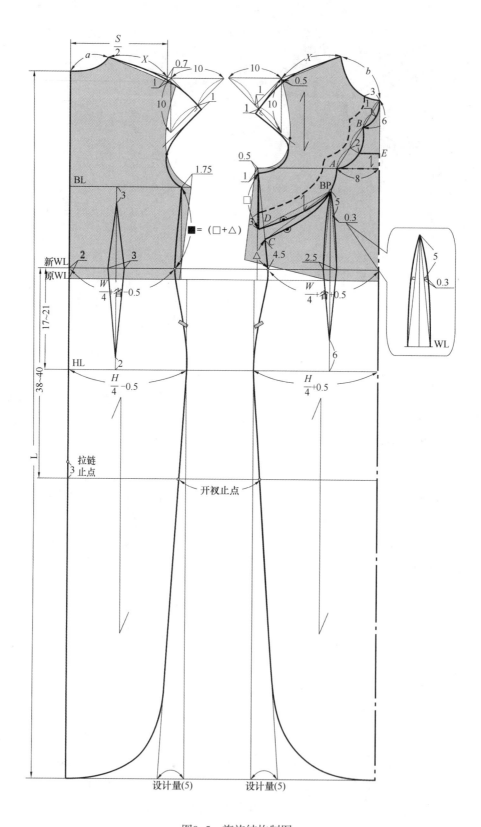

图9-5　旗袍结构制图

（8）前肩斜线。前肩斜从原型肩端点提高0.5cm，然后由前侧颈点连线画出，长度取后肩斜线长度"X"，不含0.7cm的肩胛松量。

（9）前连身袖缝。过前肩的肩端点作等腰直角三角形（腰长10cm），平分直角交于第三边并在交点处向下量取1cm；然后由后侧颈点与1cm点相连并延长1cm，用弧线画顺，即前连身袖缝。

（10）前袖窿弧线。由前胸围线上回收的0.5cm点，再沿前侧缝线向下挖深1cm（作为人体活动量），连接至前连身袖缝的端点作出前袖窿弧线。

（11）腰围。考虑到该款式胸腰差较大，故在本款前、后腰围处进行了互借处理：

①后腰围：由后中心线与新腰围线的交点向侧缝方向量取后腰围大$\dfrac{W}{4}$+省（3cm）−0.5cm=20.5cm定出。

②前腰围：由前中心线与新腰围线的交点向侧缝方向量取前腰围大$\dfrac{W}{4}$+省（2.5cm）+0.5cm=21cm定出。

（12）臀围。本款前、后臀围处也进行了互借处理，后臀围尺寸按照$\dfrac{H}{4}$−0.5cm=23cm量取，前臀围尺寸按照$\dfrac{H}{4}$+0.5cm=24cm量取。

旗袍是贴体的紧身类型服装，由于臀围尺寸较大，要较好地强调和表达出东方女性的体型特点，在臀围线上不能直接与腰围线连线，这样会造成臀腰差过大，要将腰臀差量值分配到腰省当中。

（13）后片侧缝线。按腰臀的成衣尺寸和胸腰差的比例分配方法，前后侧缝线的状态要根据人体曲线设置，保证前后侧缝的长度一致。

①腰线以上部分：通过后腋下点连接至后腰大点，其长度用（■）表示。

②腰线以下部分：由后腰大点连接至臀围大点再连线至底边线处5cm点（由后侧缝辅助线与底边线的交点处向后中心线方向量取设计量5cm），并用弧线连接画顺。

（14）修正后片侧缝线。由于本款旗袍侧缝下摆处为圆角，故在后片侧缝线的基础上连接至后中心线与底边辅助线的交点，用弧线画圆顺。

（15）完成后片底边线。在底边线上，为保证成衣下摆圆顺，圆角形态根据下摆设计量的大小而定，保证底边线的圆顺，饱满。

（16）后腰省。后腰省位置作为一个设计量，根据款式而定，距后中心较近，显得体型瘦长。在新抬高的腰线上找到省的中线，与其垂直，并按腰围的成衣尺寸和胸腰差的比例分配方法，在腰省收进3cm，省的上端尖点应在胸围线向下2~3cm（设计量），下端尖点在臀围线向上2~3cm（设计量），再与省尖点处连线并用弧线画顺，使之成菱形。

（17）前片侧缝线。

①腰线以上部分：通过前腋下点连接至前腰大点，其前后差（前后侧缝差值2.5cm）

在腋下省中做展开处理，使长度□+△=■。

②腰线以下部分：由前腰大点连接至臀围大点，再连线至底边线处5cm点（由前侧缝辅助线与底边线的交点处向前中心线方向量取设计量5cm），并用弧线连接画顺。

（18）修正前片侧缝线。由于本款旗袍侧缝下摆处为圆角，故在前片侧缝线的基础上连接至前中心线与底边辅助线的交点，用弧线画圆顺。

（19）完成前片底边线。在底边线上，为保证成衣底边圆顺，圆角形态根据下摆设计量的大小而定，保证底边线的圆顺，饱满。

（20）开衩止点和拉链止点。在新腰线向下量取38cm～40cm，与前、后侧缝线的交点作为开衩止点；开衩的位置可随衣长变化、个人的要求决定，高开衩位置可达到臀围线下10cm处。在新腰线与后中心线的交点向上量取3cm，作为旗袍后中缝隐形拉链的止点。

（21）前腰省。过BP点作腰围线的垂线，该线为省的中线，并按腰围的成衣尺寸和胸腰差的比例分配方法，在腰线上通过省的中心线取省大2.5cm，省的上端尖点在BP点上，下端尖点在臀围线向上5～6cm（设计量），再与省尖点处连线并用弧线画顺，成枣核状。

（22）作出前肩拼接分割线。前中心线与胸围线的交点沿胸围线向侧缝方向量取8cm（A点），首先由前颈点与A点相连，并在此线上由前颈点向下量取6cm（B点）的长度绘制款式设计中的小半圆；然后将剩下的一段平分为两等份作垂线2cm，再由B点连接2cm点和A点，用弧线画顺，即完成第二个半圆；最后，通过A点连接BP点和腋下省的两个端点（C点和D点），用弧线画顺，完成前肩拼接的分割线。

（23）前肩拼接分割片的贴边线。在前肩拼接分割线的基础上整体向前袖窿方向量取3cm的贴边宽。

（24）前片领口线。过A、B线段中点，作2cm的垂线，从此点作前中心线的垂线交于E点，即前片领口线。

（25）前片领口线的贴边线。由A点作前中心线的垂线，即前片领口线的贴边线。需要说明的是，贴边线在绘制时要尽量减小曲度，防止过大弯度不易与里料缝合，也使里料易于裁剪，可以保证一段与布纹方向一致。

（26）重新修顺前中心线。由E点作底边辅助线的垂线，即前中心线。

第三步　旗袍领子作图（领子结构设计制图及分析）

立领的制图步骤说明：

通常的旗袍领子造型是两片立领，由于要满足领外口线的围度，要将领里进行拼合处理，这样的结构不仅符合人体的颈部下大上小的结构，还产生自然弯曲、服帖脖颈。所以，想要旗袍领符合颈部造型，就需要使领里的尺寸减小，使领面自然产生弯曲和抱脖，本款我们通过旗袍立领的设计来解决领子不抱脖的问题，如图9-6所示。

（1）绘制领底弧线。制图时，先确定衣片前后身的领口线，再根据衣身领口线的长度值绘制领子。领子在前中心抬高的尺寸越大，就越贴近脖颈，抬高的尺寸越小，就越离开脖颈。

先绘制两条垂线并相交，从相交点向横向量出后领弧线长和前领弧线长（a和b），并且标示SNP点（前后领弧线长的分界点），画出领底弧长后再作垂线，作为领面中线，从与第一条垂线的交点向上起翘1.5cm~1.7cm（FNP点）。

（2）绘制领高。根据设计的不同要求来绘制领高。本款于领面中线上向上取值5cm作为立领高，垂直于领底弧线和领外口弧线，并且标出BNP后中心点。

（3）绘制领口弧线。经过领面后中心点作垂线，垂直于领高，并相交于领头两侧垂线上，形成长方形，在领角处画弧，要保持圆顺，领角的圆滑程度根据设计的要求而定，外领口弧线与领底弧线的交点处要保持垂直。

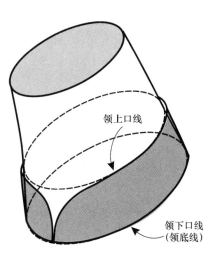

图9-6 旗袍立领示意图

（4）绘制领里。为了使旗袍的立领更加服帖人体的颈部结构，需使领里的长度小于领面，才能达到自然弯曲。在本款中根据领里的结构进行拼合处理，拼合大小在0.6cm~0.8cm。在缝制过程当中，拉伸领里与领面缝合，使领面有松势，立领自然抱脖，如图9-7所示。

（5）领嘴造型。领嘴造型需根据款式造型和设计要求而定。

（6）盘扣位的确定。前颈点确定盘扣位。

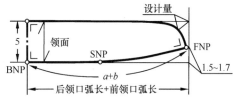

图9-7 旗袍立领结构设计

四、纸样的制作

1.完成结构处理图

基本造型纸样绘制之后，就要依据生产要求进行结构处理图的绘制，完成对领里、前右襟和前左襟的修正，如图9-8所示。

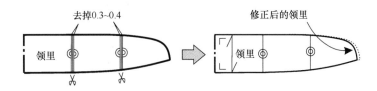

图9-8 旗袍领里结构的修正

2.裁片的复核修正

作图时重叠的部分（颈侧点的前身和领子、贴边、袖子）分别正确拓印画好。凡是需缝合的部位均进行复核修正，如领弧、领子、袖窿、下摆、侧缝、袖缝等。

五、工业样板

本款旗袍工业板的制作，如图9-9~图9-16所示。

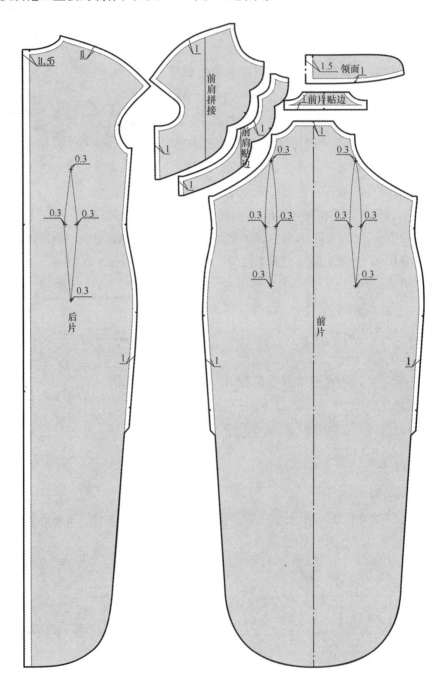

图9-9　旗袍面料板的缝份加放

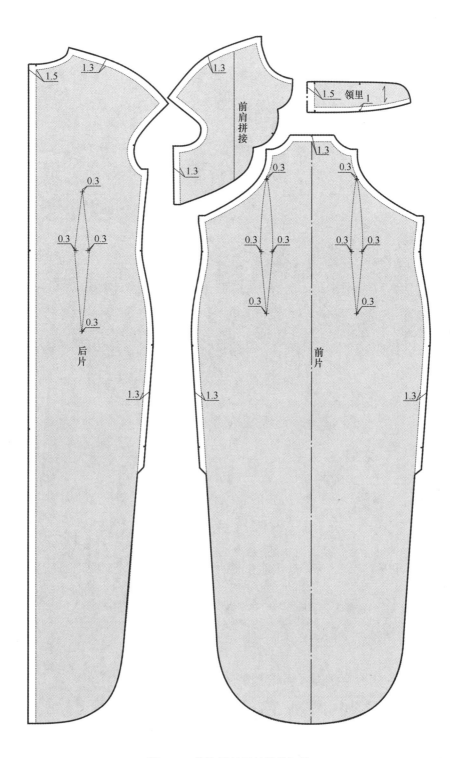

图9-10　旗袍里料板的缝份加放

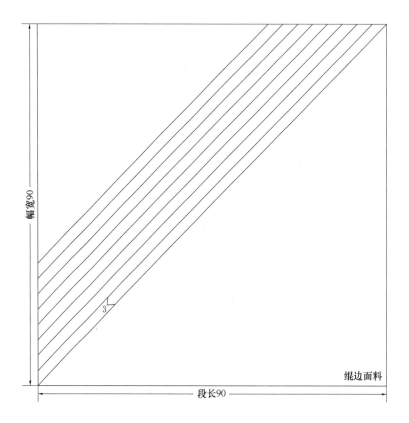

图9-11　旗袍绲边的裁剪方法

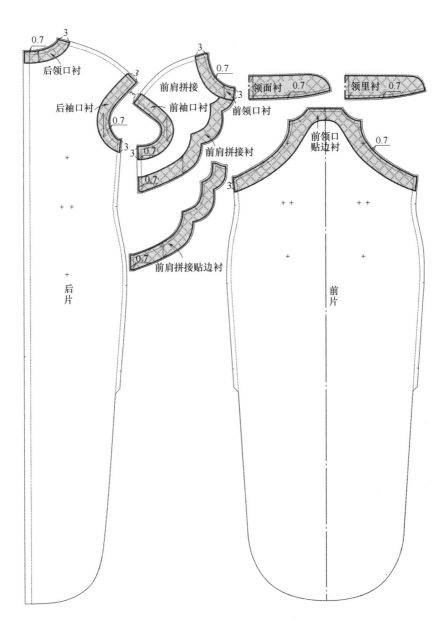

图9-12　旗袍衬料板的缝份加放

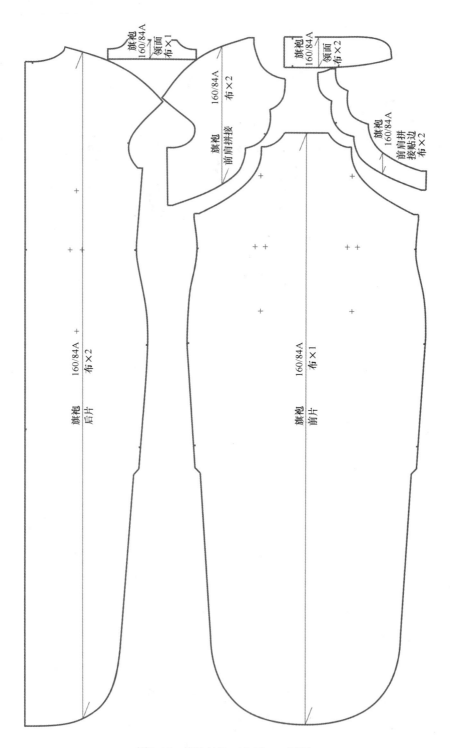

图9-13 旗袍结构工业板——面板

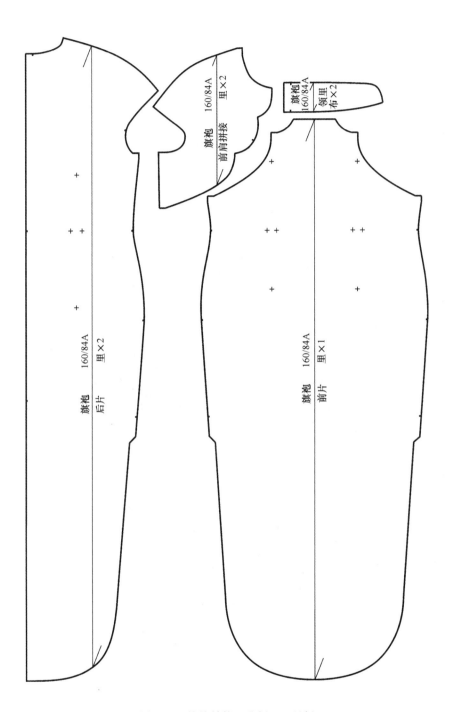

图9-14　旗袍结构工业板——里板

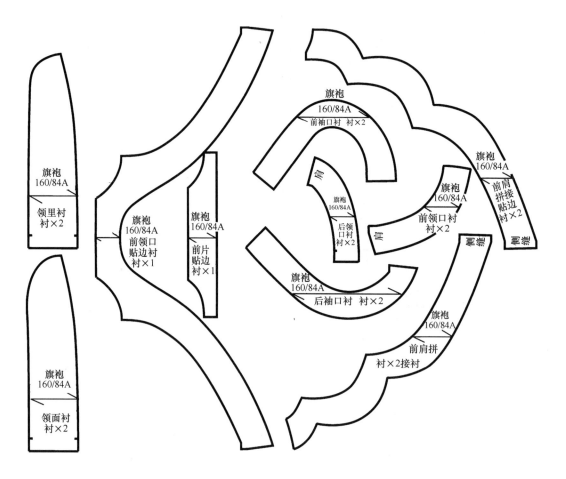

图9-15 旗袍结构工业板——衬板

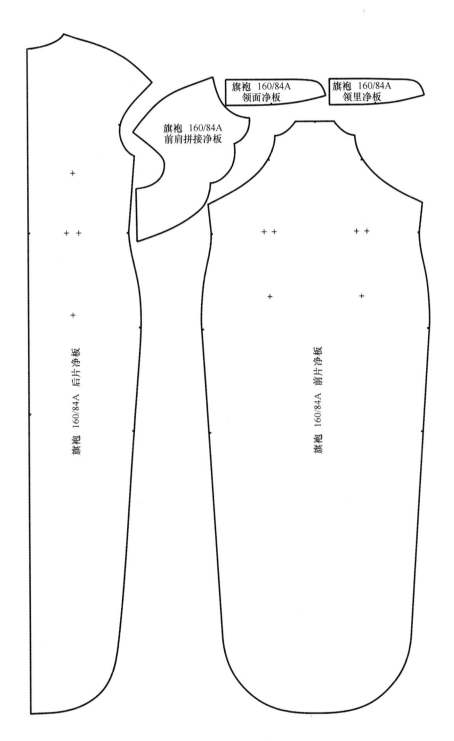

旗袍 160/84A
领面净板

旗袍 160/84A
领里净板

旗袍 160/84A
前肩拼接净板

旗袍 160/84A 后片净板

旗袍 160/84A 前片净板

图9-16　旗袍结构工业板——净板

思考题

1.传统旗袍造型设计和结构制图一款。

2.现代旗袍造型设计和结构制图一款。

绘图要求

构图严谨、规范，线条圆顺；标识准确；特殊符号使用要正确，结构制图与款式图相吻合；比例1∶5；作业要整洁。

参考文献

［1］张文斌.服装结构设计［M］.北京：中国纺织出版社，2007.

［2］中泽愈.人体与服装［M］.袁观洛，译.北京：中国纺织出版社，2003.

［3］中屋典子，三吉满智子.服装造型学技术篇Ⅰ［M］.孙兆全，刘美华，金鲜英，译.北京：中国纺织出版社，2004.

［4］中屋典子，三吉满智子.服装造型学技术篇Ⅱ［M］.刘美华，孙兆全，译.北京：中国纺织出版社，2004.

［5］三吉满智子.服装造型学技术篇理论篇［M］.郑嵘，张浩，韩洁羽，译.北京：中国纺织出版社，2006.

［6］熊能.世界经典服装设计与纸样：女装篇［M］.南昌：江西美术出版社，2007.

［7］袁惠芬，陈明艳.服装构成原理［M］.北京：北京理工大学出版社，2010.

［8］王建萍.女装结构设计［M］.上海：东华大学出版社，2010.

［9］刘瑞璞，刘维和.女装纸样设计原理与技巧［M］.2版.北京：中国纺织出版社，2000.

［10］冯泽民，刘海清.中西服装史［M］.2版.北京：中国纺织出版社，2010.

［11］侯东昱，马芳.服装结构设计女装篇［M］.北京：北京理工大学出版社，2010.

［12］刘霄.女装工业纸样设计［M］.上海：东华大学出版社，2005.

［13］邬红芳，孙玉芳.服装结构设计技法［M］.合肥：合肥工业大学出版社，2006.

［14］张孝宠.高级服装打板技术全编［M］.2版.上海：上海文化出版社，2006.

［15］娄明朗.最新服装制版技术［M］.上海：上海科技大学技术出版社，2006.

［16］袁良.香港高级女装技术教程［M］.北京：中国纺织出版社，2007.

［17］叶立诚.中西服装史［M］.北京：中国纺织出版社，2002.

［18］华梅，周梦.服装概论［M］.北京：中国纺织出版社，2009.

［19］朱远胜.面料与服装设计［M］.北京：中国纺织出版社，2008.

［20］吴波.服装设计表达［M］.北京：清华大学出版社，2006.

［21］闵悦.服装结构设计与应用：女装篇［M］.北京：北京理工大学出版社，2009.

策划编辑 宗 静 张晓芳　　责任编辑 宗 静 杨美艳

上架建议：服装·技术

ISBN 978-7-5180-1441-5

9 787518 014415 >

定价:39.80元